新工科建设软件工程规划教材

JAVA EE YINGYONG YU KAIFA
——SSM KUANGJIA JISHU

Java EE 应用与开发 微课版
——SSM框架技术

主　编　方　欣
副主编　何　焱
　　　　廖　军

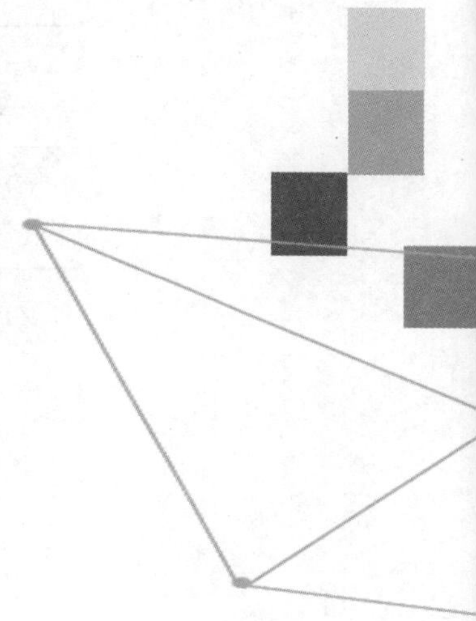

大连理工大学出版社

图书在版编目(CIP)数据

Java EE 应用与开发 ：SSM 框架技术 / 方欣主编. -- 大连 ：大连理工大学出版社，2022.2(2024.1 重印)
新工科建设软件工程规划教材
ISBN 978-7-5685-3610-3

Ⅰ. ①J… Ⅱ. ①方… Ⅲ. ①JAVA 语言－程序设计－高等学校－教材 Ⅳ. ①TP312.8

中国版本图书馆 CIP 数据核字(2022)第 023435 号

大连理工大学出版社出版

地址:大连市软件园路 80 号　邮政编码:116023
发行:0411-84708842　邮购:0411-84708943　传真:0411-84701466
E-mail:dutp@dutp.cn　URL:https://www.dutp.cn
辽宁一诺广告印务有限公司印刷　　大连理工大学出版社发行

幅面尺寸:185mm×260mm　印张:15.25　字数:371 千字
2022 年 2 月第 1 版　　2024 年 1 月第 3 次印刷

责任编辑:孙兴乐　　责任校对:贾如南
封面设计:对岸书影

ISBN 978-7-5685-3610-3　　定　价:50.80 元

前言

Preface

Java EE 是 SUN 公司为企业级应用推出的标准开发平台,可以用来实现企业级的面向服务体系结构(Service-Oriented Architecture,SOA)和 Web 2.0 应用程序。在 Java EE 平台上,整合应用 Spring、MyBatis 以及 Spring MVC 三大开发框架技术是目前普遍使用的主流应用开发方式。本教材针对以上框架技术,简单介绍它们的原理、技术、应用,以及它们的整合应用开发。读者通过学习,能够理解和掌握新的软件开发思路,有利于培养面向实际的综合开发能力和应用能力。

本教材的编写按照 Java EE 应用所需技术的次序设置章节,每种框架技术都提供了与其相关的开发案例,每个案例都给出了详细的设计思想、设计方法、实现步骤的分析和描述,使读者在学习过程中掌握应用系统的开发方法和技能。每个框架技术都按照"框架的基础知识"→"框架应用的实现思路"→"框架应用的实例"的思路编写相应内容,针对实际应用中的问题,引导读者探讨并解决问题,提高读者的学习兴趣和积极性。

本教材从初学者的角度出发,通过通俗易懂的语言、关键代码的分析、丰富多彩的实例,详细介绍了 SSM 框架基础知识以及如何利用 SSM 框架进行项目开发的全过程。全书共 9 章,主要内容包括:Java EE 基础知识以及 Java EE 应用开发环境,SSM 框架项目的基本结构, Spring、MyBatis 以及 Spring MVC 三大开发框架的基础知识及基本应用,SSM 框架常用的开发技术,最后通过第 9 章归纳前面内容,介绍了一个完整实例"教学平台系统"的开发过程。本教材内容遵循由浅入深、循序渐进的原则,将理论知识和实例紧密结合起来进行介绍、剖析,加深读者对 SSM 框架基础知识和基本应用的理解,帮助读者系统全面地掌握 Java EE 程序设计的基本思想和基本应用技术,快速提高开发技能,为进一步深入学习 Java EE 应用开发打下坚实的基础。

本教材适用面广,可作为高等学校计算机科学与技术、网络工程、信息工程、电子信息等专业的 Web 程序设计课程的教材,也可作为 Web 程序设计技术的培训教材,还可供自学者及从事计算机应用的工程技术人员参考使用。本教材适合具有一定的 Java 语言基础、面向对象基础的人员使用。

为响应教育部全面推进高等学校课程思政建设工作的要求,本教材挖掘了相关的思政元素,逐步培养学生正确的思政意识,树立肩负建设国家的重任,从而实现全员、全过程、全方位育人。学生树立爱国主义情感,能够更积极地学习科学知识,立志成为社会主义事业建设者和接班人。

本教材提供视频微课供学生即时扫描二维码进行观看,实现了教材的数字化、信息化、立体化,增强了学生学习的自主性与自由性,将课堂教学与课下学习紧密结合,力图为广大读者提供更为全面并且多样化的教材配套服务。

本教材由湖南理工学院方欣任主编,湖南理工学院何焱、廖军任副主编。具体编写分工如下:第1、第2、第3章由何焱编写,第4、第5章由廖军编写,第6、第7、第8、第9章由方欣编写。全书由方欣统稿并定稿。

在编写本教材的过程中,编者参考、引用和改编了国内外出版物中的相关资料以及网络资源,在此表示深深的谢意!相关著作权人看到本教材后,请与出版社联系,出版社将按照相关法律的规定支付稿酬。

鉴于我们的经验和水平,书中难免有不足之处,恳请读者批评指正,以便我们进一步修改完善。

编 者

2022年2月

所有意见和建议请发往:dutpbk@163.com

欢迎访问高教数字化服务平台:https://www.dutp.cn/hep/

联系电话:0411-84708445 84708462

Contents

目录

基础资料微课列表

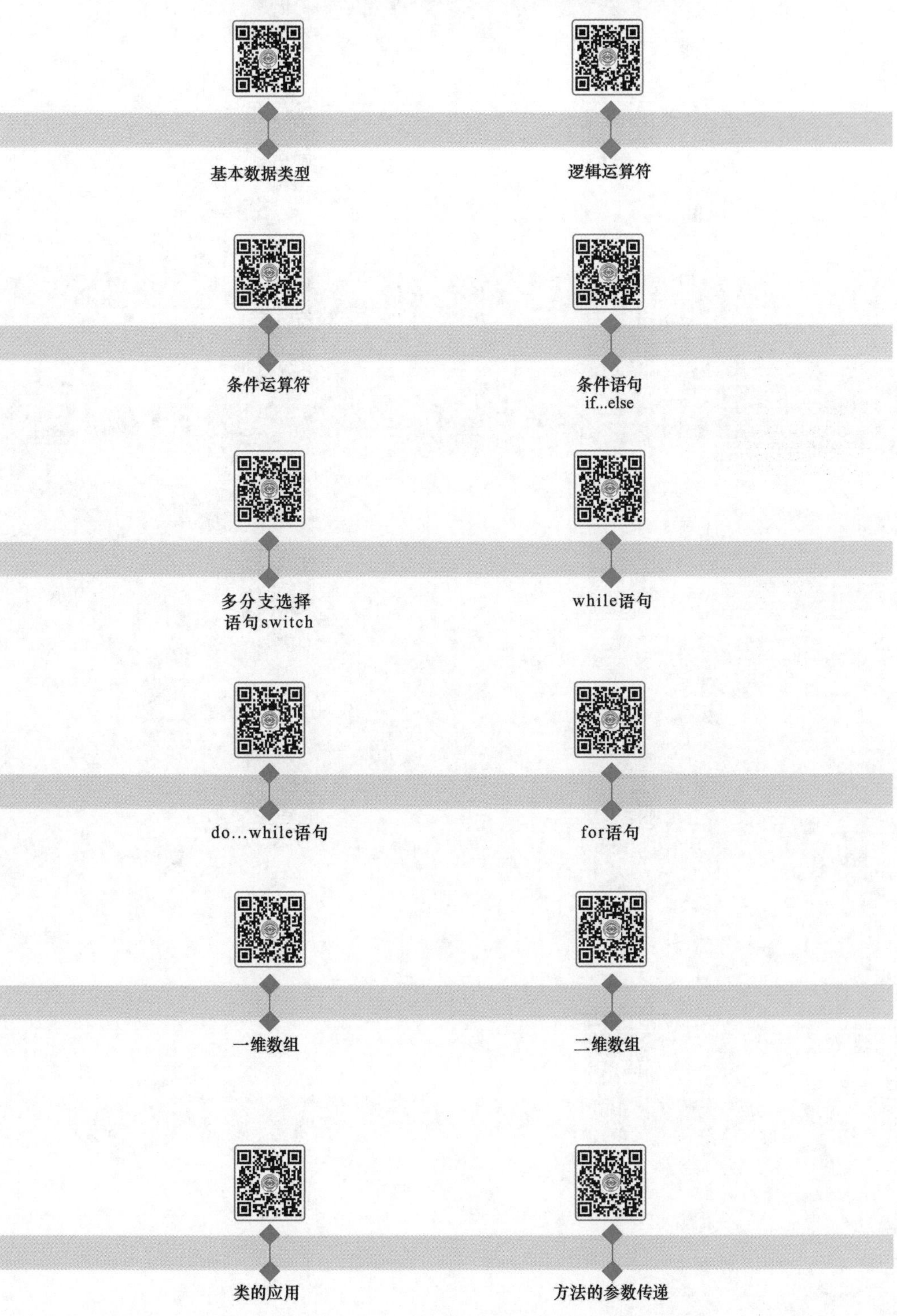

基本数据类型
逻辑运算符
条件运算符
条件语句
if...else
多分支选择
语句switch
while语句
do...while语句
for语句
一维数组
二维数组
类的应用
方法的参数传递

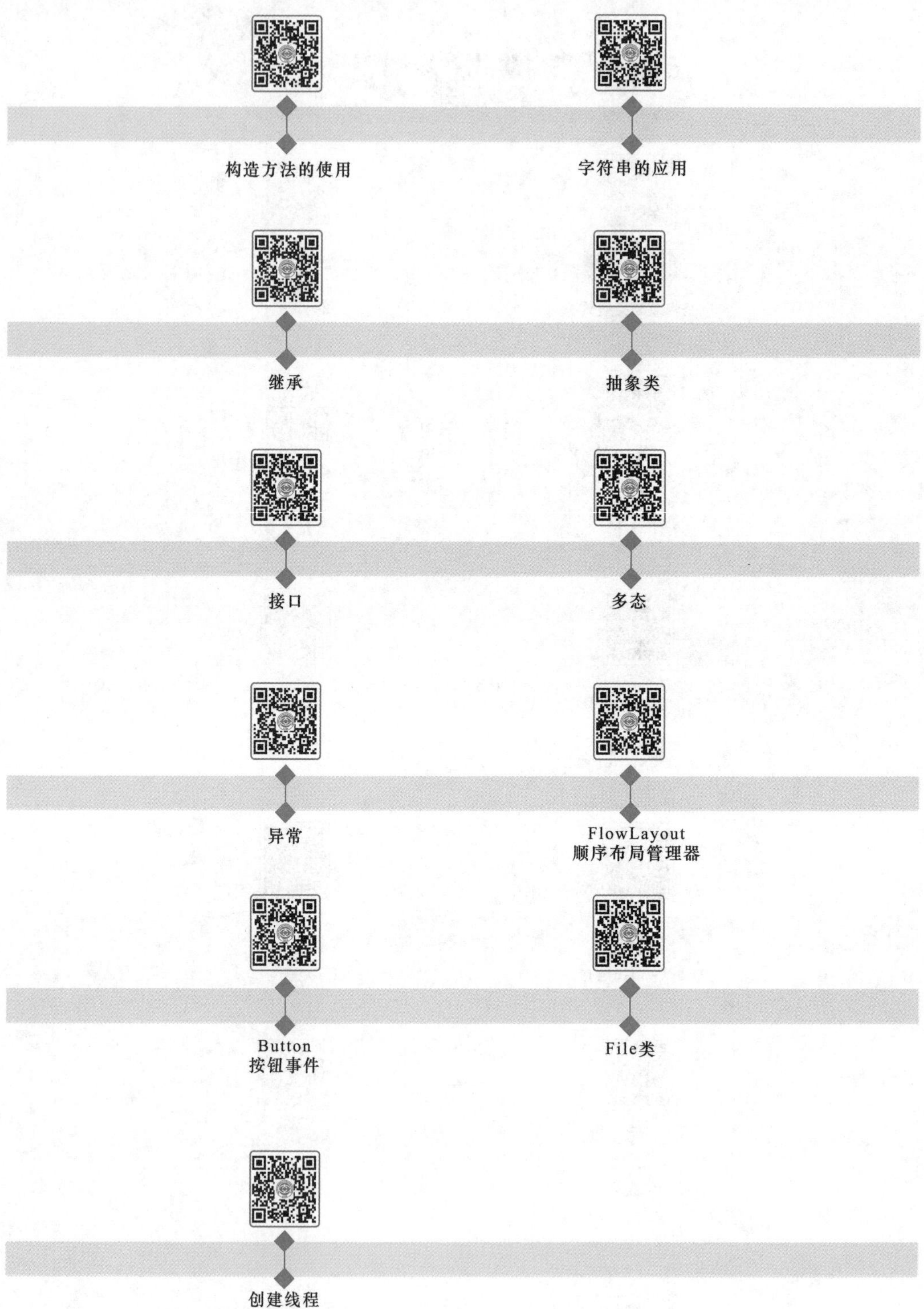
构造方法的使用
字符串的应用
继承
抽象类
接口
多态
异常
FlowLayout
顺序布局管理器
Button
按钮事件
File类
创建线程

第 1 章 Java EE 概述

学习目标

- 了解 Java Web 开发模型及其演变历史
- 了解 Java EE 多层架构
- 了解 Java EE 主要架构技术
- 搭建 Java Web 系统开发环境
- 了解 MyEclipse 的基本配置
- 实例：开发一个 Java Web 项目

Java EE(JavaTM Platform，Enterprise Edition)，即 Java 平台企业版，是 SUN 公司为企业级应用推出的标准开发平台，主要用于快速设计、开发、部署和管理企业级的软件系统。

1.1 Java Web 基础

1. Java 平台简介

Java 是一种面向对象的程序设计语言，是 Java 程序语言和 Java 平台的总称。Java 技术具有通用性、高效性、平台移植性和安全性的特点，广泛应用于个人 PC、数据中心、游戏控制台、科学超级计算机、移动电话和互联网。Java 平台通常分为 Java SE、Java EE 和 Java ME 三个版本。

Java SE(Java Platform，Standard Edition)，以前称为 J2SE。它是允许开发和部署在桌面、服务器、嵌入式环境和实时环境中使用的 Java 应用程序。Java SE 包含了支持 Java Web 服务开发的类，并为 Java Platform，EnterPrise Edition(Java EE)提供基础。

Java EE(Java Platform，Enterprise Edition)，是 SUN 公司为企业级应用推出的标准开发平台，以前称为 J2EE。它主要帮助开发和部署可移植、健壮、可伸缩且安全的服务器端

Java 应用程序。Java EE 是在 Java SE 的基础上构建的,它提供 Web 服务、组件模型、管理和通信 API,可以用来实现企业级的面向服务体系结构(Service-Oriented Architecture,SOA)和 Web 2.0 应用程序。

Java ME(Java Platform,Micro Edition),以前称为 J2ME。Java ME 为在移动设备和嵌入式设备(比如手机、PDA)上运行的应用程序提供一个健壮且灵活的环境。Java ME 包括灵活的用户界面、健壮的安全模型、许多内置的网络协议以及网络应用程序的组件。基于 Java ME 规范的应用程序只需编写一次,就可以用于许多设备,而且可以利用每个设备的本机功能。

2. Java Web 开发的历史演变

Java Web 开发经历了原始阶段、模型阶段以及框架阶段三个时期。

(1)原始阶段

早期的动态网页主要采用公网关接口 CGI(Common Gateway Interface)技术,CGI 其实是一套 Web 服务器和各种语言通信的协议,主要负责处理来自 Web 浏览器的用户所提交的数据并提供反馈。CGI 可采用任何语言编写,例如:C、C++、Java 等,但是 CGI 程序存在一些缺陷,例如:运行性能不好,因为每个 CGI 访问对应一个独立的线程;开发效率不高,因为支持它的库不多,这就意味着开发者要做的工作将增加;程序编写难度大。后来出现了 Servlet 技术,它一定程度上弥补了 CGI 的缺陷,例如:运行效率提高了,采用 Java 语言开发,因此相对应支持它的库也明显增加了。但是,Servlet 程序编写仍然比较复杂,把要展示的内容通过浏览器显示出来,要做的工作比较烦琐。JSP(Java Server Pages)技术的出现弥补了 Servlet 技术的这个缺陷,JSP 可以看作是嵌入了 Java 语句的 HTML 页面,利用 JSP 技术可以很方便地将要展示的信息展示在网页上,但是如果要将处理用户请求、逻辑处理、数据库存取以及用户响应等功能,全部让 JSP 来完成的话,必然会导致 HTML 代码与 Java 代码混在一起,这样修改、后期的维护以及扩展都极为不利。后来,逐渐出现了模型开发方式进行 Web 程序设计。

(2)模型阶段

Java Web 开发模型比较常见的是:JSP+Servlet+JavaBean。这种模式已经可以清晰地看到 MVC 完整的结构了。

JSP:视图层(View 层),用来与用户打交道。负责接收用户的数据,以及显示数据给用户;

Servlet:控制层(Control 层),负责找到合适的模型对象来处理业务逻辑,转发到合适的视图中;

JavaBean:模型层(Model 层),进行业务逻辑处理、数据库存取,完成具体的业务工作。

这种模式适合多人合作开发 Web 项目,各司其职,互不干涉,有利于开发中的分工,有利于组件的重用。但是,随着 Web 项目的加大,同时对开发人员的技术要求也提高了,这种模式使得 JSP 做了过多的工作,JSP 中把视图工作和请求调度(控制器)的工作耦合在一起了。由于没有统一的开发框架导致开发周期长。

(3)框架阶段

框架可以这样来理解:首先它是一个规范,规定了它所包含的组件构成及其之间的交互约束,其次,它是一种基础服务的实现,为开发人员提供相应的 API 及其配置进行基于框架的应用系统开发。框架着重点在于软件设计的重用性和系统的可扩充性,以缩短大型应用软件系统的开发周期。

比较流行的 Java Web 应用开发框架，最初是 Struts＋Spring＋Hibernate，后来演变为 Struts2＋Spring＋Hibernate，后来随着 Spring 不断壮大以及 Struts 曝出有漏洞等问题，演变成了 Spring＋SpringMVC＋Hibernate/Mybatis，随着 SpringBoot 的兴起，SpringBoot＋MyBatis 框架也逐渐被关注。对于有分布式要求的框架，一般采用企业级的 JSF＋EJB＋JPA。

3. Java EE 的多层架构

Java EE 采用多层架构，以应对应用系统业务和技术的复杂性，通常分为以下几层，如图 1-1 所示。

实体层(POJO 层)：由 POJO(Plain Old Java Object)组成，与数据库中的表对应，用于持久化数据。

数据访问层(DAO 层)：由 DAO(Data Access Object)组件组成，提供对实体对象的创建、查询、删除和修改等操作。

业务逻辑层(Service 层)：由业务逻辑对象组成，用于实现系统所需要的业务逻辑方法。

控制层(Controller 层)：由控制器组成，用于响应用户请求，并调用业务逻辑组件的对应业务方法处理用户请求，然后根据处理结果转发到不同的表现层组件。

表现层(View 层)：由页面或其他视图组件组成，负责收集用户请求，并显示处理结果。

Java EE 分层架构具有几个优势：各层组件之间耦合度降低，层与层的组件之间更符合面向接口编程的原则，提高了应用的可扩展性。

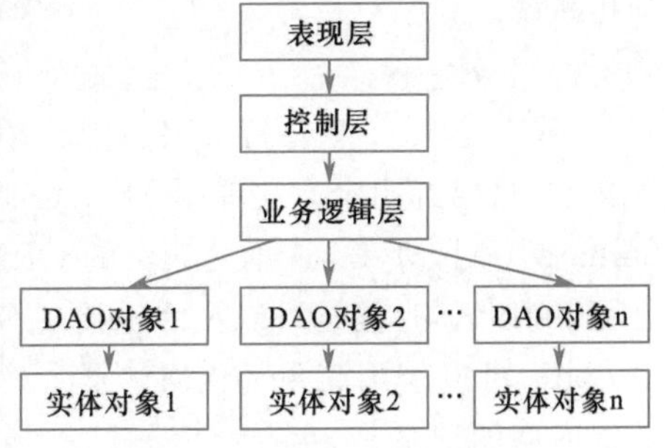

图 1-1　Java EE 多层架构

1.2　Java EE 的主要架构技术

目前，比较成熟的企业级开发框架主要有：Struts2、Spring MVC、Hibernate、MyBatis、Spring、EJB 等。

1. Java EE 主要架构技术简介

(1)Struts2

Struts2 是一个基于 MVC 设计模式的 Web 应用框架，是一项利用 Servlet 和 JSP 构建 Web 应用的技术。Struts2 作为控制器来建立模型与视图进行数据交互，采用拦截器的机制来处理用户的请求，主要解决了请求分发的问题，侧重点在控制层与视图层。

Struts2 曾经曝出 2 个高危安全漏洞，一个是使用缩写的导航参数前缀时的远程代码执行漏洞，另一个是使用缩写的重定向参数前缀时的开放式重定向漏洞。这些漏洞可使黑客取得网站服务器的最高权限。虽然目前 Apache Struts 团队已修复了上述漏洞，随着 Spring MVC 的推广，Struts2 的使用者却逐渐减少。

(2)Spring MVC

Spring MVC 是 Spring 框架提供的构建 Web 应用程序的全功能 MVC 模块，是一种基于 Java，实现了 Web MVC 设计模式的轻量级 Web 框架，Spring MVC 和 Spring 是无缝衔接的，直接使用不需要整合。Spring MVC 分离了控制器、模型对象、分派器以及处理程序对象的角色，这种分离让它们更容易进行定制。Spring MVC 集成了 Ajax，相对 Struts2 使用 Ajax 更加方便，Spring MVC 开发效率和性能高于 Struts2。

(3) Hibernate

持久化层是指把数据保存到可永久保存的存储设备中的过程，最常见的持久化是将内存中的数据存储在关系型的数据库中。把对象持久化到关系数据库中的过程称为对象-关系映射(Object-Relation Mapping，ORM)。

Hibernate 是一个开源的对象关系映射框架，它对 JDBC 进行了非常轻量级的对象封装，它将 POJO 与数据库表建立映射关系，是一个全自动的 ORM 框架，Hibernate 可以自动生成 SQL 语句，自动执行，使得 Java 程序员可以随心所欲地使用对象编程思维来操纵数据库。Hibernate 可以应用在任何使用 JDBC 的场合，达到数据持久化的目的。

Hibernate 的缺点是：SQL 语句无法优化，一般应用于并发量小的系统中，例如：办公自动化系统。

(4) MyBatis

MyBatis 是一款在持久层使用的 SQL 映射框架，它可以将 SQL 语句单独写在 XML 配置文件中，或者用带有注释的 Mapper 映射类来完成 SQL 类型到 Java 类型的映射。与 Hibernate 不同，MyBatis 不是完全的 ORM 框架，它不能将不同数据库的影响隔离开，需要自己写 SQL 语句，但是可以灵活地控制 SQL 语句，将 SQL 语句的编写和程序的运行分离开。MyBatis 可以使用简单的 XML 或注解来配置和映射原生信息，将接口和 Java 对象映射成数据库中的记录。

MyBatis 的优点是：简单、易学，SQL 语句可以优化，执行效率高，缺点是：编码量较大，导致开发周期较长。一般应用于用户量较大、并发高的项目系统中，例如：电商系统。

(5) Spring

Spring 是一个为企业提供轻量级解决方案的开源应用框架，它解决的是业务逻辑层和其他各层的松耦合问题，它将面向接口的编程思想贯穿整个系统应用。该解决方案包括基于依赖注入的核心机制、基于 AOP 的声明式事务管理、与多种持久化层技术的整合以及优秀的 Web MVC 框架等。

(6) EJB

EJB(Enterprise Java Bean)是基于 Java 开发、部署服务器端分布式组件的标准规范。其最大的作用是部署分布式应用程序。EJB 提供了一个框架来开发和实施分布式商务逻辑，显著地简化了具有可伸缩性和高度复杂的企业级应用的开发。凭借 Java 跨平台的优势，用 EJB 技术部署的分布式系统可以不限于特定的平台。

本教材介绍 SSM 框架，它是 Spring MVC、Spring 和 MyBatis 框架的整合后的简称，是标准的 MVC 模式，它将整个系统划分为 View 层、Controller 层、Service 层、DAO 层四个层次，是目前比较主流的 Java EE 企业级框架，适用于搭建各种大型的企业级应用系统。

1.3 搭建 Java EE 系统开发环境

下面主要介绍在 Windows 下搭建 MyEclipse 环境进行 Java EE 开发的过程。主要包括:JDK 的安装与配置、Tomcat 的安装与配置、MyEclipse 的安装与配置。

1.3.1 安装 JDK

1. 下载 JDK 程序

Sun 公司提供免费的 JDK 供 Windows 以及 Linux 平台使用,可从其官方网站下载最新的 JDK 版本,本教材使用 Windows 系统的 jdk-8u112-windows-x64. exe 版本。

2. 安装 JDK

(1)双击安装文件 jdk-8u112-windows-x64. exe,系统自动进入如图 1-2 所示的安装界面。

(2)单击"下一步"按钮,进入如图 1-3 所示界面,单击"更改"按钮,可以更改 JDK 的安装路径,例如,更改为"D:\Java\jdk1. 8. 0_112\",然后单击"下一步"按钮。

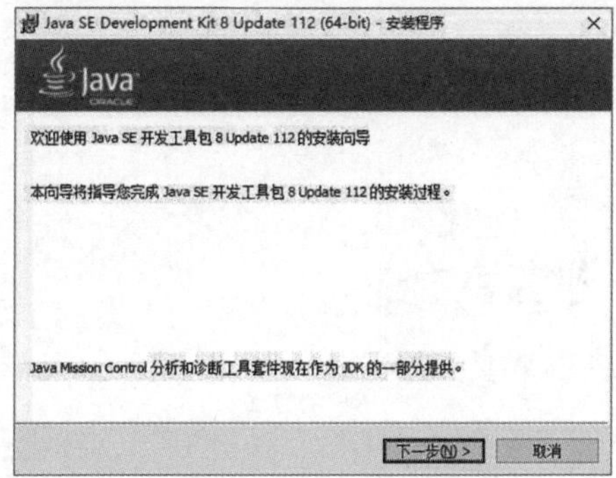

图 1-2　安装向导界面

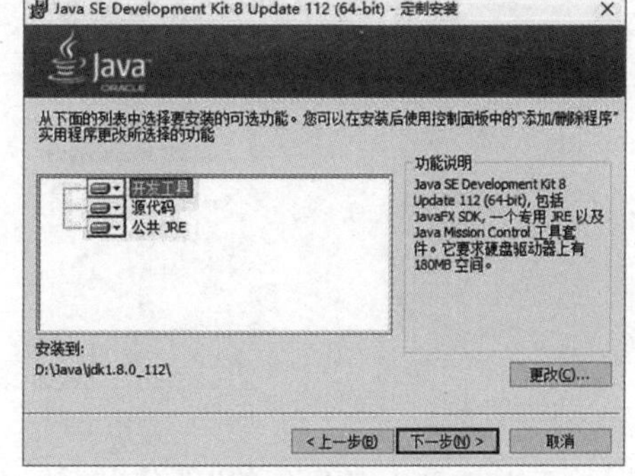

图 1-3　更改 JDK 安装目录

(3)进入进度界面,如图 1-4 所示。

(4)安装完成后,提示安装 JRE,建议和 JDK 安装在同一个盘符下,例如,目录为"D:\Java\jre8",如图 1-5 所示。

(5)单击"下一步"按钮,开始安装 JRE,直至进入安装成功界面。

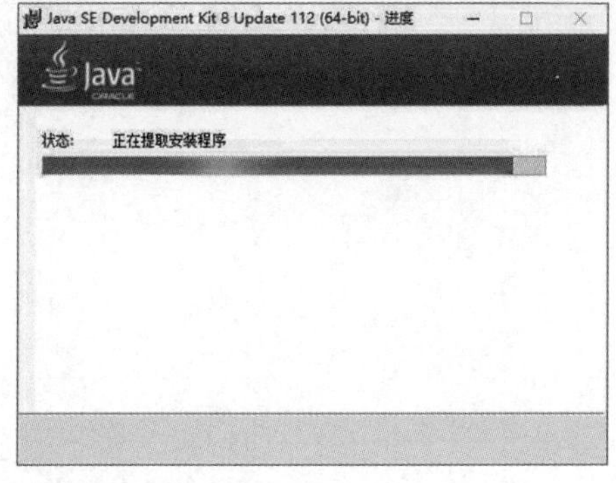

图 1-4　进度界面

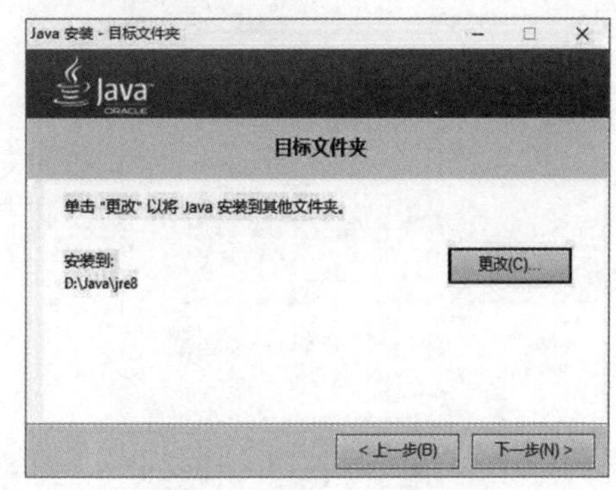

图 1-5　更改 jre 安装目录

3. 设置环境变量

(1)右击"我的电脑"图标,选择"属性"选项,在弹出的窗口的左边列表中选择"高级系统设置”选项，如图 1-6 所示。

图 1-6　高级系统设置

(2)在弹出的对话框中选择“高级”选项卡，再单击“环境变量”按钮，如图 1-7 所示。

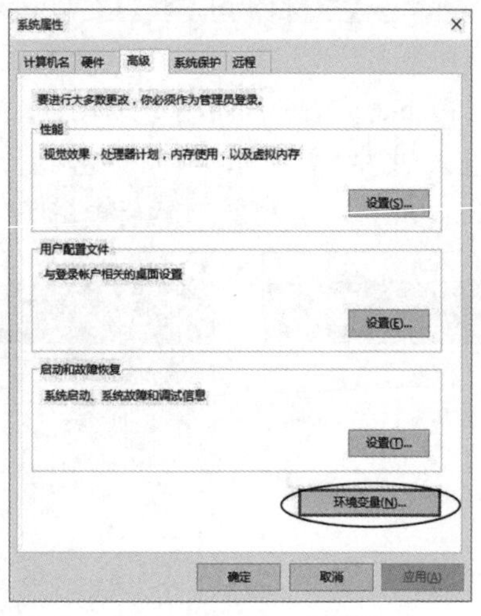

图 1-7　设置环境变量

(3)单击对话框上半部分的“新建”按钮，如图 1-8 所示。设置 JAVA_HOME 变量的值为“D:\Java\ jdk1. 8. 0_112”，如图 1-9 所示。类似的，新建 classpath 变量，其值为“%JAVA_HOME%\lib\tools. jar; %JAVA_HOME%\lib\dt. jar; %JAVA_HOME%\bin;”。完成后单击“确定”按钮。

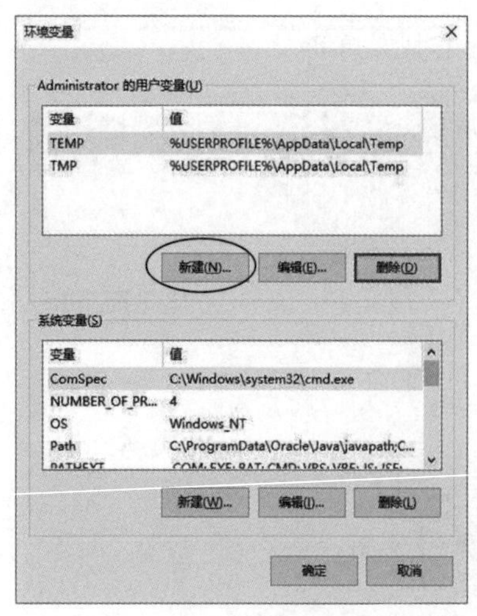

图 1-8　新建环境变量

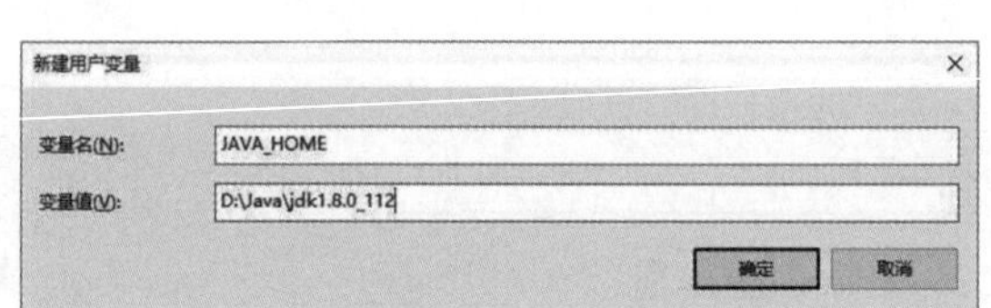

图 1-9　新建环境变量 JAVA_HOME

(4)选择“系统变量”中的“Path”选项，如图 1-10 所示。弹出 Path 变量修改对话框，在变量值最后添加“;%JAVA_HOME%\bin”(或者 D:\Java\jdk1.8.0_112\bin)，如图 1-11 所示。单击“确定”按钮完成。

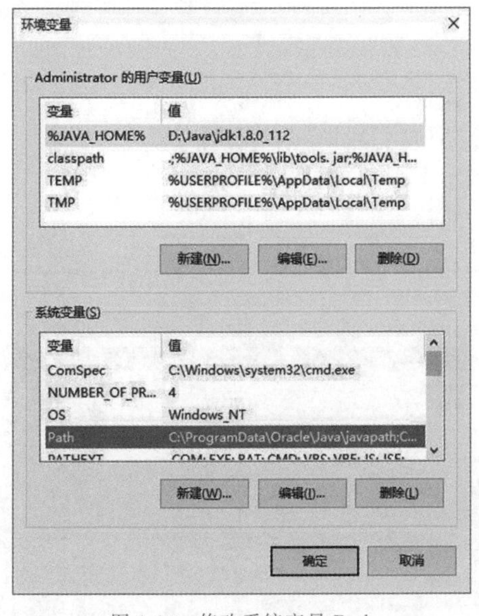

图 1-10　修改系统变量 Path

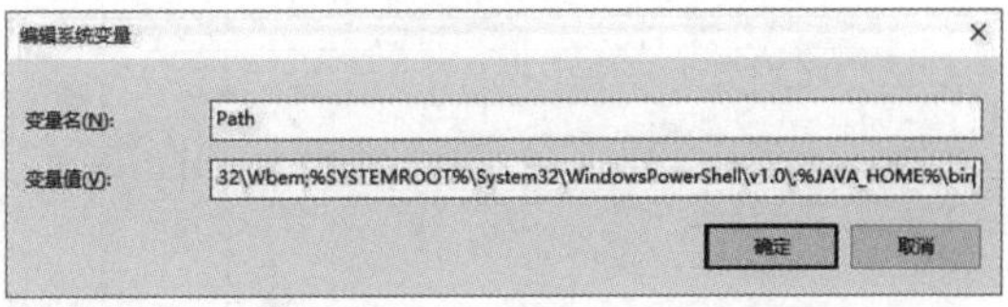

图 1-11　在最后添加值%JAVA_HOME%\bin

4. 检查 JDK 是否安装成功

打开 cmd 窗口，输入“java -version”命令，查看 JDK 的版本信息，如图 1-12 所示。如能正常显示版本信息，则表示 JDK 已经安装成功。

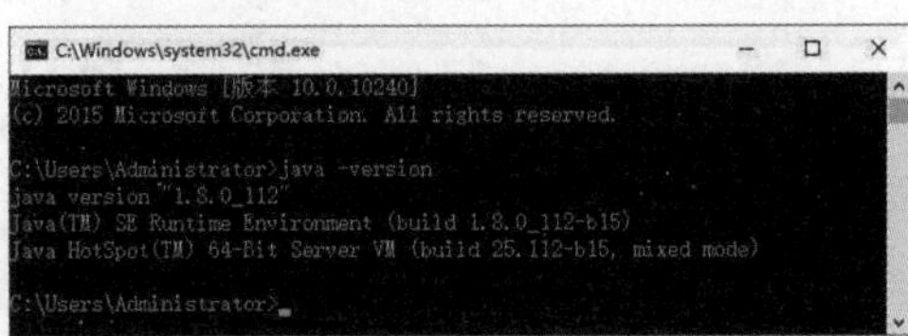

图 1-12　查看 JDK 的版本信息

1.3.2　安装 Tomcat

1. 下载 Tomcat

Tomcat 是一个免费的开源的 Servlet 容器，可从其官网下载最新的 Tomcat 版本，本教材使用 Tomcat-8.5 版本。

对于 Windows 操作系统，Tomcat 提供了两种安装文件：一种是 apache-tomcat-8.5.12.exe，一种是 apache-tomcat-8.5.12-windows-x86.zip。

2. 安装 Tomcat

对于压缩包只需要解压缩即可使用，也可以双击运行 exe 文件进行安装，安装步骤如下：

(1)双击安装文件 apache-tomcat-8.5.12.exe，系统自动进入如图 1-13 所示的安装界面。

(2)单击“Next”按钮，进入如图 1-14 所示界面，单击“I Agree”按钮，在随后出现的 2 个界面中不做修改，如图 1-15 和图 1-16 所示，都选择“Next”。

图 1-13　进入安装向导界面

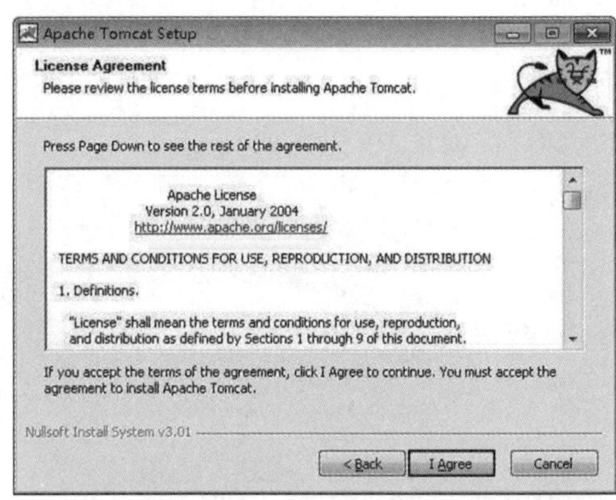

图 1-14　同意许可界面

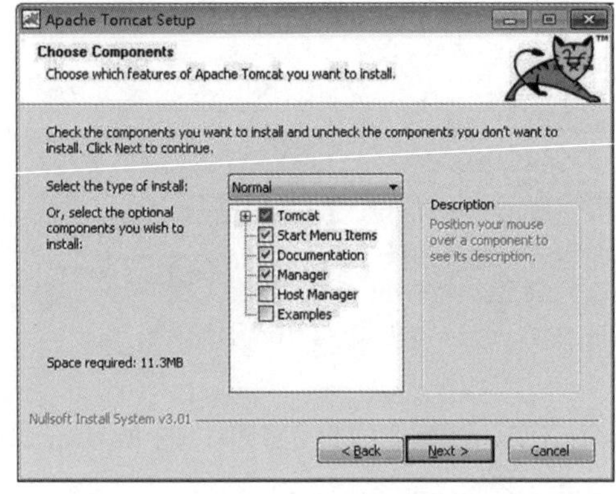

图 1-15　选择安装组件

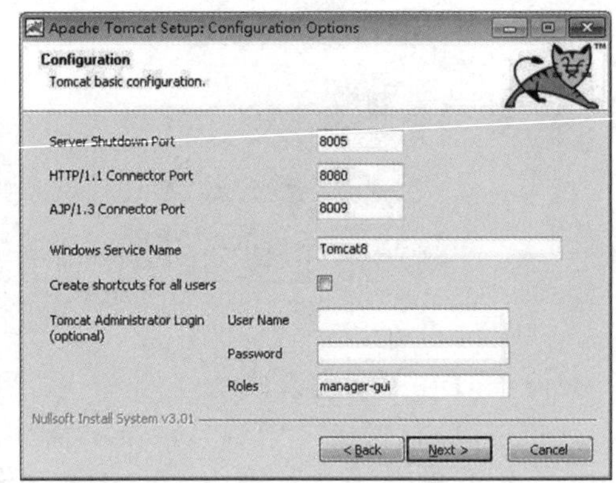

图 1-16　端口号设置

(3)在选择 JRE 路径界面中选择相应路径，如图 1-17 所示，单击“Next”按钮，进入 Tomcat 安装目录设置界面，可以使用默认值，也可以修改，例如：C:\Tomcat8. 5，如图 1-18 所示，单击“Next”进行安装，如图 1-19 所示。

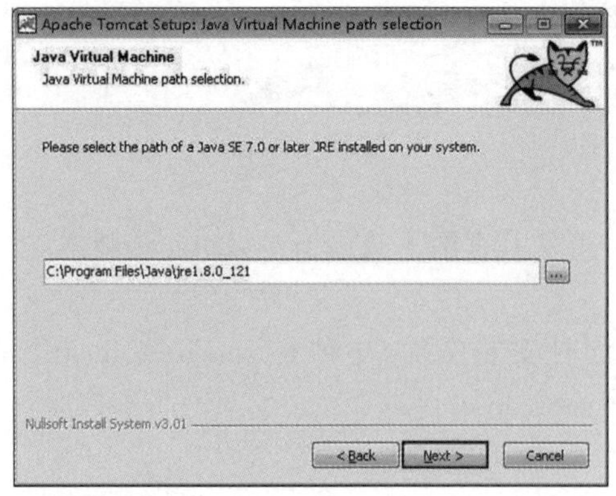

图 1-17　选择路径

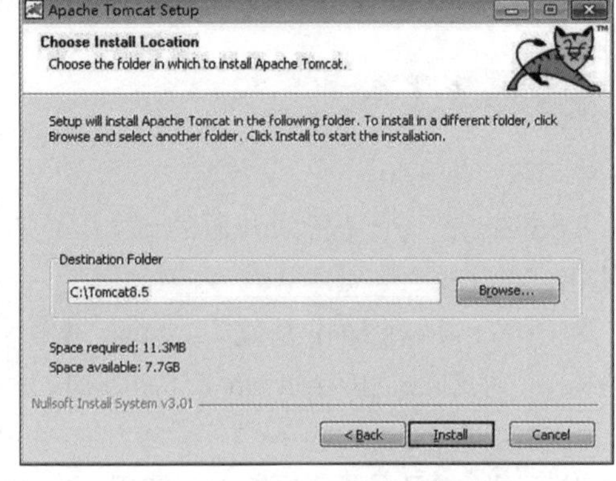

图 1-18　设置 Tomcat 安装目录

(4)安装完成，出现如图 1-20 所示界面，先不运行 Tomcat，所以将图中的“√”取消，然后单击“Finish”完成安装。

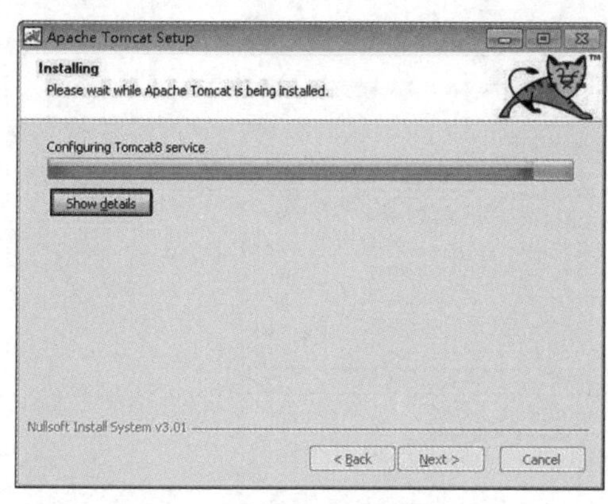

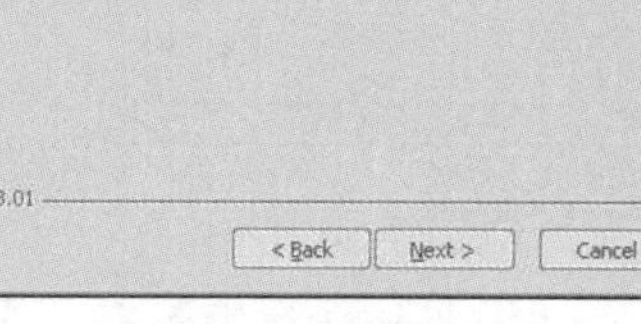

图 1-19　选择 JRE 路径

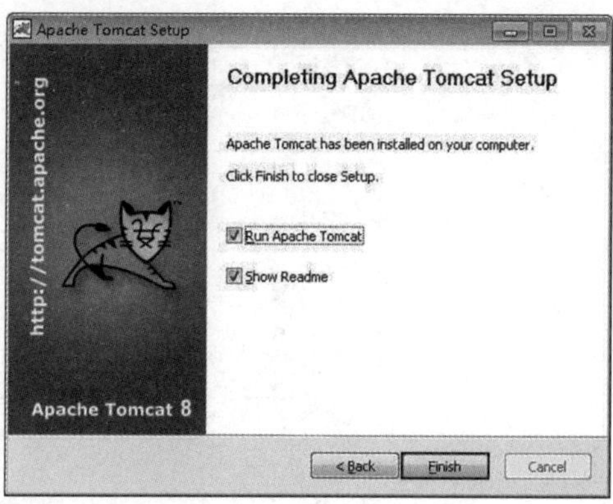

图 1-20　设置 Tomcat 安装目录

Tomcat 目录说明：

bin：用于存放各种平台下启动和关闭 Tomcat 的脚本文件。在该目录中有两个非常关键的文件：startup. bat、shutdown. bat，前者是 Windows 下启动 Tomcat 的文件，后者是对应的关闭文件；

conf：Tomcat 的各种配置文件，其中 server. xml 为服务器的主配置文件，web. xml 为所有 Web 应用的配置文件，tomcat-users. xml 用于定义 Tomcat 的用户信息、配置用户的权限与安全。

lib：此目录存放 Tomcat 服务器和所有 Web 应用都能访问的 JAR。

logs：用于存放 Tomcat 的日志文件，Tomcat 的所有日志都存放在此目录中。

temp：临时文件夹，Tomcat 运行时如果有临时文件将保存于此目录。

webapps 目录：Web 应用的发布目录，把 Java Web 站点或 war 文件放入这个目录下，就可以通过 Tomcat 服务器访问了。

work：Tomcat 解析 JSP 生成的 Servlet 文件放在这个目录中。

3. 设置环境变量

与 JDK 环境设置类似，选择“系统变量”中的“Path”选项，弹出 Path 变量修改对话框，在变量值最后添加“;C:\Tomcat8. 5\bin”，如图 1-21 所示，单击“确定”按钮完成。

图 1-21　配置 Tomcat 环境变量

4. 检查 Tomcat 是否安装成功

(1)打开 C:\Tomcat8. 5\bin 文件夹找到 startup. bat，如图 1-22 所示，双击运行，出现如图 1-23 所示界面。

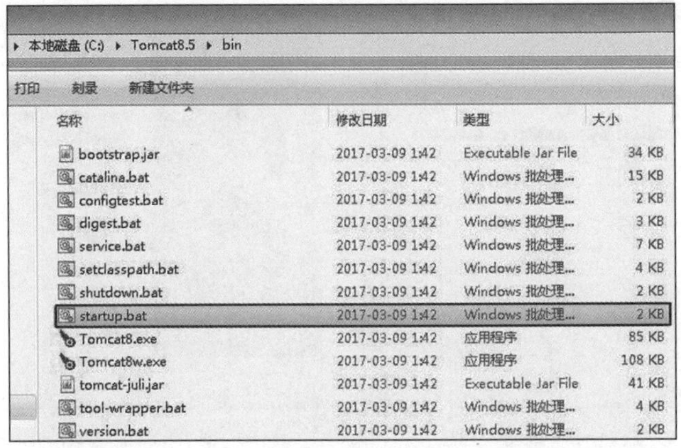

图 1-22　运行 Tomcat

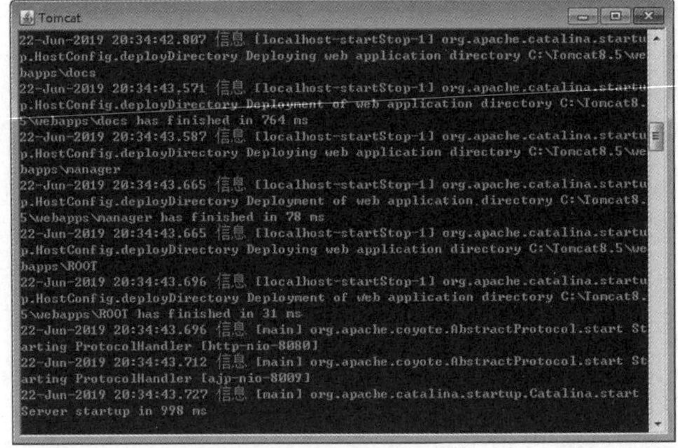

图 1-23　Tomcat 运行完成

(2)打开 IE 浏览器,在地址栏输入:http://localhost:8080/,如果出现如图 1-24 所示界面,表示 Tomcat 安装成功。

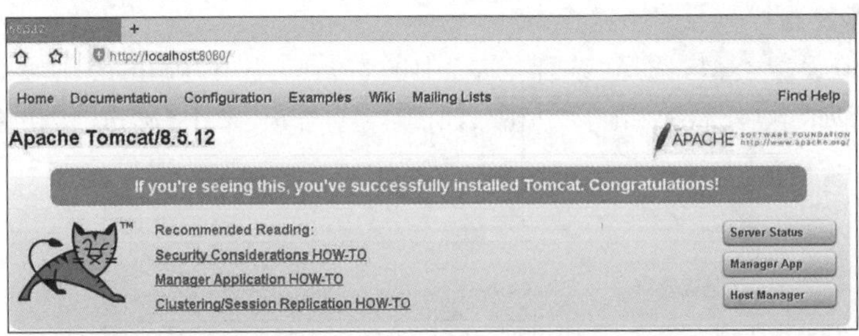

图 1-24　验证 Tomcat 成功安装

1.3.3　安装 Myeclipse

1. 下载 Myeclipse

MyEclipse 为开发任务提供了智能的企业级工具,支持快速添加技术功能到 Web 项目中。可以去官方网站或者官方中文网站下载最新版本。本教材以 Myeclipse2014 为例进行介绍。

2. 安装 Myeclipse

(1)双击下载好的"Myeclipse2014.exe"文件,运行该程序,进入如图 1-25 所示的安装界面,单击"Next"按钮,进入协议同意界面,选择同意,单击"Next"按钮。

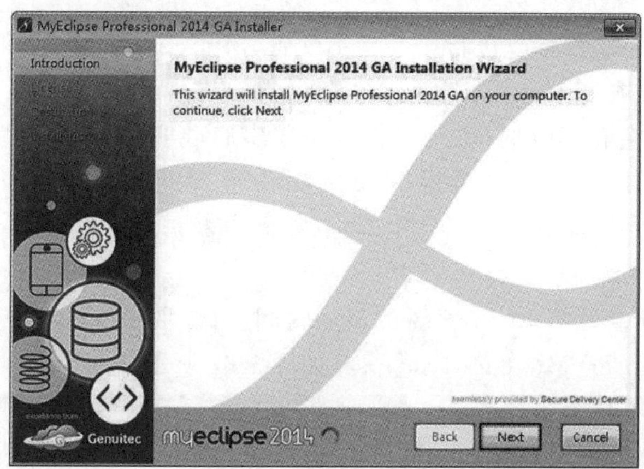

图 1-25 Myeclipse2014 安装界面

(2)进入安装目录页面,单击"change"按钮修改安装目录,如图 1-26 所示,选择目录,单击"Next"按钮,进入功能选择界面,如图 1-27 所示。单击"Next"按钮进入系统选择 32 位还是 64 位,注意要和系统的位数对应。

(3)单击"Next"按钮进入安装执行过程界面,如图 1-28 所示,安装执行过程完成显示安装结束界面,如图 1-29 所示。

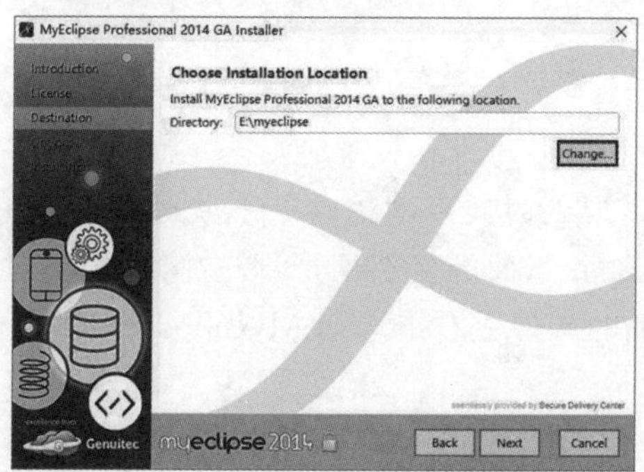

图 1-26 修改 Myeclipse2014 安装路径

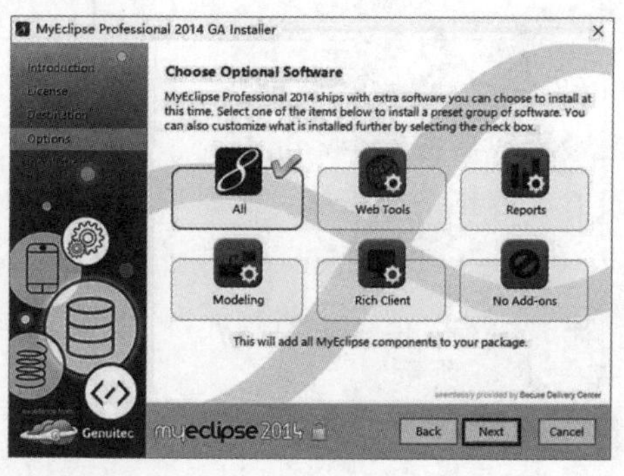

图 1-27 Myeclipse2014 功能选项界面

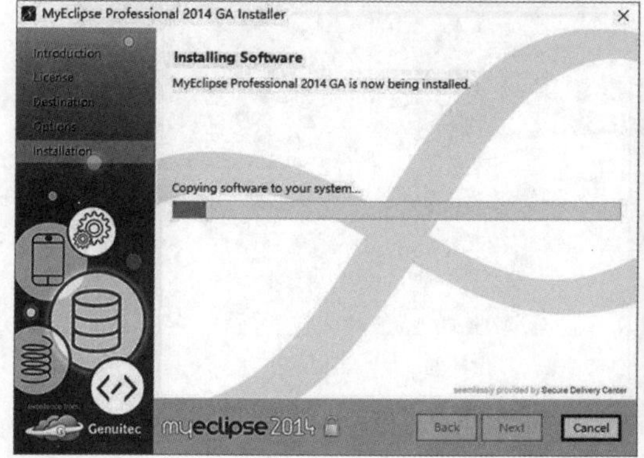

图 1-28 Myeclipse2014 安装执行界面

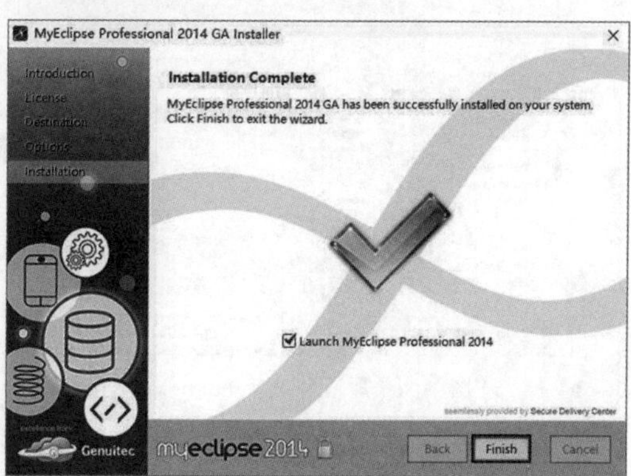

图 1-29 Myeclipse2014 安装结束界面

1.4 MyEclipse 的基本配置

Myeclipse 安装完成后可以进行一些基本配置，MyEclipse2014 常用配置如下。

1. 设置启动加载项

MyEclipse 启动会花不少时间，那是因为有很多启动项，而其中有些启动项不常用。启动项中以 MyEclipse EASIE 开头的是指 Myeclipse 支持的服务器，一般只选择自己项目中需要的服务器就可以了，其他都可以取消勾选，如图 1-30 所示。

2. 设置取消 Maven 启动更新

Maven 启动更新会延长 Myeclipse 的启动时间，可以取消 Maven 启动更新：Window→Preferences→Myeclipse→Maven4Myeclipse，如图 1-31 所示。

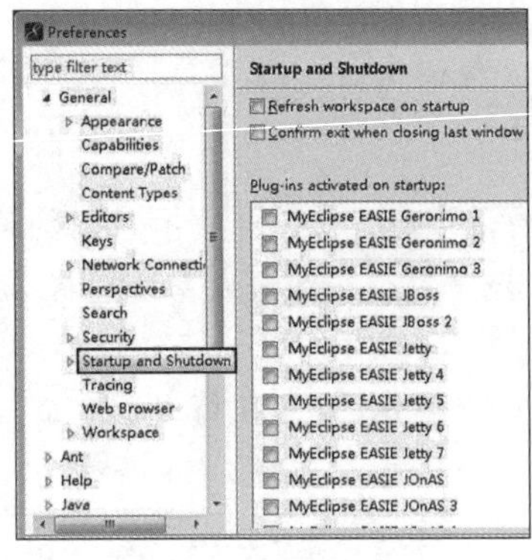

图 1-30　修改启动项

图 1-31　取消 Maven 启动更新

3. 设置取消自动 Validation

没有必要每个程序都去自动校验，只是在需要的时候手动校验一下就可以了，Window→Preferences→Myeclipse→Validation，除 Manual 下面的复选框全部选中之外，其他全部不选，如图 1-32 所示。手动验证方法，在要验证的文件上右击选择 Myeclipse→RunValidation，如图 1-33 所示。

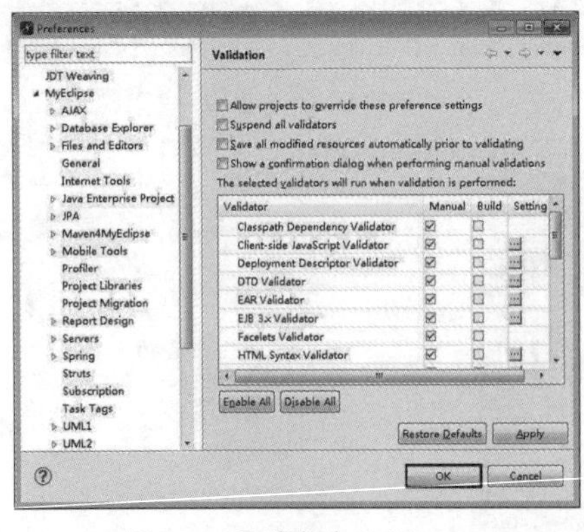

图 1-32　取消自动 Validation

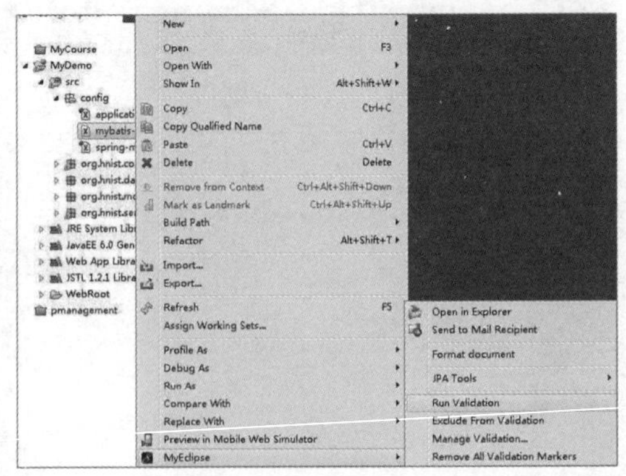

图 1-33　文件手动验证

4. 设置取消拼写检查

一般方法和属性的命名可能是单词的缩写，所以拼写检查在实际应用中会带来一些麻烦，建议取消 MyEclipse 拼写检查。Window→Preferences→General→Editors→Text Editors→Spelling，禁用 Enable spell checking。

5. 设置 JVM 的非堆内存

一般 MyEclipse 卡顿是因为非堆内存不足引起的。根据计算机内存大小来调节 XX：MaxPermSize 的大小，但是要注意 XX：MaxPermSize 和 Xmx 的大小之和不能超过计算机内存大小。打开 MyEclipse 安装目录下的 myeclipse.ini，修改为如下图 1-34 所示。

```
#utf8 (do not remove)
-startup
plugins/org.eclipse.equinox.launcher_1.3.0.v20130327-1440.jar
--launcher.library
plugins/org.eclipse.equinox.launcher.i18n.win32.win32.x86_3.2.0.v201103301700
-vm
c:\MyEclipse Professional 2014\binary\com.sun.java.jdk7.win32.x86_1.7.0.u45\jre\bin\client\jvm.dll
-configuration
c:\MyEclipse Professional 2014\configuration
-install
c:\MyEclipse Professional 2014
-vmargs
-Xms512MB
-Xmx512MB
-XX:PermSize=512MB
-XX:MaxPermSize=512MB
-XX:ReservedCodeCacheSize=64MB
-Dosgi.nls.warnings=ignore
```

图 1-34　设置 JVM 的非堆内存

修改后的几个属性值：

-Xms512MB(能够分配的内存)；

-Xmx512MB(能够分配的最大内存)；

-XX：PermSize＝512MB(非堆内存初始值)；

-XX：MaxPermSize＝512MB(非堆内存最大值)；

-XX：ReservedCodeCacheSize＝64MB(MyEclipse 的缓存值)。

6. 设置统一默认编码

(1)修改新建项目默认编码：Window→Preferences→General→Workspace→Text file encoding，将其修改为 UTF-8，如图 1-35 所示。

(2)根据文件修改默认编码：Window→Preferences→MyEclipse→Files and Editors 下所有选项中的 Encoding 修改为 ISO10646/Unicode(UTF-8)，即统一编码为 UTF-8，如图 1-36 所示。

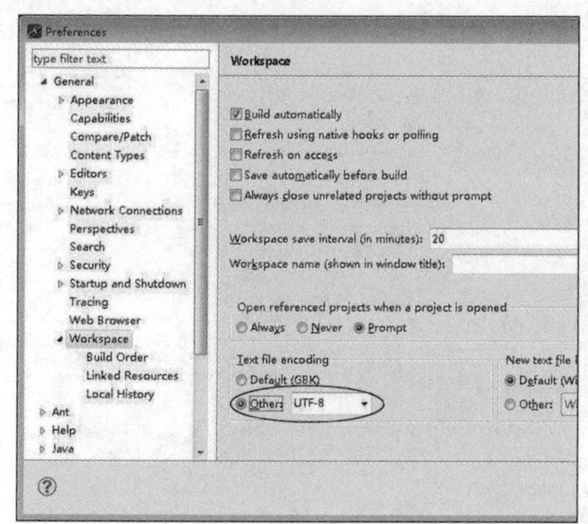

图 1-35　修改新建项目默认编码

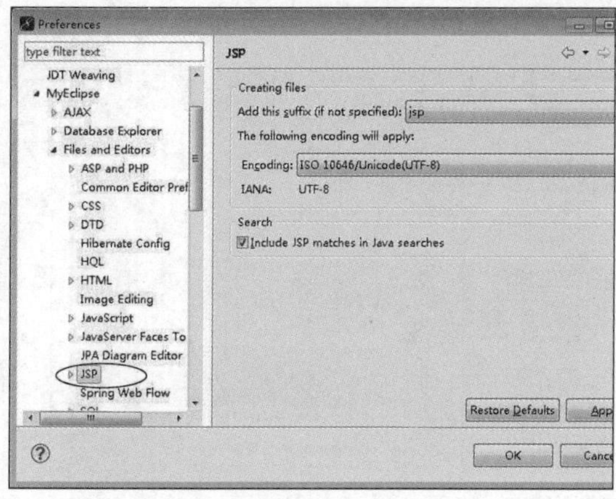

图 1-36　根据文件修改默认编码

(3)修改新建文件 java、jsp 等文件编码：Window→Preferences→General→Content Types，把下面的 Default encoding 修改为 UTF-8，如图 1-37 所示。

7. 设置 JSP 默认打开的方式

编辑 JSP 页面时可以右击 jsp 文件，然后按照 Open With | MyEclipse JSP Editor 的方式打开，如图 1-38 所示。如果直接双击 jsp 文件，会打开编辑页面的同时也打开预览页面，速度很慢，可以更改 jsp 默认打开的方式，操作步骤：Window→Preferences→General→Editors→File Associations，在 File types 中选择 *.jsp，在 Associated editors 中将"MyEclipse JSP Editor"设置为默认，如图 1-39 所示。

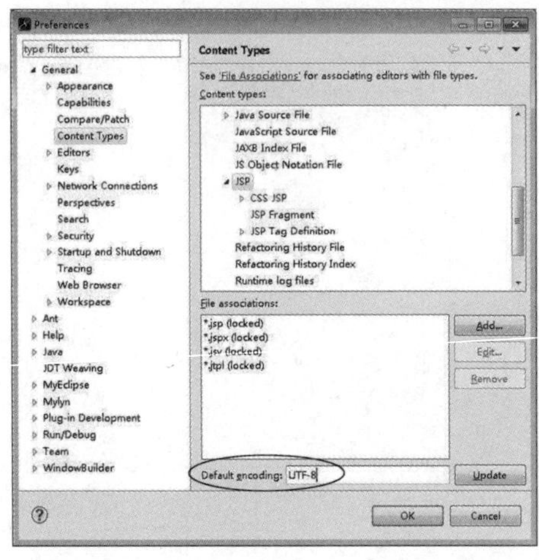

图 1-37　修改新建文件 jsp 默认编码

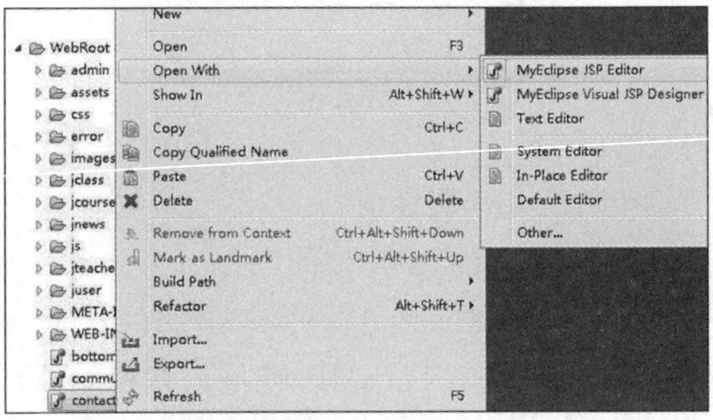

图 1-38　打开 jsp 文件的一般方式

8. 设置 MyEclipse 的 Java 代码自动提示功能

在 MyEclipse 中编写代码的时候，有些方法和属性可以通过代码提示来输入，代码提示功能默认的一般是点"."，输入"."后才会出现相应方法或属性的代码提示。

操作步骤：Window→Preferences→Java→Editor→Content Assist，在 Auto Activation 选项下勾选"Enable auto activation，Auto activation triggers for Java"是指触发代码提示的就是"."这个符号，将此处修改为.abcdefghijklmnopqrstuvwxyzABCDEFGHIJKLMNOPQRSTUVWXYZ，如图 1-40 所示。

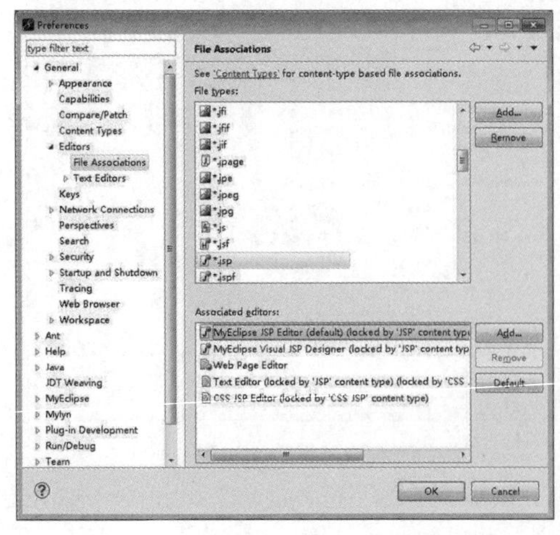

图 1-39　修改打开 jsp 文件的方式

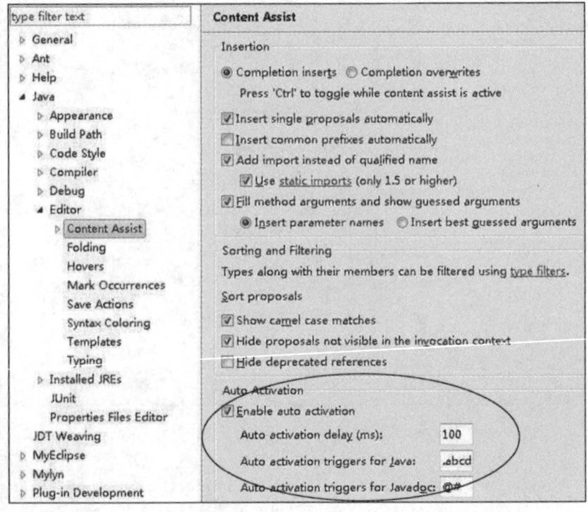

图 1-40　设置 MyEclipse 的 Java 代码自动提示功能

9. 设置本机的 Java 环境

MyEclipse 自带 JDK 环境，有些应用会对 JDK 环境有要求，可以设置为指定的 JDK 环境，操作步骤：Window→Preferences→Java→Installed JREs，出现如图 1-41 所示界面，单击“Add”按钮，在出现的如图 1-42 所示界面中点选新增 JREs 环境，然后单击“OK”按钮完成配置。

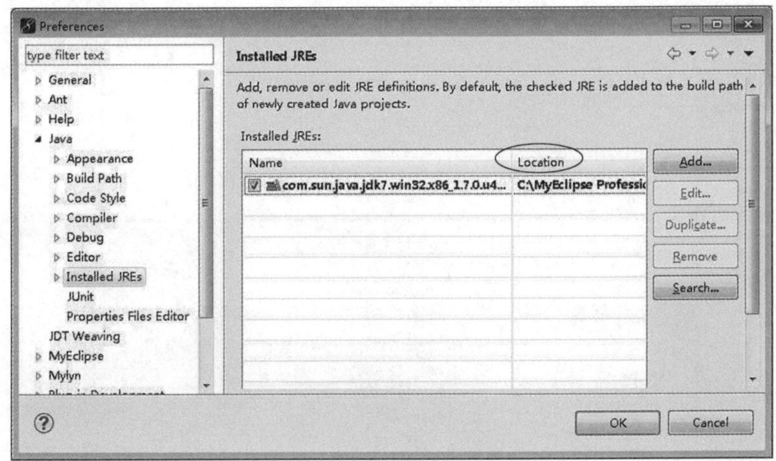

图 1-41　添加的 Java 环境

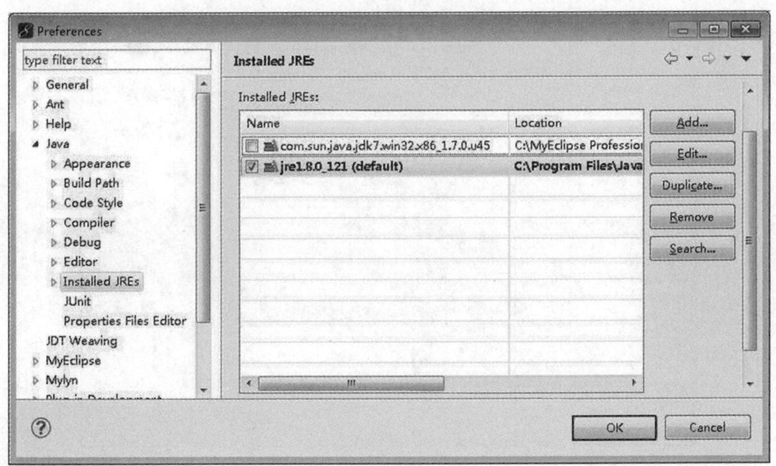

图 1-42　设置本机的 Java 环境

10. 设置代码文字大小

如果觉得 MyEclipse 默认编辑窗口的文字太小，可以进行相关设置，具体操作步骤：Window→Preferences→General→Appearance→Colors and Fonts→Basic→Text Font→Edit，如图 1-43 所示。

11. 设置代码编辑窗口的背景色

操作步骤：Window→Preferences→General→Editors→Text Editors→Background color，如图 1-44 所示。

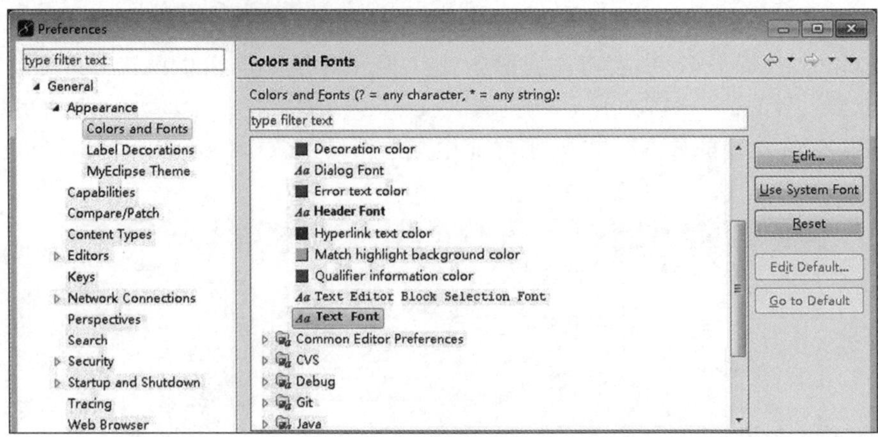

图 1-43　设置代码文字大小

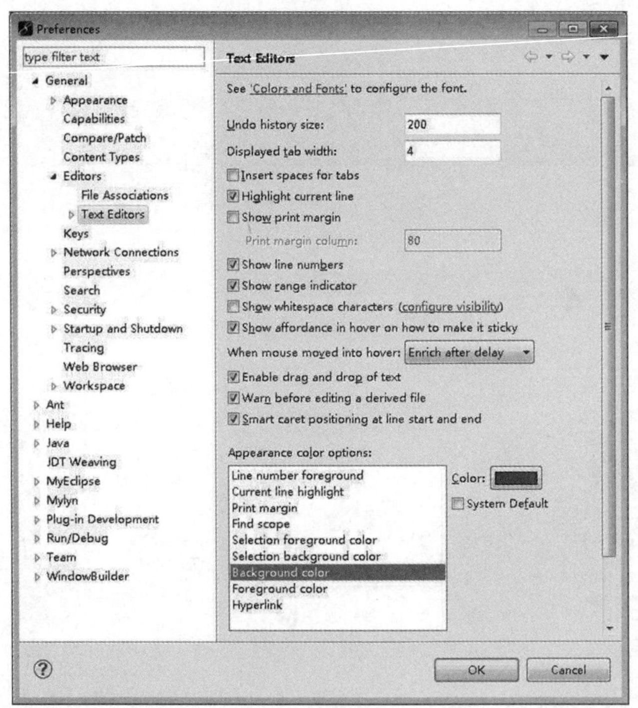

图 1-44　设置代码编辑窗口的背景色

1.5 实例：开发一个 Java Web 项目

安装设置好 MyEclipse，就可以通过 MyEclipse 来建立一个 Web 项目了，大致流程如下。

(1)选择"File→New→Web Project"选项来创建一个 Web 项目，如图 1-45 所示。

(2)在弹出的对话框中，输入项目的名称，如"MyDemo"，注意，一般开头字母要大写，默认会保存在 MyDemo 文件夹下，其余不做选择，使用默认值，如图 1-46 所示，然后单击"Finish"按钮，完成创建。

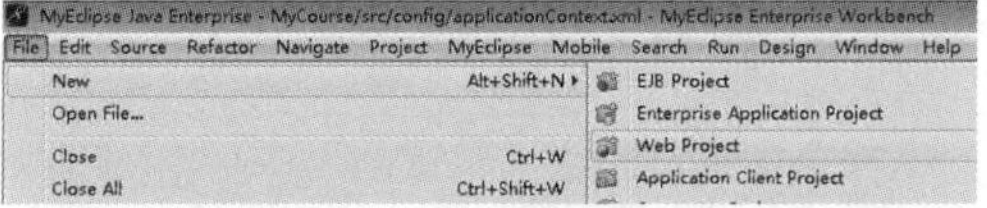

图 1-45　创建项目

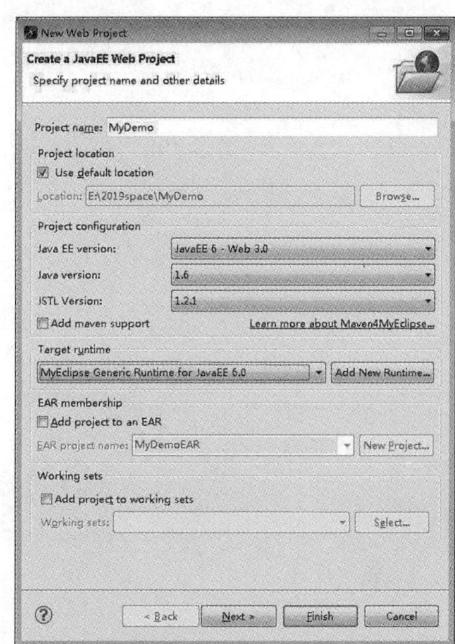

图 1-46　给项目命名、指定存放位置

(3)创建完毕会在 Myeclipse 窗口左边区域显示新创建的项目 MyDemo，如图 1-47 所示。

(4)选择“Windows→Preferences”选项，在窗口左侧文本框中输入 Tomcat，如图 1-48 所示，设置外部的 Tomcat。

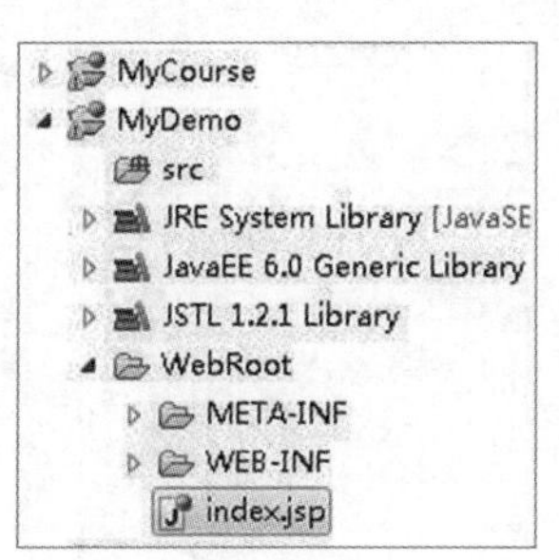

图 1-47　新创建的项目 MyDemo

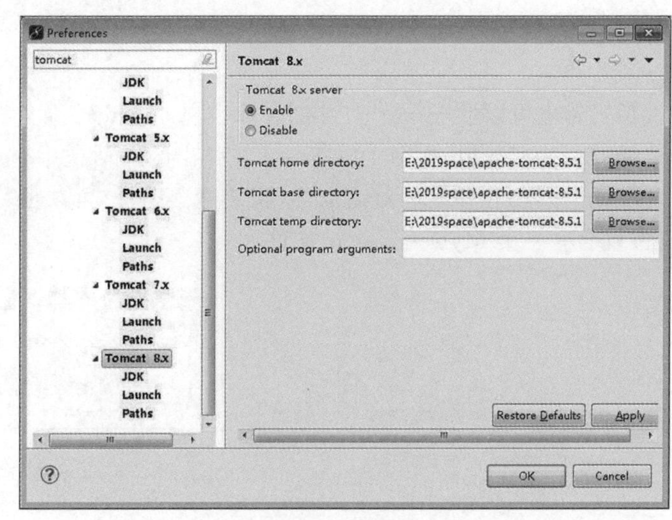

图 1-48　设置外部的 Tomcat

(5)右击“MyDemo”项目，选择“Run As→MyEclipse Server Application”选项，运行该项目，界面如图 1-49 所示。

(6)打开 IE 浏览器，输入“http://localhost:8080/MyDemo/”，出现如图 1-50 所示界面，表示项目已经部署成功，打开外置 Tomcat 下的 webapps 文件夹，发现已经有一个 MyDemo 文件夹。如图 1-51 所示，这个就是已经部署好的项目，可以放在其他 Tomcat 服务器上直接运行。

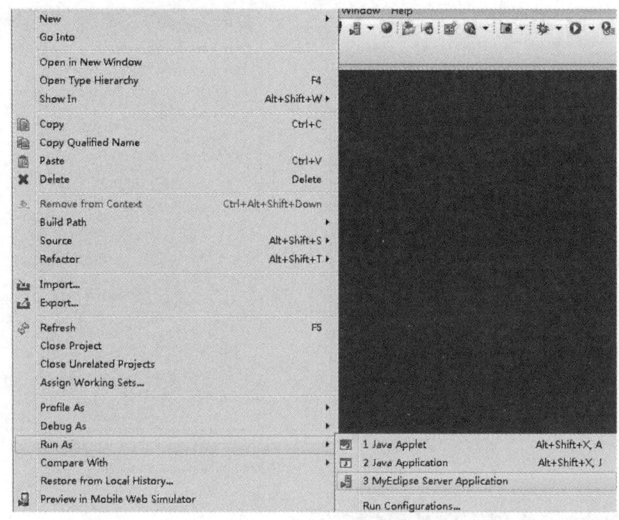

图 1-49　运行 MyDemo 项目

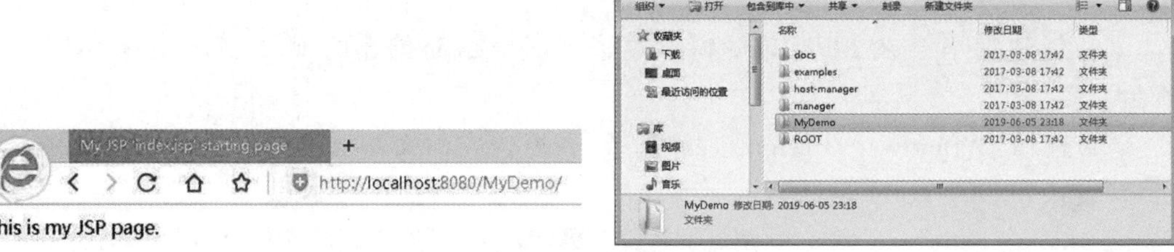

图 1-50　运行结果　　　　图 1-51　webapps 文件夹下的 MyDemo 项目

(7)当然也可以形成 war 文件部署到其他 Tomcat 服务器上运行。右击“MyDemo”项目,选择“Export”选项,如图 1-52 所示,在弹出的对话框中,输入 war,如图 1-53 所示,然后单击“Next”按钮,在弹出的对话框中,指定输出路径,再单击“Finish”按钮完成操作,这时在指定位置会有一个 MyDemo.war 文件。

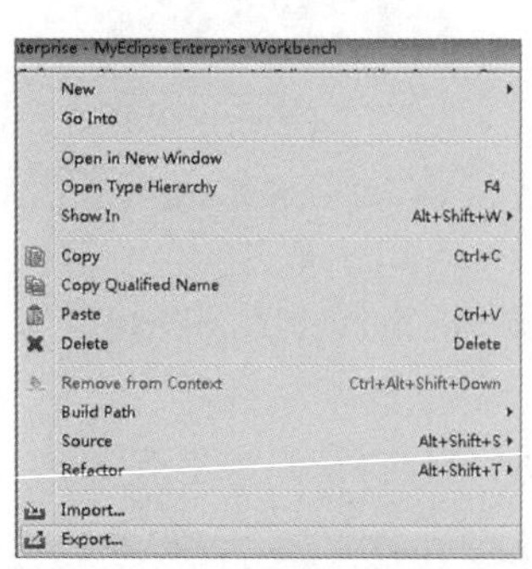

图 1-52　选择“Export”选项

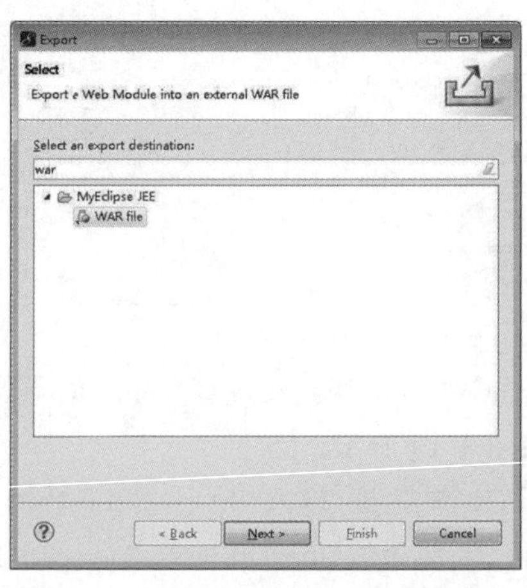

图 1-53　选择输出类型和路径

本章小结

本章首先简要介绍了 Java Web 基础知识、Java EE 多层架构及 Java EE 主要架构技术，其次着重介绍了安装 MyEclipse 来搭建 Java Web 系统开发环境，接着介绍了 MyEclipse 的基本配置，最后新建了一个 Web 项目来介绍 MyEclipse 关于 Web 项目的常见操作。

习题

按照本章所介绍的方法，下载和安装 JDK、Tomcat 和 MyEclipse，配置 Windows 操作系统下的 Java Web 应用开发环境。

(1)安装 JDK，配置系统的环境变量，测试 JDK 安装是否成功。

(2)安装并配置 Tomcat，安装完成后发布 Tomcat 的默认主页，完成 Tomcat 的启动和停止操作。

(3)安装 MyEclipse，开发一个简单的 JSP 程序，并实现部署和运行。

(4)创建一个虚拟发布目录，将例 helloapp. jsp 存入虚拟目录发布，重新运行。

第 2 章 Java Web 开发基础

学习目标

- 了解 HTML 的基本格式
- 掌握 HTML 基本语句、表单和框架
- 掌握 CSS 样式的使用
- 掌握 JavaScript 使用
- 掌握 JSP 的标准语法，理解简单的 JSP 程序
- 掌握常用的 JSP 对象
- 掌握 EL 表达式的使用
- 掌握 JSTL 核心标签库的使用

在 Web 应用程序中，View 层设计技术常见的有：HTML、JavaScript、CSS、JSP、JSTL 以及 EL 表达式、Ajax 等。其中 HTML、JavaScript、CSS 是常见的静态网页开发技术，JSP、JSTL 以及 EL 表达式等技术是常见的动态网页开发技术。

2.1 HTML 简介

HTML 是 Hypertext Markup Language(超文本链接标示语言)的缩写，它是用于创建可从一个平台移植到另一平台的超文本文档的一种简单标签语言，经常用来创建 Web 页面。HTML 文件是由 HTML 命令组成的描述性文本，HTML 命令可以说明文字、图形、动画、声音、表格、链接等。相关的主要技术有：HTML、JavaScript 和 CSS。

HTML：HTML 是一组标签，负责网页的基本表现形式；

JavaScript：JavaScript 是在客户端浏览器运行的语言，负责客户端与用户的互动；

CSS：CSS 是一个样式表，起到美化整个页面的功能。

静态网页是以 htm 或 html 结尾的 HTML 文件，静态网页一般是指没有后台数据库、不含 Java 程序、不可与服务器交互的网页，可以由浏览器解释执行而生成的网页，其开发技术主要有：HTML、JavaScript 和 CSS。

(1)静态网页的工作原理

①用户在浏览器的地址栏输入要访问的地址并键入回车，触发浏览请求；

②浏览器将请求发送到 Web 服务器；

③Web 服务器接收请求，并根据请求文件的后缀名判定是否为 HTML 文件；

④Web 服务器从服务器硬盘的指定位置或内存中读取正确的 HTML 文件，然后将它发送给请求浏览器；

⑤用户的浏览器解析这些 HTML 代码并将它显示出来。

(2)动态网页的工作原理

当用户请求的是一个动态网页时，服务器要做更多的工作才能把用户请求的信息发送回去，服务器一般按照以下步骤进行工作：

①服务器端接收请求；

②Web 服务器从服务器指定的位置或内存中读取动态网页文件；

③执行网页文件的程序代码，将含有程序代码的动态网页转化为静态页面(HTML)；

④Web 服务器将生成的静态页面代码发送给请求浏览器。

2.2 HTML 基础

2.2.1 HTML 网页结构

新建文本文档，更改扩展名为 html，输入如下内容：

```
<html>
    <head>
        <title>网页的标题</title>
    </head>
    <body>网页显示的内容</body>
</html>
```

保存该文件，例如命名为 myweb.html，双击运行，出现如图 2-1 所示界面。

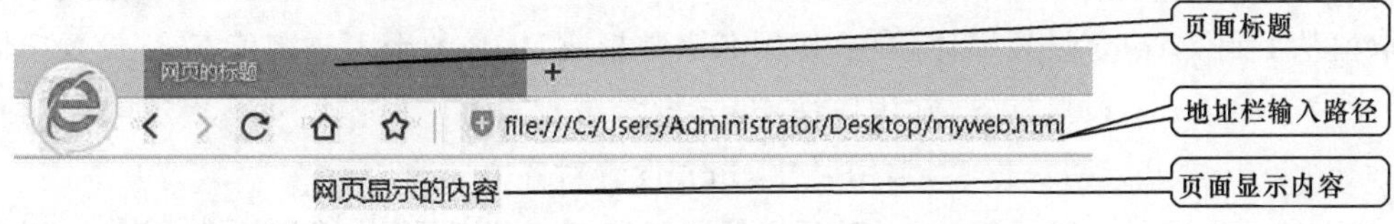

图 2-1　HTML 页面结构

在 HTML 语言中，所有的标签都必须用尖括号“<　>”括起来，例如，<html>、<body>。大多数标签都是成对出现的，有开始标签和结束标签，例如<body>…

</body>定义了标签所影响的范围，结束标签总是以一个斜线符号开头。HTML 标签不区分大小写。

网页文件是利用 HTML 所规定的标签定义网页中的各种元素的性质和特点，从而完成网页所要求的功能。

2.2.2 HTML 基本标签

1. 结构标签

HTML 文件的基本结构有两大部分：头部(head)和主体(body)，头部是在标题栏显示的内容，主体是页面显示的内容。结构标签常见的有：<html></html>，<head></head>，<title></title>，<meta 属性="属性值">，<body></body>。<html>与 </html> 标签指定了文档的开始点和结束点，在它们之间是文档的头部和主体。

例如：

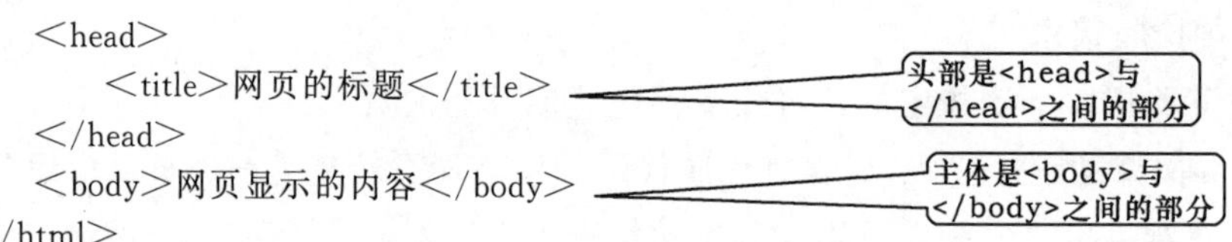

<meta 属性="属性值">文档参数属性。

例如：页面每隔一秒刷新一次，其中属性 content 的值代表间隔的时间。

```
<meta http-equiv="refresh" content="1" />
```

例如：页面 3 秒后自动转到湖南理工学院的主页。

```
<meta http-equiv="refresh" content="3;url=http://www.hnist.cn" />
```

2. 文本与段落标签

文本与段落标签是控制网页显示信息的，常见如下：

<h#>…</h#>：标题标签，# 为 1，2，3，4，5，6，共有 6 级标题，数字越大标题的字体越小，可以定义 align 属性设置对齐方式：center，left(默认)，right。

<b>…</b>：黑体标签。

<i>…</i>：斜体标签。

<strong>…</strong>：加粗文本标签(通常是斜体加黑体)。

<font>…</font>：字体设置标签，其中有 size、color、face 属性。size 设置字体大小，取值从 1 到 7；color 设置字体颜色，使用名字常量或 RGB 的十六进制值；face 设置字体。

<p>…</p>：段落标签，常用属性 align 设置对齐方式。

<div>…</div>：块标签，常用属性 align 设置对齐方式。

<hr/>：水平分隔线标签，width 设置线的长度，size 设置线的粗细，color 设置线的颜色，align 设置对齐方式。

：插入一个换行符。

3. 列表标签

列表标签有无序列表标签<ul>…</ul>和有序列表标签<ol>…</ol>两种。

(1)无序列表标签格式

```
<ul type="类型样式">
    <li>……</li>
    <li>……</li>
    ……
</ul>
```

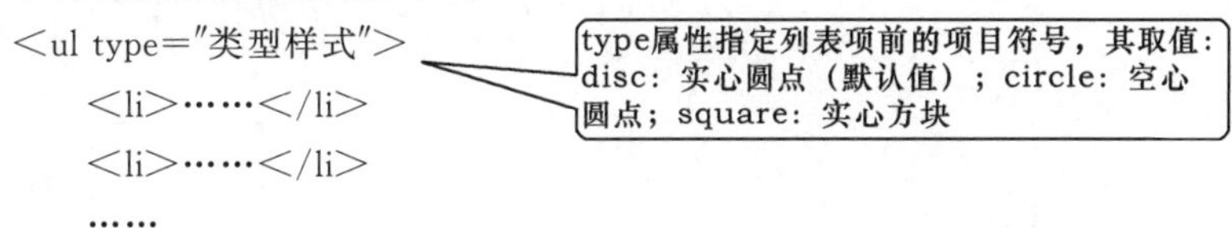

(2)有序列表标签格式

```
<ol type="类型样式">
    <li>……</li>
    <li>……</li>
    ……
</ol>
```

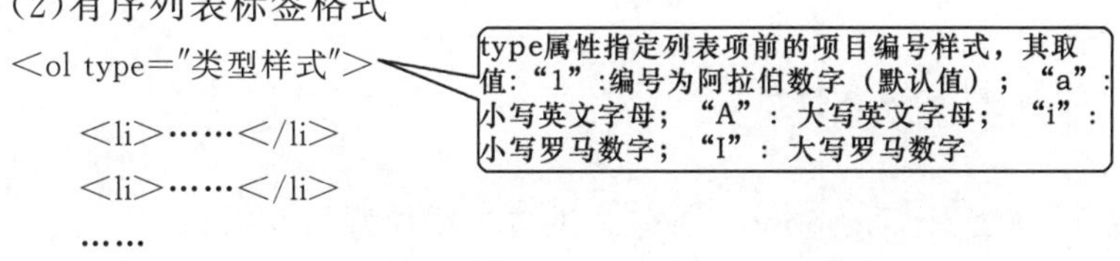

4. 图片标签

在 HTML 语言中，可使用<img>标签在网页中插入一个图像。

格式为：<img src="url" alt="" height="" width="">

主要属性：

(1)src：指定图像源的 URL 路径，图像可以是 JPEG 文件、GIF 文件或 PNG 文件；

(2)alt：替代文本，这段文本在浏览器中不能显示图像时显示出来，或图像加载时间过长时先显示出来；

(3)height：图片的高度；

(4)width：图片的宽度，如果只给出了高度或宽度，则按比例进行缩放。

例如：

<img src="Images/Photo01.jpg" alt="西双版纳风光" height="200" width="180">

5. 插入字幕

在 HTML 语言中，使用<MARQUEE>标签在页面中插入一个字幕，用于滚动显示文本信息。

格式为：<MARQUEE>要滚动显示的文本信息</MARQUEE>

主要属性：

(1)align：指定字幕与周围文本的对齐方式，其取值可以是 top、middle 或 bottom；

(2)behavior：指定文本动画的类型，其取值可以是 scroll、slide 或 alternate；

(3)bgcolor：指定字幕的背景颜色；

(4)direction：指定文本的移动方向，其取值可以是 down、left、right 或 up；

(5)height：指定字幕的高度，以像素或百分比为单位；

(6)hspace：整数，指定字幕的外部边缘与浏览器窗口之间的左右边距(像素)；

(7)loop：指定字幕的滚动次数；

(8)scrollamount：整数，指定字幕文本每次移动的距离，以像素为单位；

(9)scrolldealy：整数，指定与前段字幕文本延迟多少毫米(ms)后重新开始移动文本；

(10)vspace：整数，指定字幕的外边缘与浏览器窗口之间的上下边距(像素)。

6. 插入音乐

在 HTML 语言中，可以使用<embed>标签在网页中添加音乐。

格式为：<embed src="URL" width="" height="" loop="" autostart="">

常用属性：

(1)src：要播放的声音文件；

(2)width：控制播放器的宽度；

(3)height：控制播放器的高度；

(4)loop：循环播放控制；值为 true：循环播放；值为 false：只播放一次；值为具体数值：重播的次数；

(5)autostart：false 为暂停，true 为播放。

7. 插入背景音乐

在 HTML 语言中，可以使用<bgsound>标签在网页中添加背景音乐。

格式为：<bgsound src=" url" loop="" balance="" volume="">

常见属性：

(1)src：指定要播放声音文件的 URL。常用的声音文件类型是.wav、.mid、.aif、.au 以及.mp3 等。

(2)loop：整数，指定声音播放的次数。设置为 0，则播放一次；设置为大于 0 的整数，播放指定次数；设置为－1，则反复播放。

(3)balance：左声道和右声道。取值为－10 000～＋10 000，默认值为 0。

(4)volume：整数，音量高低，取值为－10 000～0，默认值为 0。

8. 超链接标签

超链接是由源端到目标端的一种跳转。源端可以是网页中的一段文本或一幅图像等。目标端可以是任意类型的网络资源，可以是一个网页、一幅图像、一首歌曲、一段动画或一个程序等，实现从一个页面到另一个页面的跳转。

在 HTML 语言中，可以使用<A>标签来创建超链接。

格式为：<A href="URL" target="字符串" title="字符串">文本</A>

常用属性：

(1)href：该属性是必选项，用于指定目标端的 URL 地址，可以包含一个或多个参数。

(2)target：该属性是可选项，用于指定一个窗口或框架的名称，目标文档将在该窗口或框架中打开。

(3)title：该属性是可选项，用于指定指向超链接时所显示的标题文字。

其值还可以是：

_blank：将链接的目标文件加载到未命名的新浏览器窗口中；

_parent：将链接的目标文件加载到包含链接的父框架页或窗口中，如果包含链接的框架不是嵌套的，则链接的目标文件加载到整个浏览器窗口中；

_self：将链接的目标文件加载到链接所在的同一框架或窗口中；

_top：将链接的目标文件加载到整个浏览器窗口中，并由此删除所有框架。

例如：

```
<a href="http://www.163.com">网易 www.163.com</a><br>
```

<a href="mysecond.html">第二章　html 基础</a>

<a href="http://www.163.com" target="_blank">网易 www.163.com</a>

按照目标端的不同，可以将超链接分为以下几种形式。

(1)文件链接：这种链接的目标端是一个文件，它可以位于当前网页所在服务器，也可以位于其他服务器。

(2)锚点链接：这种链接的目标端是网页中的一个位置，可以从当前网页跳转到本页面的指定位置。

(3)E-mail 链接：这种链接可以启动电子邮件客户端程序(如 Outlook Express 或 Foxmail 等)。

创建锚点链接时，要在页面的某处设置一个位置标签(即锚点)，并通过 NAME 属性给该位置设定一个名称，以便在同一页面或其他页面中引用，例如：

<P><A NAME="top"></A></P>

创建锚点链接后，可以使用<A>标签来创建指向该锚点的超链接。例如，要在同一个页面中跳转到名为"top"的锚点链接处，可以使用以下 HTML 代码：

<P><A HREF="#top">返回顶部</A></P>

若要在其他页面中跳转到该锚点链接，则使用以下 HTML 代码：

<P><A HREF="test.html#top">跳转到 test.html 页的顶部</A></P>

使用<A>标签创建邮件链接，该标签的 HREF 属性应由三部分组成：第一部分是电子邮件协议名称 mailto，第二部分是电子邮件地址，第三部分是可选的邮件主题，其形式为"subject=主题"。第一部分与第二部分之间用冒号(:)分隔，第二部分与第三部分之间用问号(?)分隔。例如：

<A HREF="mailto:fashion90@163.com? subject=关于动态网页设计">给我写信</A>

当访问者在浏览器窗口中单击"给我写信"时，将会自动启动电子邮件客户端程序(例如 Outlook Express 或 Foxmail 等)，并将指定的主题填入"主题"栏中，前提是要先完成电子邮件客户端程序的设置。

9. 表格

表格由行、列、单元格组成，一个表格是由<table>、<tr>、<td>或<th>标签来定义的，分别表示表格、表格行、单元格。

要创建一个基本的表格，可以使用以下 HTML 代码：

```
<TABLE>
    <CAPTION>表格标题文字<CAPTION>
    <TR>
        <TD>标题</TD><TD>标题</TD>…<TD>标题</TD>
    </TR>
    <TR>
        <TD>标题</TD><TD>标题</TD>…<TD>标题</TD>
    </TR>
        ……
</TABLE>
```

表格中的每一行是用<TR>标签进行设置的，列是通过<TD>和<TH>标签进行设置的。

表格常用属性：

(1)align：指定表格的对齐方式，取值可以是 left(默认值)、center 或 right。

(2)background：指定用作表格背景图片的 URL 地址。

(3)bgcolor：指定表格的背景颜色。

(4)border：指定表格边框的宽度，以像素为单位。如果省略该属性，则默认值为 0。

(5)bordercolor：指定表格边框颜色，应与 border 属性一起使用。

(6)bordercolordark：指定 3D 边框的阴影颜色，应与 border 属性一起使用。

(7)bordercolorlight：指定 3D 边框的高亮显示颜色，应与 border 属性一起使用。

(8)cellpadding：指定单元格内数据与单元格边框之间的间距，以像素为单位。

(9)cellspacing：指定单元格之间的间距，以像素为单位。

(10)width：指定表格的宽度，以像素或百分比为单位。

有时候需要进行单元格的合并操作使用如下属性：

colspan：指定合并单元格时一个单元格跨越的表格列数；

rowspan：指定合并单元格时一个单元格跨越的表格行数。

例如：

```
<tr> <th colspan="3">期中成绩表</th></tr>
<tr> <td>程晓珊</td><td rowspan="2">87</td><td>78</td></tr>
<tr> <td>费小兵</td> <td>75</td> </tr>
```

2.2.3 HTML 表单标签

表单是用来收集站点访问者信息的域集。表单从用户收集信息，然后将这些信息提交给服务器进行处理。表单是由文本框、密码框、多行文本框、单选框、复选框、下拉菜单/列表、按钮、文件域、隐藏域等各种表单元素及其标签组成的。

在 HTML 语言中，表单通过<FORM>标签来定义，格式如下：

```
<FORM name="字符串" method="get|post" action="字符串">
……
</FORM>
```

常用属性：

(1)name：指定表单的名称，命名表单后，可以使用脚本语言来引用或控制该表单。

(2)method：指定将表单数据传输到服务器的方法，其取值可以是 post 和 get。

post 是在 HTTP 请求中嵌入表单数据；get 是将表单数据附加到请求该页的 URL 中。

(3)action：指定将要接收表单数据的服务器端程序。

1. <input>标签及其属性

可以使用<input>标签创建各种输入型表单控件。如，单行文本框、密码框、复选框、单选按钮、文件域以及按钮等。

格式为：<input name="输入域名称" type="域类型" value="输入域的值">

<input>标签主要有六个属性：type，name，size，value，maxlength，check。其中，name 和 type 是必选的两个属性：

name 属性的值是响应程序(由<form>标签中的 action 属性指定)中的变量名,type 主要有 9 种类型,如表 2-1 所示。

表 2-1 type 的 9 种类型

名称	格式	说明
文本域	<input type="text" name="文本字段名称" maxlength="" size="" value=""/>	size 与 maxlength 属性用来定义此区域显示的尺寸大小与输入的最大字符数
密码域	<input type="password" name="密码字段名称" size="" maxlength="" value=""/>	当用户输入密码时,区域内将会显示 * 代替用户输入的内容
单选按钮	<input type="radio" name="" value="" checked />	checked 属性用来设置该单选按钮默认状态是否被选中。当有多个互斥的单选按钮时,设置相同的 name 值
复选框	<input type="checkbox" name="" value="" checked />	checked 属性用来设置该复选框默认状态是否被选中
提交按钮	<input type="submit" name="" value=""/>	将表单内容提交给服务器的按钮
取消按钮	<input type="reset" name="" value=""/>	将表单内容全部重新填写的按钮
图像按钮	<input type="image" src="图片"/>	使用图像代替 submit 按钮,图像的源文件名由 src 属性指定
文件域	<input type="file" name="" size="" maxlength=""/>	上传文件
隐藏域	<input type="hidden" name="" value="" />	用来预设某些要传递的信息

2. 多行文本框<TEXTAREA>标签

若要接收站点访问者输入多于一行的文本,可以使用滚动文本框,其基本格式如下:

<TEXTAREA NAME="字符串" ROWS="整数" COLS="整数" [READONLY]>……</TEXTAREA>

其中 NAME 属性指定滚动文本框控件的名称,ROWS 属性指定该控件的高度(以行为单位),COLS 属性指定该控件的宽度(以字符为单位),READONLY 属性指定滚动文本框的内容不被用户修改。

创建滚动文本框时,在<TEXTAREA>和</TEXTAREA>标签之间输入的文本将作为该控件的初始值。

3. 下拉列表框<SELECT>和<OPTION>标签

在表单中,通过<SELECT>和<OPTION>标签可设计一个下拉式的列表或带有滚动条的列表,用户可以在列表中选中一个或多个选项。基本格式如下:

```
<SELECT NAME="字符串" SIZE="整数" [MULTIPLE]>
    <OPTION [SELECTED] VALUE="字符串">选项 1</OPTION>
    <OPTION [SELECTED] VALUE="字符串">选项 2</OPTION>
    ……
</SELECT>
```

其中,NAME 属性指定选项菜单控件的名称,SIZE 属性指定在列表中一次可以看到的选项数目，MULTIPLE 属性指定是否允许做多项选择，SELECTED 属性指定该选项的初始状态为选中。

当用户填完表单数据后，单击“提交”按钮即可将表单数据提交给 Web 服务器上的表单处理程序。提交信息表单处理程序的方法由<FORM>标签的 METHOD 属性来确定。提交表单的方法有两种：即 get 方法和 post 方法。表单处理程序的 URL 地址由<FORM>标签的 ACTION 属性来确定。如果要处理表单数据，需要在服务器端编写程序。

【实例 2-1】 利用表单标签设计教师信息，添加网页。

```
……
<form action=" " method="post">
    <span>教师基本信息录入</span>
    教师姓名 <input type="text" name="tname" /><i>用户名不能超过 20 个字符</i>
    用户密码 <input type="password"  name="tpassword" />
    教师编号<input type="text" name="tno" /><i>可以是字母、数字</i>
    出生日期<input type="text" name="tdate" /><i>输入日期</i>
    个人简介  <textarea  name="tdescript" > </textarea>
</form>
……
```

2.2.4 HTML 框架标签

框架标签将浏览器上的视窗分成不同区域，在每个区域中都可以独立显示一个网页。框架网页通过一个或多个<FRAMESET>和<FRAME>标签来定义。其基本结构如下：

```
<FRAMESET rows="高度 1,高度 2…" |cols="宽度 1,宽度 2,…">
    <frame src="网页 1">
    <frame src="网页 2">
        …
</FRAMESET>
```

常用属性如下：

(1)rows：指定各个框架的行高，取值有三种形式，即像素、百分比(%)和相对尺寸(*)。

(2)cols：指定各个框架的列宽，取值有三种形式，即像素、百分比(%)和相对尺寸(*)。

(3)frameborder：指定框架周围是否显示三维边框，取值为 1(显示三维边框，默认值)或 0(显示平面边框)。

(4)framespacing：指定框架之间的间隔，以像素为单位。如果不设置该属性，则框架之间没有间隔。

注意：rows 属性不能与 cols 属性同时使用，若要创建同时包含纵向分隔框架和横向分隔框架，则应使用嵌套框架。

1. 子窗口的设置

基本格式：< frame src="html 文件路径" name="子窗口名称" scrolling="yes|no|auto">

常用属性如下：

(1)src：指定在框架中显示的 HTML 文件；

(2)marginheight:指定框架的高度,以像素为单位;

(3)marginwidth:指定框架的宽度,以像素为单位;

(4)name:指定框架的名称;

(5)noresize:若指定了该属性,则不能调整框架的大小;

(6)scrolling:指定框架是否可以滚动。设置为 yes,框架可以滚动;设置为 no,框架不能滚动;设置为 auto,则在需要时添加滚动条。

例如:设置一个框架页面,在其中显示 top.html,框架不能滚动,不能重新设置尺寸。

```
<frame src="top.html" name="topFrame" scrolling="no" noresize="noresize" id="topFrame" title="topFrame" />
```

2. target 属性

在框架结构子窗口的 HTML 文档中如果含有超链接,当用户单击该链接时,目标网页显示的位置由 target 属性指定,若没有指定则在当前子窗口打开。

target 属性使用格式:<a href="目标地址"　target="显示该网页的子窗口名">超链接文字</a>

【实例 2-2】 利用框架标签设计后台管理页面。

```
<html>
    <head>
        <meta http-equiv="Content-Type" content="text/html; charset=utf-8" />
        <title>信息管理系统界面</title>
    </head>
    <frameset rows="88,*,31" cols="*" frameborder="no" border="0" framespacing="0">
        <frame src="top.html" name="topFrame" scrolling="No" noresize="noresize" id="topFrame" title="topFrame" />
    <frameset cols="187,*" frameborder="no" border="0" framespacing="0">
        <frame src="left.html" name="leftFrame" scrolling="No" noresize="noresize" id="leftFrame" title="leftFrame" />
        <frame src="index.html" name="rightFrame" id="rightFrame" title="rightFrame" />
    </frameset>
    <frame src="footer.html" name="bottomFrame" scrolling="No" noresize="noresize" id="bottomFrame" title="bottomFrame" />
    </frameset>
<noframes><body>
</body></noframes>
</html>
```

2.3　CSS 样式表

CSS 是 Cascading Style Sheets(层叠样式表)的缩写,即样式表,它是一种美化网页的技术,使网页在布局、颜色、文字字体等在外观上达到一个更好的效果。

2.3.1 CSS 样式表的定义与使用

CSS 样式表的处理过程是哪个对象，进行了什么设置，设置的值是什么，这里的对象就是 CSS 中的 CSS 选择器。

1. CSS 样式表的定义

CSS 样式表的定义实际就是定义 CSS 选择器，CSS 选择器有三种类型。

(1)标签选择器

通过 HTML 标签定义样式表。

格式为：引用样式的对象{标签属性：属性值；标签属性：属性值；标签属性：属性值；……}

例如：p {background-color:green;color:yellow}　//定义标记 p 选择器

(2)类别选择器

使用 class 定义样式表，一般用在为同一个元素创建不同的样式或者为不同元素创建相同样式，有两种常见格式。

格式 1：标签名.类名{标签属性：属性值；标签属性：属性值；标签属性：属性值；……}

格式 2：.类名{标签属性：属性值；标签属性：属性值；标签属性：属性值；……}

例如：.font1{font-family:宋体;font-size:12px}　//定义类别选择器.font1

(3)ID 选择器

使用 ID 定义样式表，在页面中通过 ID 选择符对某个元素定义的样式。

格式为：#ID 名称{标签属性：属性值；标签属性：属性值；标签属性：属性值；……}

例如：#cs2{color:red}　//定义 ID 选择器#cs2

2. 样式表的使用

在 HTML 中使用 CSS 的方法有 4 种方式：行内式、内嵌式、链接式、导入式。

(1)行内式

利用 style 属性直接为元素设置样式，仅仅对当前的标签起作用。

例如：<p style="color:#0055FF; font-size:25px;">好好学习！</p>

(2)内嵌式

需要先在<head></head>标签对之间利用<style></style>标签定义有关的选择器，然后再使用。例如，下面的语句定义了 2 个样式，并分别使用。

```
<head>
    <style type="text/css">
        p{color:#0055FF;font-weight:bold;font-size:25px;}
        .cs1{font-size:20px;color:red;}
    </style>
</head>
<body>
    <p>这里使用第一个样式……</p>
    <p class="cs1">这里使用第二个样式……</p>
</body>
```

(3)链接式

将定义好的 CSS 样式存放在一个以.css 为扩展名的样式文件中，再在<head>与</head>之间使用<link>标签链接到所需要使用的网页中。

<link>标签使用格式：<link href="*.css 文件路径" type="text/css" rel="stylesheet">

建立一个 sheet_x.css 文件，内容如下：

```
p { height:25px; padding:1 15px 1 20px; background:url(../images/title.jpg); }
h3{ position:absolute; top:0; right:8px; font-Size:13px; color:#0055aa;}
```

然后在 HTML 中使用：

```
……
<head>
    <link href="sheet_x.css" type="text/css" rel="stylesheet">
</head>
<body>
    <h3>这里使用 h3 样式</h3 >
    <p>这里使用 p 样式……</p>
</body>
……
```

(4)导入式

这个方式与链接式方法类似，不同的是文件是通过 import 导入页面中的。

import 导入格式为：<style type="text/css"> @import url(*.css 文件路径); </style>

2.3.2 CSS 常用属性

CSS 主要有字体属性、颜色和背景属性、文本段落属性，分别如表 2-2～表 2-4 所示。

表 2-2　字体属性

属性名	属性含义	属性值
font-family	字体	取值(如"宋体""隶书"等)
font-size	字体大小	取值单位：pt(点数)、px，例"15pt"，20px
font-style	字体风格	normal(普通，默认值)，italic 斜体，oblique 中间状态
font-weight	字体加粗	normal(普通，默认值)，bold(一般加粗)，bolder(重加粗)，lighter(轻加粗)，number：100～900 的加粗
font	字体复合属性	用来简化 CSS 代码，可以取以上所有属性值，之间用空格分开

表 2-3　颜色和背景属性

属性名	属性含义	属性值
color	颜色	颜色值是英文名称或十六进制 RGB 值。例，red 为#ff0000
background-color	背景颜色	同 color 属性
background-image	背景图像	none：不用背景；url：图像地址
background-position	背景图像位置	top，left，right，bottom，center 等
background	背景复合属性	简化 CSS 代码，可取以上所有属性值，之间用空格分开

表 2-4 文本段落属性

属性名	属性含义	属性值
text-decoration	文字修饰	none,underline:下划线;overline:上划线;line-through:删除线;blink:文字闪烁
vertical-align	垂直对齐	baseline:默认的垂直对齐方式,super:文字的上标,sub:文字的下标,top:垂直靠上,text-top:使元素和上级元素的字体向上对齐,middle:垂直居中对齐,text-bottom:使元素和上级元素的字体向下对齐
text-align	水平对齐	left,right,center,justify:两端对齐
text-indent	文本缩进	缩进值(长度或百分比)
line-height	文本行高	行高值(长度,倍数,百分比)
white-space	处理空白	normal 将连续的多个空格合并,nowrap 强制在同一行内显示所有文本,直到文本结束或者遇到 对象

【实例 2-3】 利用样式美化信息添加页面。

```
……
<link href="/css/adminstyle.css" rel="stylesheet" type="text/css" />
……
<form action="" method="post">
    <div class="formbody">
    <div class="formtitle"><span>教师基本信息录入</span></div>
        <ul class="forminfo">
        <li><label>教师姓名</label>
        <input type="text" name="tname" class="dfinput"/><i>用户名不能超过 20 个字符
</i></li>
        <li><label>用户密码</label>
        <input type="password"  name="tpassword" class="dfinput"/></li>
            <li><label>教师编号</label>
            <input type="text" name="tno" class="dfinput"/><i>可以是字母、数字</i></li>
            <li><label>出生日期</label>
            <input type="text" name="tdate"  cssClass="laydate-icon" id="demo1" class="
dfinput" /><i>选择或输入日期</i></li>
            <li><label>个人简介</label>
            <textarea  name="tdescript" class="textinput"></textarea></li>
            <li><label> </label><input  type="submit" class="btn" value="确认保
存"/></li>
        </ul>
    </div>
</form>
……
```

运行结果如图 2-2 所示。

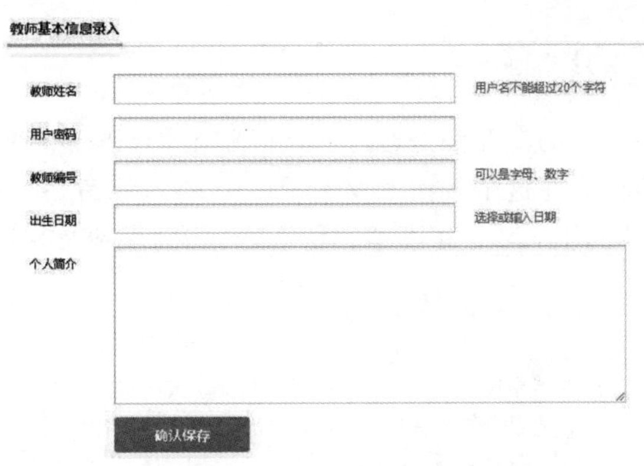

图 2-2　实例 2-3 运行结果

2.4 JavaScript 脚本语言

JavaScript 是一种基于对象和事件驱动并具有安全性能的脚本语言，它由客户端浏览器进行解析和执行。使用它的目的是与 HTML 超文本标记语言一起实现一个 Web 页面与 Web 客户交互。它可以直接嵌套在 HTML 网页中，弥补了 HTML 语言的缺陷。

2.4.1　JavaScript 的格式

1. 数据类型

JavaScript 的主要数据类型有：int、float、string（字符串）、boolean、null（空类型）。

2. 变量

（1）变量声明

变量声明格式如下：var 变量名[＝值]；（变量声明可以省略）

（2）数组的声明

数组的声明有三种方式：

```
var array1=new Array();                    //array1 是一个默认长度的数组
var array2=new Array(10);                  //array2 是长度为 10 的数组
var array3=new Array("demo",14,true);      //array3 是一个长度为 3 的数组，且元素类型不同
```

3. 运算符

在 JavaScript 中提供了算术运算符、关系运算符、逻辑运算符、字符串运算符、位操作运算符、赋值运算符和条件运算符等。这些运算符与 Java 语言中支持的算符运算符及其功能相同。

4. 控制语句

JavaScript 中的控制语句有：分支语句（if、switch），循环语句（while 、do-while、for），这些语句的语法规则和使用与 Java 语言中的语法规则要求一样。

5. 函数的定义和调用

在 JavaScript 中，函数需要先声明定义，然后再调用函数。在 JavaScript 中定义函数，有两种实现方式：一种是在 Web 页面中直接嵌入 JavaScript，另一种是链接外部 JavaScript 文件。

2.4.2 JavaScript 的事件

在浏览器中网页与客户的交互都是通过“事件”引发的，当一个事件发生时，例如“用户单击某个按钮”，浏览器认为在这个按钮上发生了一个 click 事件，然后根据该按钮所定义的事件处理函数，执行相应的 JavaScript 脚本。JavaScript 的事件及其说明如下表 2-5 所示。

表 2-5　JavaScript 的事件及其说明

事件	事件处理函数名	何 时 触 发
blur	onBlur	元素或窗口本身失去焦点时触发
change	onChange	当表单元素失去焦点，且内容值发生改变时触发
click	onClick	单击鼠标左键时触发
focus	onFocus	任何元素或窗口本身获得焦点时触发
keydown	onKeydown	键盘键被按下时触发，如果一直按着某键，则会不断触发
load	onLoad	页面载入后，在 window 对象上触发；所有框架都载入后，在框架集上触发；<object>标签指定的对象完全载入后，在其上触发
select	onSelect	选中文本时触发
submit	onSubmit	单击提交按钮时，在<form>上触发
unload	onUnload	页面完全卸载后，在 window 对象上触发；或者所有框架都卸载后，在框架集上触发

在 HTML 中指定事件处理程序，需要在 HTML 标签中添加相应的事件处理程序的属性，并在其中指定作为属性值的代码或是函数名称。

使用格式：<标签 各有关属性及其属性值 on 事件名称="函数名称(参数)">

【实例 2-4】　通过 input 输入标签，触发一个单击事件，事件通过函数 open()实现，而函数 open()的功能是显示一个提示窗口，并提示“事件引发操作，并成功执行了这个操作!”。

```
<html>
    <head>
        <title>单击弹窗事件</title>
        <script language="javascript">
            function open(){
                window.alert("事件按钮，弹出窗口操作!");
}
        </script>
    </head>
    <body>
        <form action="">
            <input type="Button" value="单击弹窗"  onclick="open()"><br/>
        </form>
    </body>
</html>
```

2.4.3 JavaScript 的对象

JavaScript 中设有内置对象，常用的内置对象有 String，Date。浏览器的文档对象有

window 、navigator、screen、history、location、documen 等。

1. window 对象

window 对象属性常用方法如下表 2-6 所示。

表 2-6　　window 对象属性常用方法

方法	描述
alert()	弹出一个警告对话框
confirm()	显示一个确认对话框，单击“确认”按钮时返回 true，否则返回 false
prompt()	弹出一个提示对话框，并要求输入一个简单的字符串
setTimeout(timer)	在经过指定的时间后执行代码
clearTimeout()	取消对指定代码的延迟执行
setInterval()	周期执行指定的代码
clearInterval()	停止周期性地执行代码

2. location 对象

location 对象实现网页页面的跳转，在 HTML 中使用标签<a href…> </a>来实现页面的跳转，在 JavaScript 中，利用 location 对象实现页面的自动跳转。

使用格式：window. location. href="网页路径"；

例如，跳转到搜狐网页：window. location. href="http://www. sohu. com"；

3. history 对象

history 对象可以访问浏览器窗口的浏览历史，通过 go、back、forward 等方法控制浏览器的前进和后退。history 对象属性常用方法如下表 2-7 所示。

表 2-7　　history 对象属性常用方法

属性常用方法	含义
Length	浏览历史记录的总数
go(index)方法	从浏览历史中加载 URL，index 参数是加载 URL 的相对路径，index 为负数时，表示当前地址之前的浏览记录，index 为正数时，表示当前地址之后的浏览记录
forward()方法	从浏览历史中加载下一个 URL，相当于 history. go(1)
back()方法	从浏览历史中加载上一个 URL，相当于 history. go(－1)

4. document 对象

HTML 文档被加载后都会在内存中初始化一个 document 对象，该对象存放整个网页 HTML 内容，从该对象中，可获取页面表单的各种信息。

(1)获取表单域对象

获得表单域对象的主要方法：通过表单访问、直接访问。

假设有表单：

```
<form action=""  name="form1" >
    <input type="text" name="a1"  value="" >
</form>
```

则获取输入域对象可以通过下面两种形式：

①通过表单访问

```
var fObj=document.form1.a1;
var fObj=document.form1.elements["a1"];
var fObj=document.forms[0].a1;
```

②直接访问

```
var fObj=document.getElementsByName("a1")[0];
var fObj=document.getElementsById("a1");
var fObj=document.all("a1").value
```

(2)获取表单域的值

由于表单域类型不同，其获取表单域的值的方法也不同，常用的方法有(若表单域对象为 fObj)：

①获取文本域、文本框、密码框的值

```
var  v=fObj.value;
```

②获取复选框的值

例如，对于如下一组复选框：

```
<input type="checkbox" name="c1" value="1"/>
<input type="checkbox" name="c1" value="2"/>
```

利用 JavaScript 取值的方法：

```
var fObj=document.form1.c1;      //form1 为表单的名字
var s="";
for(var i=0;i<fObj.length;++i){
    if(fObj[i].checked==true)  s=s+fObj[i].value; }
```

③获取单选按钮的值

例如，对于如下一组单选按钮：

```
<input type="radio" name="p" checked/>
<input type="radio" name="p"/>
```

利用 JavaScript 取值的方法如下：

```
var fObj=document.form1.p;      //form1 为表单的名字
for(var i=0;i<fObj.length;++i)
    if(fObj[i].checked)  break;
switch(i){
    case 0:……;break;
    case 1: ……;break;
    case 2: ……;
……
    }
```

④获取列表框的值

对于单选列表框，用如下方法取出值：

```
var index=fObj.selectedIndex;      //fObj 为列表对象，取出所选项的索引，索引从 0 开始
var val=fObj.options[index].value;      //取出所选项目的值
```

对于多选列表，取值需要循环：

```
var fObj=document.form1.s1;      //form1 为表单的名字
var s="";
for(var i=0;i<fObj.options.length;++i){
    if(fObj[i].options[i].selected==true)
```

```
s=s+fObj.options[i].value;  }
```

【实例 2-5】 判断输入的信息是否符合要求：用户名不能为空，且以字母开头，后面跟字母、数字或下划线，密码长度必须大于等于 3，且两次密码必须一致。

```
……
    <script language="javascript">
      function validate(){
        var name=document.forms[0].userName.value;
        var pwd=document.forms[0].userPwd.value;
        var pwd1=document.forms[0].userPwd1.value;
        var regl=/[a-zA-Z]\w*/;
        if(name.length<=0)alert("用户名不能为空!");
        else if(!regl.test(name))alert("用户名格式不正确!");
        else if(pwd.length<3)alert("密码长度要大于等于 3!");
        else if(pwd!=pwd1)alert("两次密码不一致!");
      else document.forms[0].submit();}
    </script>
    </head>
    <body>
    <form action="">
      <table border="0" align="center" width="600">
        <tr> <td colspan="3" align="center" height="40" >用户信息填写</td></tr>
        <tr> <td align="right">用户名：</td>
          <td><input type="text" name="userName"/></td>
          <td>字母开头，后面跟字母、数字或下划线</td>
        </tr>
        <tr> <td align="right">密码：</td>
          <td><input type="password" name="userPwd"/></td>
          <td>设置密码，至少 3 位! </td>
        </tr>
        <tr> <td align="right">确认密码：* </td>
          <td><input type="password" name="userPwd1"/></td>
          <td>再次输入密码! </td>
        </tr>
        <tr><td colspan="3" align="center" height="40">
<input type="Button" value="确认提交" onClick="validate()"/>;</td>
        </tr>
    ……
```

2.5 JSP 技术简介

JSP(Java Server Page)是一种运行在服务器端的脚本语言，是用来开发动态网页的，该技术是 Java Web 程序开发的重要技术。JSP 文件的后缀是 jsp，本质上就是把 Java 代码嵌套到 HTML 中，然后经过 JSP 容器的编译执行，可以根据这些动态代码的运行结果生成对应的 HTML 代码，从而可以在客户端的浏览器中正常显示。

2.5.1 JSP 语法基础

JSP 的标签是以"<%"开始，以"%>"结束的，而被标签包围的部分则称为 JSP 元素内容。开始标签、结束标签和元素内容三部分组成的整体，称为 JSP 元素(Elements)。JSP 元素，分为 3 种类型：基本元素、指令元素、动作元素。

基本元素：规范 JSP 网页所使用的 Java 代码，包括：JSP 注释、声明、表达式和脚本段。

指令元素：是针对 JSP 引擎的，包括：include 指令、page 指令和 taglib 指令。

动作元素：属于服务器端的 JSP 元素，它用来控制 Servlet 引擎的行为，主要有：include 动作和 forward 动作。

【实例 2-6】 在 MyEclipse 中创建 Web 项目"jsp"，鼠标右击左侧项目栏中的"WebRoot"文件夹，选择"New→Other→MyEclipse"选项，打开新建向导对话框，选择"Web→JSP (Basic Templates)"选项后单击"Next"按钮。接着在新建 JSP 窗口输入文件名，例如"mydemo.jsp"后单击"Finish"按钮。这样 MyEclipse 会将新建的 mydemo.jsp 文件自动打开，在<body>和</body>之间输入代码。例如：

```
<%@ page language="java" import="java.util.*" pageEncoding="UTF-8"%>    Jsp脚令
<%String path=request.getContextPath();
String basePath=request.getScheme()+"://"+request.getServerName()+":"+request.getServerPort()+path+"/";%>
<!DOCTYPE HTML PUBLIC "-//W3C//DTD HTML 4.01 Transitional//EN">
<html>
    <head><title>JSP 实例</title> </head>
    <body>
        <h3>求和的例子</h3>
        <%! int a1=2,b1=2,c1=0;    Jsp脚本
            c1=a1+b1;%>
        结果为:<%=c1%> <br>    Jsp表达式
    </body>
</html>
```

2.5.2 JSP 基本元素

JSP 的基本元素定义并规范了 JSP 网页所使用的 Java 代码段，主要包括声明、表达式、代码段和注释。

1. 声明

在 JSP 页面中可以声明变量和方法，声明后的变量和方法可以在本 JSP 页面的任何位置使用，并在 JSP 页面初始化时被初始化。语法格式：<%! 声明变量、方法和类 %>

例如：

```
<%! int a1,b1,c1;          //声明整型变量 a1、b1、c1
    double d1=6.3;         //声明 double 型变量 d1,并初始化为 6.3
%>
```

2. 表达式

JSP 的表达式是由变量、常量组成的算式,它将 JSP 生成的数值转换成字符串嵌入 HTML 页面,并直接输出(显示)其值。语法格式:<%=表达式%>

例如:

```
<%! String s=new String("您好!");%> //声明变量,并初始化
<font color="red"><%=s%></font>//以红色字显示 s 的值
```

3. 代码段

JSP 代码段可以包含任意合法的 Java 语句。语法格式:<% 符合 java 语法的代码段 %>

例如:

```
<%! int d=0; %>                    //声明,定义全局变量 d
<% int a=30; %>                    //jsp 代码段,定义局部变量 a
<% //jsp 代码段
    for(int i=0;i<=5; i++){
        out.print(i+"<br>");}    //在页面上输出 i 的值并换行
%>
```

4. 注释

在 JSP 程序中,可以使用“HTML 注释”和“Java 注释”。

HTML 注释的语法格式:<! --要添加的文本注释-->

Java 注释语法格式:<%//要添加的文本注释%> 或<%/*要添加的文本注释*/%>

2.5.3 JSP 指令元素

JSP 指令是被服务器解释并被执行的。通过指令元素可以使服务器按照指令的设置执行动作或设置在整个 JSP 页面范围内有效的属性。在一条指令中可以设置多个属性,这些属性的设置可以影响整个页面。

JSP 指令包括:page 指令、include 指令和 taglib 指令。page 指令定义整个页面的全局属性,include 指令用于包含一个文本或代码的文件,taglib 指令引用自定义的标签或第三方标签库。

JSP 指令的语法格式:<%@ 指令名称 属性 1="属性值 1" 属性 2="属性值 2" … %>

1. page 指令

page 指令用来定义 JSP 页面中的全局属性,它描述了与页面相关的一些信息,page 指令属性如下表 2-8 所示。

表 2-8　　page 指令属性

属性	说明	设置值示例
language	指定用到的脚本语言，默认是 Java	<%@page language="java"%>
import	用于导入 java 包或 java 类	<%@page import="Java. util. Date"%>
pageEncoding	指定页面所用编码，默认与 contentType 值相同	UTF-8
extends	JSP 转换成 Servlet 后继承的类	Java. servlet. http. HttpServlet
session	指定该页面是否参与到 HTTP 会话中	true 或 false
buffer	设置 out 对象缓冲区大小	8KB
autoflush	设置是否自动刷新缓冲区	true 或 false
isThreadSafe	设置该页面是否是线程安全	true 或 false
info	设置页面的相关信息	网站主页面
errorPage	设置当页面出错后要跳转到的页面	/error/jsp-error. jsp
contentType	设计响应 jsp 页面的 MIME 类型和字符编码	text/html;charset=gbk
isErrorPage	设置是否是一个错误处理页面	true 或 false
isELIgnord	设置是否忽略正则表达式	true 或 false

2. include 指令

include 指令称为文件加载指令，可以将其他的文件插入 JSP 网页，被插入的文件必须保证插入后形成的新文件符合 JSP 页面的语法规则。

include 指令语法格式：<%@ include file="filename"%>

include 指令只有一个 file 属性，filename 指被包含的文件的名称（相对路径），被插入的文件必须与当前 JSP 页面在同一 Web 服务目录下。

例如：<%@ include file="top. jsp" %>

taglib 指令详情此处省略。

2.5.4　JSP 动作元素

JSP 动作元素是用来控制 JSP 引擎的行为，JSP 标准动作元素均以“jsp”为前缀，主要有如下 6 个动作元素：

<jsp:include>：在页面得到请求时动态包含一个文件。

<jsp:forward>：引导请求进入新的页面（转向到新页面）。

<jsp:plugin>：连接客户端的 Applet 或 Bean 插件。

<jsp:useBean>：应用 JavaBean 组建。

<jsp:setProperty>：设置 JavaBean 的属性值。

<jsp:getProperty>：获取 JavaBean 的属性值并输出。

另外，还有实现参数传递子动作元素：<jsp:params>，该子动作需要与<jsp:include>或<jsp:forward>配合使用，不能单独使用。

常见的动作元素是：<jsp:include>、<jsp:forward>和<jsp:param>。

1. <jsp:include>

语法格式：<jsp:include page=" filename "/>

功能：当前 JSP 页面动态包含一个文件，即将当前 JSP 页面、被包含的文件各自独立编译为字节码文件。当执行到该动作标签处，才能加载执行被包含文件的字节码。

例如：<jsp:include file="top.jsp" %>

2. <jsp:forward>

语法格式：<jsp:forward page=" filename "/>

功能：动作<jsp:forward>用于停止当前页面的执行，转向另一个 HTML 或 JSP 页面。

3. <jsp:param>子标签

param 标签不能独立使用，需要作为<jsp:include>、<jsp:forward>标签的子标签来使用。

语法格式：

<jsp:include page=" filename "> 　<jsp:param name="变量 1" value="值 1" />…… </jsp:include>	<jsp:forward page=" filename "> 　<jsp:param name="变量 1" value="值 1" />…… </jsp:forward>

2.5.5　JSP 内置对象介绍

JSP 中为了便于数据信息的保存、传递和获取操作，设置了 9 个内置对象，如下表 2-9 所示。

表 2-9　JSP 内置对象

对象名称	有效范围	说明
application	application	代表应用程序上下文，允许 JSP 页面与包括在同一应用程序中的任何 Web 组件共享信息
config	page	允许将初始化数据传递给一个 JSP 页面
exception	page	该对象含有只能由指定的 JSP“错误处理页面”访问的异常数据
out	page	提供对输出流的访问
page	page	代表 JSP 页面对应的 Servlet 类实例
pageContext	page	是 JSP 页面本身的上下文，它提供了唯一一组方法来管理具有不同作用域的属性
request	request	提供对请求数据的访问，同时还提供用于加入特定请求数据的上下文
response	page	该对象用来向客户端输入数据
session	session	用来保存在服务器与一个客户端之间需要保存的数据，当客户端关闭网站的所有网页时，session 变量会自动消失

内置对象的作用域及有效范围如下表 2-10 所示。

表 2-10　内置对象的作用域及有效范围

作用域	有效范围
page	对象只能在创建它的 JSP 页面中被访问
request	对象可以在与创建它的 JSP 页面监听的 HTTP 请求相同的任意一个 JSP 中被访问
session	对象可以在与创建它的 JSP 页面共享相同的 HTTP 会话的任意一个 JSP 中被访问
application	对象可以在与创建它的 JSP 页面属于相同的 Web 应用程序的任意一个 JSP 中被访问

2.5.6 request 对象

客户端通过 HTTP 协议请求一个 JSP 页面时，JSP 容器会自动创建 request 对象，并将请求信息包装到 request 对象中，当 JSP 容器处理完请求后，request 对象就会销毁。

1. request 对象的常用方法

request 对象的常用方法如下表 2-11 所示。

表 2-11　　request 对象的常用方法

方法	说明
setAttribute(String name,Object obj)	用于设置 request 中的属性及其属性值
getAttribute(String name)	用于返回 name 指定的属性值，若不存在指定的属性，就返回 null
removeAttribute(String name)	用于删除请求中的一个属性
getParameter(String name)	用于获得客户端传送给服务器端的参数值
getParameterNames()	用于获得客户端传送给服务器端的所有参数名字(Enumeration 类的实例)
getParameterValues(String name)	用于获得指定参数的所有值
getCookies()	用于返回客户端的所有 Cookie 对象，结果是一个 Cookie 数组
getCharacterEncoding()	返回请求中的字符编码方式
getRequestURI()	用于获取发出请求字符串的客户端地址
getRemoteAddr()	用于获取客户端 IP 地址
getRemoteHost()	用于获取客户端名字
getSession([Boolean create])	用于返回和请求相关的 session。create 参数是可选的。true 时，若客户端没有创建 session，就创建新的 session
getServerName()	用于获取服务器的名字
getServletPath()	用于获取客户端所请求的脚本文件的文件路径
getServerPort()	用于获取服务器的端口号

2. 获取请求参数

(1)获取请求参数的方法

访问格式：String 字符串变量＝request. getParameter("客户端提供参数的 name 属性名")；

其中，参数 name 与客户端提供参数的 name 属性名对应，该方法的返回值为 String 类型，如果参数 name 属性不存在，则返回一个 null 值。

(2)传参数的三种形式

①使用 JSP 的 forward 或 include 动作，利用传参数子动作实现传递参数。

②追加在网址后的参数传递或追加在超链接后的参数。

例如：<a href="toeditnews. jsp? nid= ${news. nid}">编辑 </a>

③在 JSP 页面或 HTML 页面中，利用表单传递参数。

【实例 2-7】 利用表单传递参数。

input. jsp 页面关键代码：

```
<form action="receive. jsp"  method="post">
    姓名：<input name="user"> <br>
```

```
    电话：<input name="tel"> <br>
    <input type="submit" value="提交">
</form>
```

receive.jsp 页面的关键代码：

```
<body>
    <%  String str1=request.getParameter("user");
        String str2=request.getParameter("tel");
    %>
    <font face="楷体" size=5 color=red>
        您输入的信息为:<br>
        姓名:<%=str1%> <br>
        电话:<%=str2%><br>
    </font>
</body>
```

3. 属性的设置和获取

在页面使用 request 对象的 setAttribute("name",obj)方法，可以把数据 obj 设定在 request 范围(容器)内，请求转发后的页面使用 getAttribute("name")就可以取得数据 obj 的值。

设置数据的方法格式:void request.setAttribute("key",Object);

其中，参数 key 是键，为 String 类型，属性名称；参数 object 是键值，为 Object 类型，它代表需要保存在 request 范围内的数据。

获取数据的方法格式:Object request.getAttribute(String name);

其中，参数 name 表示键名，所获取的数据类型是由 setAttribute("name",obj)中的 obj 类型决定的。

2.5.7 response 对象

response 对象和 request 对象相对应，用于响应客户请求，由服务器向客户端输出信息。当服务器向客户端传送数据时，JSP 容器会自动创建 response 对象，并请求信息封装到 response 对象中，当 JSP 容器处理完请求后，response 对象会被销毁。response 和 request 结合起来完成动态网页的交互功能。

1. response 对象的常用方法

response 对象的常用方法如下表 2-12 所示。

表 2-12 response 对象的常用方法

方法	说明
SendRedirect(String url)	使用指定的重定向位置 url 向客户端发送重定向响应
setDateHeader(String name,long date)	使用给定的名称和日期值设置一个响应报头，如果指定的名称已经设置，新值会覆盖旧值
setHeader(String name,String value)	使用给定的名称和值设置一个响应报头，如果指定的名称已经设置，新值会覆盖旧值

（续表）

方法	说明
setHeader(String name,int value)	使用给定的名称和整数值设置一个响应报头，如果指定的名称已经设置，新值会覆盖旧值
setContentType(String type)	为响应设置内容类型，其参数值可以为 text/html，text/plain，application/x_msexcel 或 application/msword
setContentLength(int len)	为响应设置内容长度
setLocale(java. util. Locale loc)	为响应设置地区信息

2. 重定向网页

使用 response 对象中的 sendRedirect()方法实现重定向到另一个页面。

例如：response. sendRedirect("index. jsp")；

注意：重定向 sendRedirect(String url)和转发<jsp:forward page=" "/>的区别：

(1)<jsp:forward>只能在本网站内跳转，而 response. sendRedirect 可跳转到任何一个地址的页面

(2)<jsp:forward>带着 request 中的信息跳转；sendRedirect 不带 request 信息跳转。

3. 页面定时刷新或自动跳转

采用 response 对象的 setHeader 方法，实现页面的定时跳转或定时自刷新。

例如：

```
response. setHeader("refresh","3");      //每隔 3 秒，页面自刷新一次
response. setHeader("refresh","5;url=http://www. hnist. cn");    //延迟 5 秒后重定向到指定网页
```

2.5.8 session 对象

会话(session)的含义：用户在浏览某个网站时，从进入网站到浏览器关闭所经过的这段时间称为一次会话。当客户重新打开浏览器建立到该网站的链接时，JSP 引擎为该客户再创建一个新的 session 对象，属于一次新的会话。session 对象的常用方法如下表 2-13 所示。

表 2-13　session 对象的常用方法

方法	说明
Object getAttribute(String attriname)	用于获取与指定名字相联系的属性 如果属性不存在，将返回 null
void setAttribute(String name,Object value)	用于设定指定名字的属性值，并且把它存储在 session 对象中
void removeAttribute(String attriname)	用于删除指定的属性(包含属性名、属性值)
Enumeration getAttributeNames()	用于返回 session 对象中存储的属性对象，结果集是一个实例
long getCreationTime()	用于返回 session 对象被创建的时间，单位为毫秒
long getLastAccessedTime()	用于返回 session 最后发送请求的时间，单位为毫秒
String getId()	用于返回 session 对象在服务器端的编号
long setMaxInactiveInterval()	用于返回 session 对象的生存时间，单位为秒
boolean isNew()	用于判断目前 session 是否为新的 session，若是则返回 ture，否则返回 false
void invalidate()	用于销毁 session 对象，使得与其绑定的对象都无效

session 对象中 setAttribute()和 getAttribute()方法与 request 中的 setAttribute()和

getAttribute()方法相同,只是使用范围不同。

可以利用 session 对象中 setAttribute()和 getAttribute()方法在不同页面传递参数的值,在页面中利用 setAttribute()方法给出参数赋值,例如:

……

```
<%  String str1=request.getParameter("user");  //获得表单数据
    session.setAttribute("myuser",str1);   //赋值给 myuser
```

在另一页面中利用 getAttribute()方法给出接收该参数的值,例如:

```
String str=session.getAttribute("myuser");  //获得 myuser 值并赋值给 str
```

2.6 表达式语言 EL

EL(Expression Language)是 JSP2.0 规范中增加的,为了使 JSP 写起来更加简单,EL 提供了在 JSP 中简化表达式的方法,让 jsp 的代码更加简化。

JSP 页面中输出动态信息一般有三种方法:

(1)JSP 内置对象 out:例如,<% out.print("要输出的信息"); %>

(2)JSP 表达式:例如,<%=(a1+a2);%>

(3)表达式语言:例如,${user.name}

1. EL 的语法形式

所有的 EL 都是以"${"开始,以"}"结尾的,语法格式:${expression},它的功能是在页面上显示表达式 expression 的值。在 JSP 中访问模型对象是通过 EL 表达式的语法来表达。当 EL 表达式中的变量不给定范围时,则默认在 page 范围查找,然后依次在 request、session、application 范围查找。

例如,将对象 user1 以属性 user 存放在 session 范围内。

```
User user1=new User();
session.setAttribute("user",user1);
```

取得存到 session 范围内的属性 user 的属性值。

```
User user1=(User)session.getAttribute("user");
out.print(user1.getName());
```

而用 EL,可简写为:${sessionScope.user.name}或${user.name}。

其中,sessionScope 是 EL 中表示作用范围的内置对象,代表 session 范围,即在 session 中寻找 user.name。若不指定范围,依次在 page、request、session、application 范围中查找。若中途找到 user.name,就返回其值,不再继续查找,但若在全部范围内没有找到,就返回 null。

EL 表达式是由 EL 有关的运算符构成的式子,其运算符主要有:存取数据运算符以及表达式求值运算符。

2. EL 存取运算符

在 EL 中,对数据值的存取是通过"[]"或"."实现的。

格式为:${name["property"]}或${name[property]}或${name.property},表示查找指定名称的作用域变量,并输出指定的 JavaBean 的属性值。

(1)"[]"主要用来访问数组、列表或其他集合对象的属性

```
String dogs[]={"Aqi","tiantian","xiaoli"};
```

```
request.setAttribute("array",dogs);
```

那么,在对应 JSP 页面中可以使用 EL 取出数组中的元素,代码如下:

```
${array[0]}
${array[1]}
${array[2]}
```

(2)“.”主要用于访问对象的属性

```
User user1=new User();
session.setAttribute("user",user1);
```

那么,在对应 JSP 页面中可以使用 EL 取出数组中的元素,代码如下:

```
${user.name}
```

(3)“[]”和“.”在访问对象属性时可通用,但也有区别

当存取的属性名包含特殊字符(如“.”或“-”等非字母和数字符号)时,就必须使用“[]”运算符。“[]”中可以是变量,“.”后只能是常量,如 ${user[data]}、${user.data}、${ user["data"]}中,后两个是等价的。

```
ArrayList<UserBean> users=new ArrayList<UserBean>();
UserBean user1=new UserBean("zhangshan",20);
UserBean user2=new UserBean("lisi",30);
users.add(user1);
users.add(user2);
request.setAttribute("array",users);
```

其中,UserBean 有两个属性:name 和 age,那么在对应视图 JSP 页面中可以使用 EL 取出 UserBean 中的属性,代码如下:

```
${array[0].name}    ${array[0].age}
${array[1].name}    ${array[1].age}
```

【实例 2-8】 使用 EL 访问 JavaBean 的属性。首先要创建一个 JavaBean:UserBean.java,该 JavaBean 是对教材的描述,然后,设计 beanEL.jsp,利用 EL 获取 JavaBean 实例对象中属性的值并显示。

(1)创建 JavaBean:UserBean.java,其代码如下:

```
package beans;
public class UserBean{
    private int userid;               //编号
    private String username;          //姓名
    private String usertel;           //电话
        public UserBean (){
        userid=1000;
        username="Java EE 程序设计教程";
        usertel="13380000000";      }
//get 和 set 方法    ……
```

(2)设计 beanEL.jsp,其代码如下:

```
……
<body>
```

```
<jsp:UserBean id="UserBean" class="beans.UserBean" scope="session"/>
    <%  //通过常规方法访问 JavaBean 的属性
        int UId=UserBean.getUserid();
        UserBean.setUserid(1001);
        String UName=UserBean.getUsername();
        UserBean.setUsername("Java Web 开发教程");
    %>
    <! --通过 EL 存取运算符访问 JavaBean 的属性-->
    编号:${UserBean.userid}<br>
    姓名:${UserBean.username}<br>
    电话:${UserBean.usertel}<br>
</body>……
```

3. EL 支持的运算符

EL 支持的运算符和 Java 语言运算符类似，主要有：算术运算符、关系运算符、逻辑运算符等，如下表 2-14 所示。

表 2-14　EL 支持的运算符

运算符	说明	示例	结果
+	加	${13+2}	15
-	减	${13-2}	11
*	乘	${13*2}	26
/或 div	除	${13/2}或${13 div 2}	6.5
%或 mod	取模(求余)	${13%2}或${13 mod 2}	1
==或 eq	等于	${5==5}或${5 eq 5}	true
!=或 ne	不等于	${5!=5}或${5 ne 5}	false
<或 lt	小于	${3<5}或${3 lt 5}	true
>或 gt	大于	${3>5}或${3 gt 5}	false
<=或 le	小于等于	${3<=5}或${3 le 5}	true
>=或 ge	大于等于	${3>=5}或${3 ge 5}	false
&& 或 and	并且	${true&&false}或${true and false}	false
! 或 not	非	${! true}或${not true}	false
|| 或 or	或者	${true||false}或${true or false}	true
empty	是否为空	${empty ""}，可以判断字符串、数组、集合的长度是否为 0，为 0 返回 true。empty 还可以与 not 或！一起使用。${not empty ""}	true
?:	条件运算符	${A ? B:C}，如果 A 为 true，计算 B 并返回其结果，如果 A 为 false，计算 C 并返回其结果。例如：${(3>5)?"user":"dog"}	"dog"

4. EL 内部对象

EL 内部对象共有 11 个，如下表 2-15 所示。

表 2-15　　EL 内部对象

类别	内部对象	描述
jsp	pageContext	获取当前页面的信息，可以获取 JSP 的 9 个内置对象，相当于使用该对象调用 getxxx()方法，例如 pageContext. getRequest()可以写为 ${pageContext. request)
作用域	pageScope	是一个 Map，获取 pageContext 域属性的值，相当于 pageContext. getAttribute("xxx")
	requestScope	是一个 Map，获取 request 域属性的值，相当于 request. getAttribute("xxx")
	sessionScope	是一个 Map，获取 session 域属性的值，相当于 session. getAttribute("xxx")
	applicationScope	是一个 Map，获取 application 域属性的值，相当于 application. getAttribute("xxx")
请求参数	param	是一个 Map，获得单个指定请求参数的值，相当于 request. getParameter("xxx")
	paramValues	是一个 Map，获得所有请求参数的值，相当于 request. getParameterValues("xxx")
请求头	header	是一个 Map，获得单值的请求头信息的值，相当于 request. getHeader("xxx")
	headerValues	是一个 Map，获得所有请求头信息的值，相当于 request. getHeaders("xxx")
Cookie	cookie	是一个 Map，用于获取 request 中的 cookie
初始化参数	initParam	是一个 Map，用于获取 web. xml 中<context-param>内的参数值

与作用范围有关的 EL 隐含对象有：pageScope、requestScope、sessionScope 和 applicationScope，分别可以获取 JSP 隐含对象 pageContext、request、session 和 application 中的数据。如果在 EL 中没有使用隐含对象指定作用范围，则会依次从 page、request、session、application 范围查找，找到就直接返回，如果所有范围都没有找到，就返回空字符串。获取数据的格式如下：

${EL 隐含对象. 关键字对象. 属性} 或 ${EL 隐含对象. 关键字对象}

5. EL 对表单数据的访问

表单提交的信息自动以参数的形式存放到 request 作用范围内，在 EL 中，对参数信息，采用 param 或 paramValues 获取值并显示。

实例 2-7 可以修改如下：

input. jsp 页面关键代码：

```
<form action="receive. jsp"  method="post">
    姓名：<input name="user"> <br>
    电话：<input name="tel"> <br>
    <input type="submit" value="提交">
</form>
```

receive. jsp 页面的关键代码：

```
<body>
    <h2>您提交的内容如下：</h2>
```

```
    <% request.setCharacterEncoding("utf-8"); %>
    姓名：${param.user}<br/>
    电话：${param.tel}<br/>
</body>
```

6. EL 对 Web 工程初始参数的访问

initParam 对象用来访问 Servlet 上下文的初始参数，该参数在 web.xml 中设置。例如，在 web.xml 中有如下的初始化参数配置，利用 initParam 对象获取该参数值并显示。

```
<context-param>
    <param-name>book</param-name>
    <param-value>C++程序设计</param-value>
</context-param>
```

设计一个页面，代码如下：

```
……
<body>
    <b>web 应用上下文初始参数：</b><p/>
    <!--下面两行输出同样结果-->
    <%=application.getInitParameter("book")%><br/>
    ${initParam.book}<p/>
</body>……
```

2.7 JSTL 标签库

JSTL 是 JSP 标准标签库，由 SUN 公司制定，Apache 的 Jakarta 小组负责实现。JSTL 标准标签库由 5 个不同功能的标签库组成，包括 Core、I18N、XML、SQL 以及 Functions。使用 JSTL 中的标签，可以提高程序开发效率，减少 JSP 页面中的代码数量，保持页面的简洁性和良好的可读性、可维护性。

2.7.1 JSTL 简介

JSTL 中的标签按功能分为 5 类，分别为：核心标签、格式化标签、SQL 标签、XML 标签以及 JSTL 函数，如下表 2-16 所示。表中 URI(Universal Resource Identifier，统一资源标识符)表示标签的位置，prefix 是使用标签时所用的前缀。

表 2-16 JSTL 中的标签

功能类型	URI	prefix	功能描述
核心标签	http://java.sun.com/jsp/jstl/core	c	操作变量、程序流程控制、URI 生成和操作
格式化标签	http://java.sun.com/jsp/jstl/fmt	fmt	数字、日期以及页面的格式化显示
SQL 标签	http://java.sun.com/jsp/jstl/sql	sql	操作关系数据库
XML 标签	http://java.sun.com/jsp/jstl/xml	x	操作 XML 表示的数据
JSTL 函数	http://java.sun.com/jsp/jstl/functions	fn	字符串处理函数

使用 JSTL 标签的步骤如下：

(1)将 JSTL 的 Jar 包(jstl.jar 和 standard.jar)加入工程中

将 JSTL 的上述两个 Jar 包加入工程中的方法有多种，常用方法的是：直接将"taglibs-standard-impl-1.2.5.jar”和“taglibs-standard-spec-1.2.5.jar”文件复制到 Web 工程的 WEB-INF\lib 目录下。

(2)使用 taglib 标记定义前缀与 uri 引用

在 JSTL 页面中添加 taglib 指令：<%@ taglib prefix="" uri="" %>，其中，prefix 和 uri 属性的取值参照表 2-16。

例如，在页面中要使用核心库中的标签，则 taglib 指令写为：

```
<%@ taglib prefix="c"  uri="http://java.sun.com/jsp/jstl/core"%>
```

(3)在页面中使用标签

例如，<c:out value="${1+2}"/> 其功能是：输出 EL 表达式 ${1+2}的值。

2.7.2 JSTL 的核心标签

在 JSP 文件开头加上语句：<%@ taglib prefix="c" uri="http://java.sun.com/jsp/jstl/core" %>就可以使用 JSTL 的核心标签了。核心标签库共有 14 个标签，从功能上分为 4 类：表达式控制标签：out，set，remove，catch；流程控制标签：if，choose，when，otherwise；循环标签：forEach，forTokens；URL 操作标签：import，url，redirect，param。JSTL 的核心标签功能描述如下表 2-17 所示。

表 2-17 JSTL 的核心标签功能描述

核心标签	功能描述
<c:out>	用于在 jsp 页面中显示数据，类似于<%=… %>
<c:set>	用于保存数据
<c:remove >	用于删除数据
<c: catch >	用于处理产生错误的异常状况，并将错误信息保存起来
<c: if >	类似程序设计中的 if 判断语句
<c: choose >	类似程序设计中的多重判断，是<c:when >和<c:otherwise >的父标签
<c:when >	<c: choose >的子标签，判断条件是否成立
<c:otherwise >	<c: choose >的子标签，在<c:when >标签后，判断条件不成立时执行
<c:forEach >	基础迭代标签，接受多种集合类型
<c:forTokens >	根据指定的分隔符来分隔内容并迭代输出
<c:import >	检索一个绝对或相对 URL，然后将其内容暴露给页面
<c:url >	使用可选的查询参数创造一个 URL
<c:redirect >	重定向到一个新的 URL
<c:param >	用来给包含或重定向的页面传递参数

例如：if 标签的用法。

```
……
<form action="index.jsp" method="post">
    <! --param 为 EL 的隐式对象，获取用户输入的值-->
    <input type="text" name="score" value="${param.score}">
    <input type="submit" value="提交">
</form>
<c:if test="${param.score >=90}" var="grade" scope="session">
    <c:out value="恭喜，成绩优秀"></c:out>
```

```
</c:if>
<c:if test="${param.score >=80 && param.score < 90}">
    <c:out value="恭喜,成绩良好"></c:out>
</c:if>
<c:out value="${sessionScope.grade}"></c:out>……
```

当然也可以使用 choose,when,otherwise 标签来实现,例如:

```
……
<c:choose>
    <c:when test="${param.score >=90 && param.score <=100}">
        <c:out value="优秀"></c:out>
    </c:when>
    <c:when test="${param.score >=80 && param.score < 90}">
        <c:out value="良好"></c:out>
    </c:when>
    <c:when test="${param.score >=70 && param.score < 80}">
        <c:out value="中等"></c:out> </c:when>
    <c:when test="${param.score >=60 && param.score < 70}">
        <c:out value="及格"></c:out>
    </c:when>
    <c:when test="${param.score >=0 && param.score < 60}">
        <c:out value="不及格"></c:out>
    </c:when>
    <c:otherwise>
        <c:out value="输入的分数不合法"></c:out>
    </c:otherwise>
</c:choose>
<c:choose>
    <c:when test="${param.score==100}">
        <c:out value="您是第一名"></c:out>
    </c:when>
</c:choose><br>
```

例如:forEach 标签的用法。

```
<%
    List<String> names=new ArrayList<String>();
    names.add("liu");
    names.add("xu");
    names.add("Code");
    names.add("Tiger");
    request.setAttribute("names",names);
%>
<! --获取全部值-->
<c:forEach var="name" items="${requestScope.names}">
    <c:out value="${name}"></c:out><br>
```

```
</c:forEach>
<c:out value="=================="></c:out><br>
<!--获取部分值-->
<c:forEach var="name" items="${requestScope.names}" begin="1" end="3">
    <c:out value="${name}"></c:out><br>
</c:forEach>
……
```

例如:forTokens 标签的用法。

```
<!--forTokens 标签的使用-->
<c:forTokens items="010-12345-678" delims="-" var="num">
    <c:out value="${num}"></c:out><br>
</c:forTokens>
```

将输出:010 换行后输出 12345,换行后输出 678。

2.7.3 JSTL 的格式化标签

在 JSP 文件开头加上语句:<%@ taglib prefix="fmt" uri="http://java.sun.com/jsp/jstl/fmt" %>就可以使用 JSTL 的格式化标签了,JSTL 的格式化标签及功能描述如下表 2-18 所示。

表 2-18　JSTL 的格式化标签及功能描述

格式化标签	功能描述
<fmt:formatNumber>	使用指定的格式或精度格式化数字
<fmt:parseNumber>	解析一个代表数字、货币或百分比的字符串
<fmt:formatDate>	使用指定的风格、模式格式化日期或时间
<fmt:parseDate>	解析一个代表日期或时间的字符串
<fmt:setTimeZone>	指定时区
<fmt:timeZone>	指定时区
<fmt:setLocale>	指定地区
<fmt:bundle>	绑定资源
<fmt:setBundle >	绑定资源
<fmt:requestEncoding>	设置 request 的字符编码
<fmt:messqge>	显示资源配置文件信息

在 JSP 页面中,调用 JSTL 中的函数时,需要使用 EL 表达式,调用语法格式如下:${fmt:标签名 [value=][pattern=]}。

例如:

```
//将输出当前日期,例如:2020 年 9 月 5 日 22 点 00 分 23 秒
<fmt:formatDate value="<%=new Date()%>" pattern="yyyy 年 MM 月 dd 日 HH 点 mm 分 ss
秒"/>
//将按照指定格式输出日期数据,例如:2020-9-5
<fmt:formatDate  value="${teacher.tdate}"  pattern="yyyy-MM-dd"/
//将保留两位小数输出
<fmt:formatNumber value="123.123456789" pattern="0.00"/>
```

2.7.4　JSTL 的函数标签

在 JSP 文件开头加上语句＜%@ taglib prefix="fn" uri="http://java.sun.com/jsp/jstl/functions" %＞就可以使用 JSTL 的函数标签了。JSTL 的函数标签及功能描述如下表 2-19 所示。

表 2-19　　　　JSTL 的函数标签及功能描述

函数标签	功能描述
contains(string,substring)	判断一个字符串中是否包含指定的子字符串。如果包含,则返回 true,否则返回 false
containsIgnoreCase(string,substring)	与 contains()函数功能相似,但判断不区分大小写
endsWith(string,suffix)	判断一个字符串是否以指定的后缀结尾
indexOf(string,substring)	返回指定子字符串在某字符串中第一次出现时的索引,找不到时,将返回－1
join(array,separator)	将一个 String 数组中的所有元素合并成一个字符串,并用指定的分隔符分开
replace(string,beforestring,afterstring)	将字符串中出现的所有 beforestring 用 afterstring 替换,并返回替换后的结果
split(string,separator)	将一个字符串,使用指定的分隔符 separator 分离成一个子字符串数组
startsWith(string,prefix)	判断一个字符串是否以指定的前缀开头
substring(string,begin,end)	返回一个字符串的子字符串
toLowerCase(string)	将一个字符串中的字符转换成小写形式
toUpperCase(string)	将一个字符串中的字符转换成大写形式
trim(string)	将一个字符串开头和结尾的空白去掉
escapeXml(String source)	跳过可以作为 XML 标记的字符

在 JSP 页面中,调用 JSTL 中的函数时,需要使用 EL 表达式,调用语法格式如下:${fn:函数名(参数 1,参数 2,…)}。例如:

```
${fn:contains("I am studying","am")} //将返回 true。
```

2.7.5　JSTL 的 SQL 标签

在 JSP 文件开头加上语句:＜%@ taglib prefix="sql" uri="http://java.sun.com/jsp/jstl/sql" %＞就可以使用 JSTL 的 SQL 标签了。JSTL 的 SQL 标签及功能描述如下表 2-20 所示。

表 2-20　　　　JSTL 的 SQL 标签及功能描述

SQL 标签	功能描述
SetDataSource	指定数据源
query	运行 SQL 查询语句
update	运行 SQL 更新语句
param	将 SQL 语句中的参数设置为指定值
dataParam	将 SQL 语句中的日期参数设置为指定的 java.util.Date 对象值
transaction	在共享数据库连接中提供嵌套的数据库行为元素,将所有语句以一个事务的形式来运行

例如:使用 JDBC 方式建立数据库连接。

```
<sql:setDataSource driver="driverClass" url="jdbcURL"
                   user="username"
                   password="pwd"
                   [var="name"]
                   [scope="page|request|session|application"]/>
```

2.7.6 JSTL 的 XML 标签

在 JSP 文件开头加上语句：<%@ taglib prefix="x" uri="http://java.sun.com/jsp/jstl/xml" %>就可以使用 JSTL 的 XML 标签了。使用 xml 标签能轻松地读取 xml 文件的内容，JSTL 的 XML 标签及功能描述如下表 2-21 所示。

表 2-21　　JSTL 的 XML 标签及功能描述

XML 标签	功能描述
x:parse	解析 xml 数据
x:out	输出 xml 文件的内容
x:set	把 xml 读取的内容保存到指定的属性范围
x:if	判断指定路径的内容是否符合判断的条件
x:choose x:when x:otherwise	多条件判断
x:forEach	遍历

例如：userInfo.xml 代码如下：

```
<? xml version="1.0" encoding="UTF-8"? >
    <users>
        <user>
            <name id="n1">张珊</name>
            <birthday>2003-11-5</birthday>
        </user>
    </users>
```

利用 XML 标签输出 xml 文件的内容：

```
<c:import var="usersInfo" url="usersInfo.xml" charEncoding="UTF-8"/>
<x:parse var="usersInfoXml" doc="${usersInfo }"/>//解析 xml 文件
<h2>姓名:<x:out select="$usersInfoXml/users/user/name"/>
(ID:<x:out select="$usersInfoXml/users/user/name/@id"/>)</h2>
<h2>出生日期:<x:out select="$usersInfoXml/users/user/birthday"/></h2>
```

将输出：

姓名:张珊(ID:n1)

出生日期:2003-11-5

本章小结

本章首先简要介绍了 HTML 的基本格式以及 HTML 的常见语句、表单和框架技术，然后着重介绍了 CSS 样式和 JavaScript 的使用，接着介绍了 JSP 技术，最后对 EL 表达式以及 JSTL 技术进行介绍。

习 题

创建若干 jsp 页面，如下图所示，例如，图 2-3 信息输入界面，图 2-4 信息输出页面。适当配置后能顺利在浏览器显示。

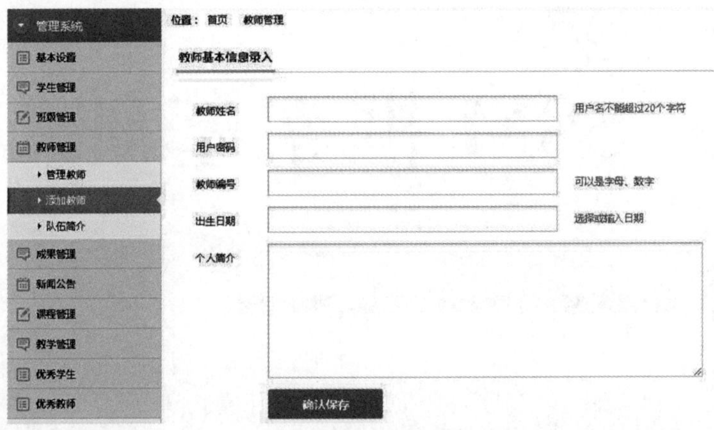

图 2-3　信息输入界面

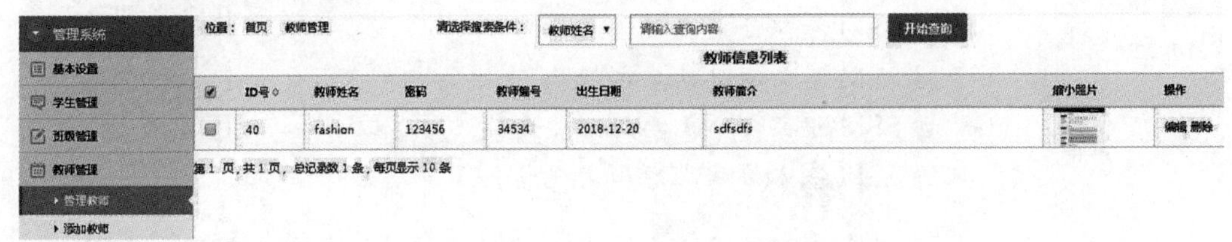

图 2-4　信息输出页面

第 3 章 SSM 框架基础

学习目标

- 了解 SSM 框架处理流程
- 了解 SSM 框架项目的基本结构
- 掌握 SSM 框架几个重要的配置文件
- 理解 SSM 基本编程思想和实现过程

SSM 框架是 Spring＋Spring MVC＋MyBatis 的缩写，是比较主流的 Java EE 企业级框架，适用于搭建各种大型的企业级应用系统。

3.1 SSM 框架简介

SSM 框架是 Spring、Spring MVC 和 MyBatis 框架整合后的简称，是标准的 MVC 模式。Spring 实现业务对象管理，Spring MVC 负责请求的转发和视图管理，MyBatis 作为数据对象的持久化引擎。

Spring 就像是整个项目中装配 bean 的大工厂，在配置文件中可以指定使用特定的参数去调用实体类的构造方法来实例化对象。Spring 的核心思想是 IoC（Inversion of Control，控制反转），即不再需要程序员去显式地“new”一个对象，而是让 Spring 框架来完成。

SpringMVC 在项目中拦截用户请求，它的核心 Servlet 即 DispatcherServlet 承担中介或前台的职责，将用户请求通过 HandlerMapping 去匹配 Controller，Controller 就是具体对应请求所执行的操作。

MyBatis是对JDBC的封装，它让数据库底层操作变得透明。MyBatis的操作都是围绕SqlSession实例展开的。MyBatis通过配置文件关联到各实体类的Mapper文件，Mapper文件中配置了每个类对数据库所需进行的SQL语句映射。在每次与数据库交互时，通过SqlSessionFactory得到一个SqlSession，再执行SQL命令。

SSM框架将整个系统划分为View层、Controller层、Service层、DAO层四个层次。

View层与Controller层结合比较紧密，需要二者结合起来协同工作。View层主要负责前台jsp页面的表示，Controller层负责具体的业务模块流程的控制，在此层里要调用Service层的接口来控制业务流程，针对不同的业务流程，会有不同的控制器。

Service层：Service层主要负责业务模块的逻辑应用设计。首先设计接口，再设计其实现类，接着再在Spring的配置文件中进行相应的配置，这样就可以在应用中调用Service接口来进行业务处理。在这里要调用已定义的DAO层的接口，封装Service层的业务逻辑，有利于通用的业务逻辑的独立性和重复利用性，程序变得非常简洁。

DAO层主要是做数据持久层的工作，负责与数据库进行交互，DAO层的设计首先是设计DAO的接口，然后在Spring的配置文件中定义此接口的实现类，然后就可在模块中调用此接口来进行数据业务的处理，而不用关心此接口的具体实现类是哪个类，使得结构非常清晰。DAO层的数据源配置，以及有关数据库连接的参数都在Spring的配置文件中进行配置。

DAO层和Service层这两个层次都可以单独开发，互相的耦合度比较低，完全可以独立进行，这样的模式在开发大项目的过程中尤其有优势。Controller层、View层因为耦合度比较高，一般结合在一起开发。

Service层建立在DAO层之上，建立了DAO层后才可以建立Service层，而Service层又是在Controller层之下的，因而Service层应该既调用DAO层的接口，又要提供接口给Controller层的类来进行调用，它刚好处于中间层的位置。每个模型都有一个Service接口，每个接口分别封装各自的业务处理方法。

页面发送请求给控制器，控制器调用业务层处理逻辑，逻辑层向持久层发送请求，持久层与数据库交互，然后将结果返回给业务层，业务层将处理逻辑发送给控制器，控制器再调用视图展现数据。

SSM框架基本处理流程如图3-1所示。

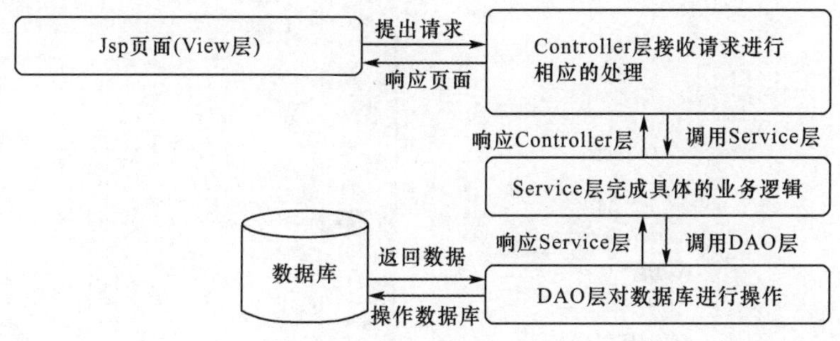

图3-1　SSM框架基本处理流程图

3.2 SSM 框架项目的基本结构

通过前面的学习，创建一个 Web 项目后 src 目录下并没有内容，利用 SSM 框架来设计 Web 项目就必须在 src 目录下创建名字不同的 Package(包)，每个包下面又有不同的文件，具体创建流程如下：

(1)右击“srcn”文件夹，选择“New→Package”选项来创建一个 Package，如图 3-2 所示。

(2)在弹出的对话框中，输入项目包的名称，如“org. hnist. model”，如图 3-3 所示，然后单击“Finish”按钮完成创建。

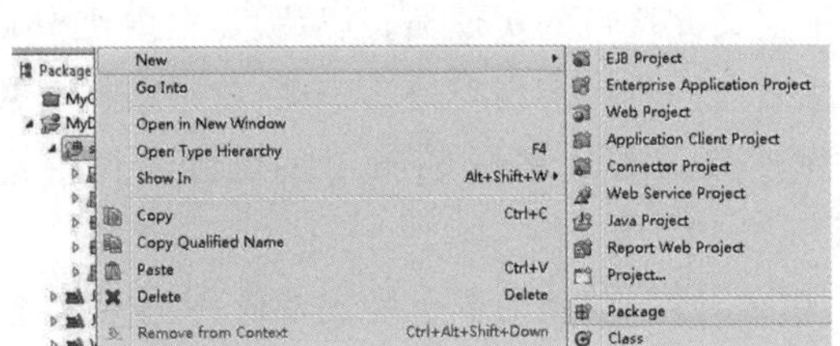

图 3-2 创建一个 Package

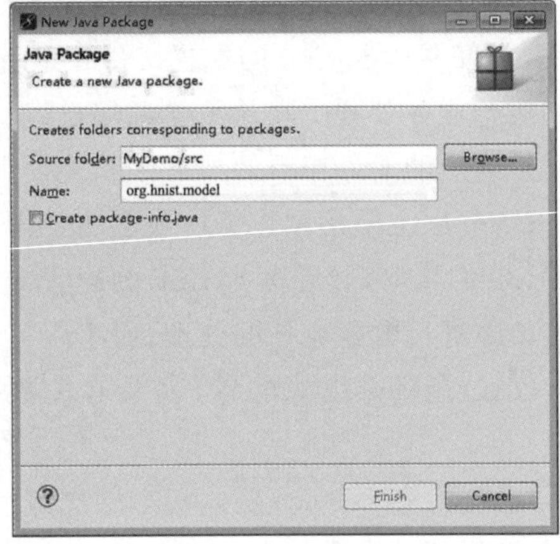

图 3-3 输入包名称

(3)右击新创建的项目包“org. hnist. model”，选择“New→Class”选项来创建一个 Class，如图 3-4 所示。

(4)在弹出的对话框中，输入类的名称，如“Teacher”，如图 3-5 所示，然后单击“Finish”按钮完成创建。

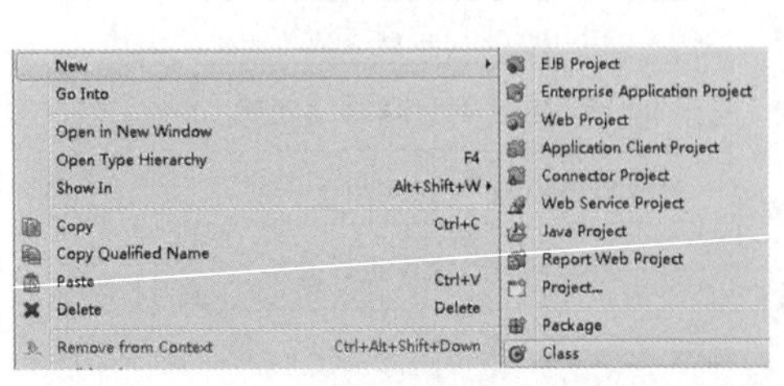

图 3-4 创建一个 Class

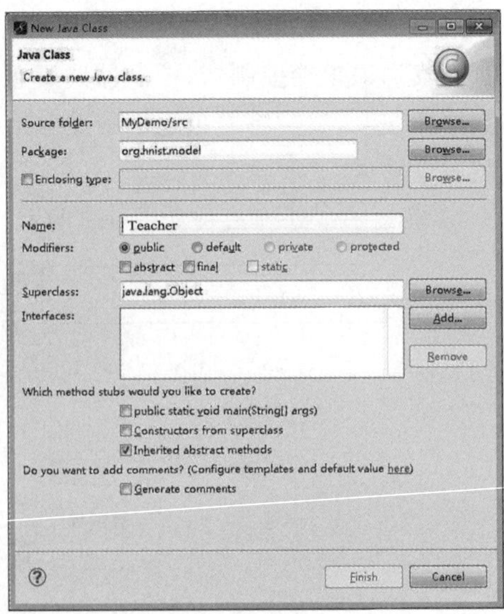

图 3-5 输入类名称

类似的创建如下图所示的 Package 和 Class 以及 xml 文件，这些文件构成了 SSM 项目基本结构图，如图 3-6 所示。

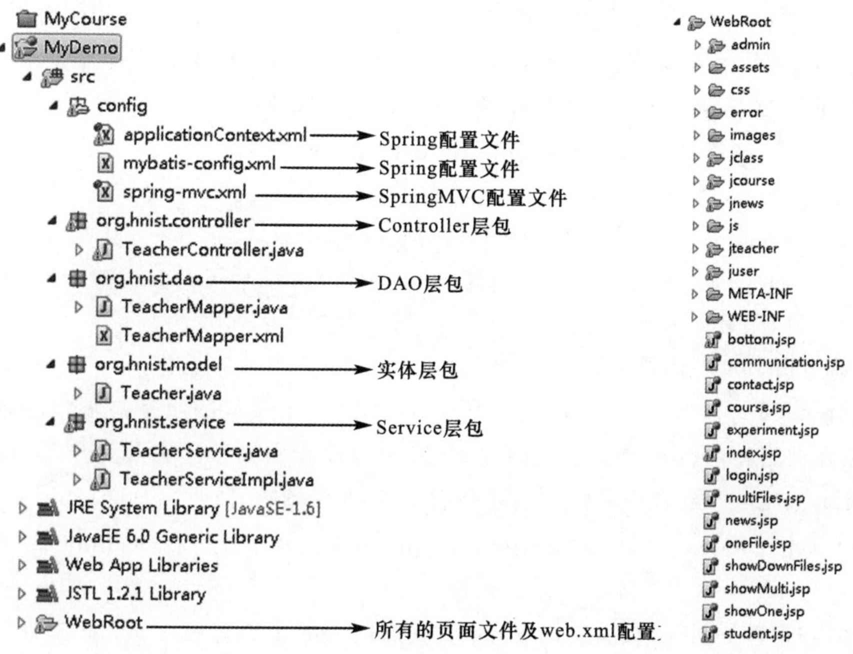

图 3-6　SSM 项目基本结构图

一般的 Controller 包存放 Controller 层对应的方法和属性，DAO 包存放与 SQL 操作相关的配置文件和接口类，Model 包存放实体类与数据库中的表，Service 包存放业务层接口及实现类，所有的页面显示文件放置在 WebRoot 目录下。

3.3 SSM 框架中的配置文件

下面介绍 SSM 框架中几个重要的配置文件：web. xml、applicationContext. xml、mybatis-config. xml 以及 spring-mvc. xml 文件。

1. web. xml 文件

启动一个 Web 项目时 Web 容器会去读取它的配置文件 web. xml，按照指定顺序加载相应的项目。web. xml 加载顺序是：ServletContext|context-param|listener|filter|servlet，这个加载顺序与它们在 web. xml 文件中的先后顺序无关，也就是说不会因为 filter 写在 listener 的前面而会去先加载 filter。而同类型之间的实际程序调用时的顺序是根据对应的 mapping 的顺序进行调用的。

web. xml 中常见的配置选项如下。

(1)指定欢迎文件页面，即通常所说的首页显示文件。

```
<welcome-file-list>
```

```
    <welcome-file>/index.jsp</welcome-file>
</welcome-file-list>
```

(2)上下文参数配置，通常用来设置 Spring 容器加载配置文件的路径。

<context-param>元素含有一对参数名和参数值，用作应用的 Servlet 上下文初始化参数，参数名在整个 Web 应用中必须是唯一的，在 Web 应用的整个生命周期中，上下文初始化参数都存在，任意的 Servlet 和 jsp 都可以随时随地访问它。

例如：加载 src 目录下的 applicationContext.xml 文件。

```
<context-param>
    <param-name>contextConfigLocation</param-name>
    <param-value>classpath:applicationContext.xml</param-value>
</context-param>
```

(3)监听器 Listener 参数配置

监听器实现了 javax.servlet.ServletContextListener 接口的服务器端程序，它随 Web 应用的启动而启动，只初始化一次，随 Web 应用的停止而销毁。主要作用是：Listener 中 ContextLoaderListener 监听器的作用就是启动 Web 容器时，监听 servletContext 对象的变化，获取 servletContext 对象的<context-param>，来自动装配 ApplicationContext 的配置信息。

例如：指定以 ContextLoaderListener 方式启动 Spring 容器。

```
<Listener>
    <listener-class>
        org.springframework.web.context.ContextLoaderListener
    </listener-class>
</Listener>
```

(4)过滤器 filter 参数配置。例如，解决工程编码过滤器。

```
<filter>
    <filter-name>encodingFilter</filter-name>
    <filter-class>
        org.springframework.web.filter.CharacterEncodingFilter
    </filter-class>
    <init-param>
        <param-name>encoding</param-name>
        <param-value>UTF-8</param-value>
</init-param>
<init-param>
        <param-name>forceEncoding</param-name>
        <param-value>true</param-value>
    </init-param>
</filter>
```

```
<filter-mapping>
    <filter-name>encodingFilter</filter-name>
    <url-pattern>/ * </url-pattern>
</filter-mapping>
```

(5)servlet 参数配置。例如，配置 SpringMVC 核心控制器。

```
<servlet>
    <servlet-name>springMVC</servlet-name>
    <servlet-class>
        org. springframework. web. servlet. DispatcherServlet
    </servlet-class>
    <init-param>
        <param-name>contextConfigLocation</param-name>
        <param-value>classpath * :config/spring-mvc. xml</param-value>
    </init-param>
<! --表示容器在启动时立即加载 servlet,启动加载一次-->
    <load-on-Startup>1</load-on-Startup>
</servlet>
<! --为 DispatcherServlet 建立映射-->
<servlet-mapping>
    <servlet-name>springMVC</servlet-name>
<! --此处可以配置成 * . do-->
    <url-pattern> * . do</url-pattern>
</servlet-mapping>
```

(6)会话超时配置(单位为分钟)。

```
<session-config>
    <session-timeout>120</session-timeout>
</session-config>
```

(7)错误界面配置。

```
<error-page>
    <error-code>404</error-code>
    <location>/error/404. jsp</location>
</error-page>
```

(8)通过异常的类型配置。

```
<error-page>
    <exception-type>java. lang. NullException</exception-type>
    <location>/error. jsp</location>
</error-page>
```

2. applicationContext. xml 文件

Spring 配置文件名一般为 applicationContext. xml，一般位于 src 目录下，当然也可以修改名称及路径，要注意的是修改后要在 web. xml 中进行相应的配置修改。例如加载 config 目录下的 applicationContext. xml 文件，应该在 web. xml 中修改如下：

```
<context-param>
    <param-name>contextConfigLocation</param-name>
    <param-value>classpath*:config/applicationContext.xml</param-value>
</context-param>
```

applicationContext. xml 作用主要是自动装配 bean，配置数据源、添加事务支持、开启事务注解、配置 MyBatis 工厂、Mapper 代理开发以及扫描包等，常见的具体配置选项将在第 4 章中详细介绍。

3. mybatis-config. xml

mybatis-config. xml 是 mybatis 的核心配置文件，一般在 applicationContext. xml 中通过下面的语句加载。

```
<!--配置 MyBatis 工厂，同时指定数据源 dataSource：引用数据源 MyBatis 定义数据源-->
<bean id="sqlSessionFactory" class="org.mybatis.spring.SqlSessionFactoryBean">
    <property name="dataSource" ref="dataSource"></property>
    <property name="configLocation" value="classpath:config/mybatis-config.xml" />
</bean>
```

mybatis-config. xml 可以用来配置数据库环境和映射文件的位置，常见的具体配置选项将在第 5 章中详细介绍。

4. spring-mvc. xml

sping-mvc. xml 是 spring mvc 的核心配置文件，一般在 web. xml 中通过 Servlet 参数配置加载，可以用来进行控制器扫描包和视图解析配置、格式转换配置、上传下载配置等。常见的具体配置选项将在第 6 章中详细介绍。

3.4 SSM 框架应用案例

下面通过一个具体案例"登录验证"来介绍 SSM 框架编程基本流程，先不要管为什么要这样做，只需要了解 SSM 框架技术编程的基本思路，具体的每个文件的作用以及具体编码方式在后面的章节会有详细介绍。

实现的功能：登录验证，输入正确的用户名和密码，进入指定页面，输入错误，返回登录页面，并有相关提示。

1. 创建 Web 应用项目并导入相关 JAR 包

创建一个 Web 项目 MyLoginDemo，将 SSM 框架及其依赖包复制到 WEB-INF 文件夹下的 lib 文件夹下，如图 3-7 所示，需要的包文件比较多，常用的有 40 个左右，图中只列出了一部分。

2. 创建实现功能需要的页面

实现功能需要的页面至少有 2 个，登录页面和登录成功后跳转的页面，如图 3-8、图 3-9 所示。

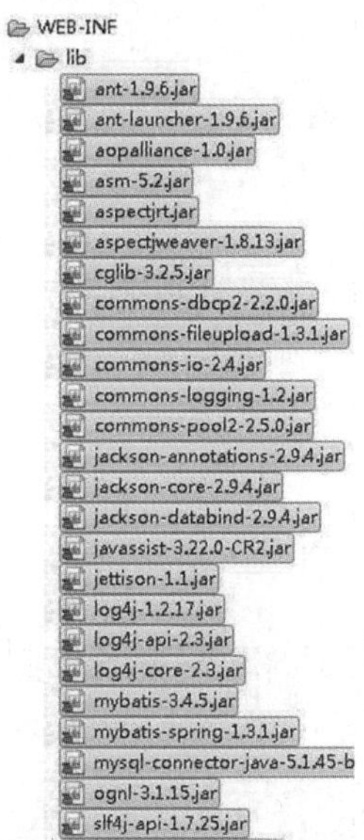

图 3-7　SSM 框架常用包

图 3-8　实例登录页面

信息管理系统界面

? 帮助　关于　退出

欢迎您，fashion　消息 4

管理系统　基本设置　学生管理　班级管理　教师管理　管理教师　添加教师　队伍简介　成果管理　新闻公告　课程管理　教学管理　优秀学生　优秀教师

位置：首页　教师管理　请选择搜索条件：教师姓名　请输入查询内容　开始查询

教师信息列表

ID号	教师姓名	密码	教师编号	出生日期	教师简介	缩小照片	操作
68	12333	1231	3131	2018-12-17	123131jmhkhj..k.m.m,		编辑 删除
67	asdd	323	3434343	2018-12-12	hfghfghfgh		编辑 删除
66	dfgdfgdfgfdg	dfgfdg	21342	2018-12-11	gdfgfdg		编辑 删除
64	dfgdfg	gdfgdf	465	2018-12-03	gdfgdfgfd		编辑 删除
63	gdfgdfg	dgf	64645	2018-12-10	dfgdgd		编辑 删除
62	fghfghdfgfdg	dfgfdg	123456212	2018-12-03	rwerw		编辑 删除
53	bcvbcvbcvb	cvb	64564	2018-12-17	cvbvcbvcbcvb		编辑 删除
50	sdsd	123456		2018-12-13	eqweqeqweqw		编辑 删除
40	fashion	123456	34534	2018-12-20	sdfsdfs		编辑 删除

第 1 页，共 1 页，总记录数 9 条，每页显示 10 条

图 3-9　实例登录成功后跳转的页面

3. 创建持久化类

在 org. hnist. model 包中创建 Teacher. java 实体类，定义对象的属性及方法。

4. 创建 DAO 层

在 DAO 层创建 Mapper. xml（Mybatis），在这里定义具体功能，对应要对数据库进行的那些操作，比如增、删、改、查等。

再在 DAO 层创建 Mapper. java 接口，将 Mapper. xml 中的操作按照 ID 映射成 Java 函数。

5. 创建 Service 层

在 Service 层创建 Service. java 接口及其实现类 ServiceImpl. java，为控制层提供服务，接受控制层的参数，完成相应的功能，并返回给控制层。

6. 创建 Controller 层

在 Controller 层创建 Controller. java，连接页面请求和服务层，获取页面请求的参数，通过自动装配，映射不同的 URL 到相应的处理函数，并获取参数，对参数进行处理，之后传给服务层。

7. 修改显示页面文件

修改 JSP 页面文件，创建页面调用等。

8. 创建相关配置文件

创建 web. xml、spring-mvc. xml、applicationContext. xml、mybatis-config. xml 等相关配置文件。

9. 发布并运行项目

(1)右击 MyDemo 项目，选择 Run As→MyEclipse Server Application，运行该项目，如图 3-10 所示，运行结果如图 3-11 所示。

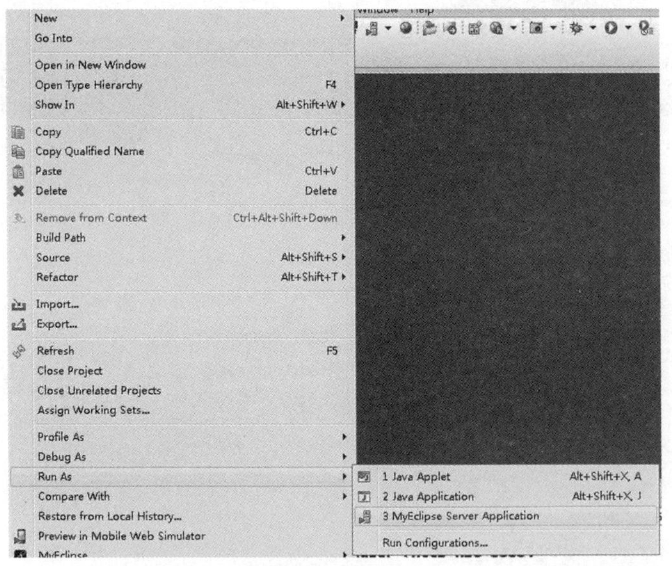

图 3-10　运行实例

图 3-11　实例运行结果

(2)打开 IE 浏览器，输入 http://localhost:8080/MyDemo/，出现如图 3-12 所示界面，表示项目已经部署成功，打开外置 Tomcat 下的 webapps 文件夹，发现已经有一个 MyDemo 文件夹，这个就是已经部署好的项目，可以放在其他 Tomcat 服务器上直接运行。图 3-13、图 3-14、图 3-15 所示分别为登录页面、登录错误页面、登录成功页面。

图 3-12　实例部署成功界面

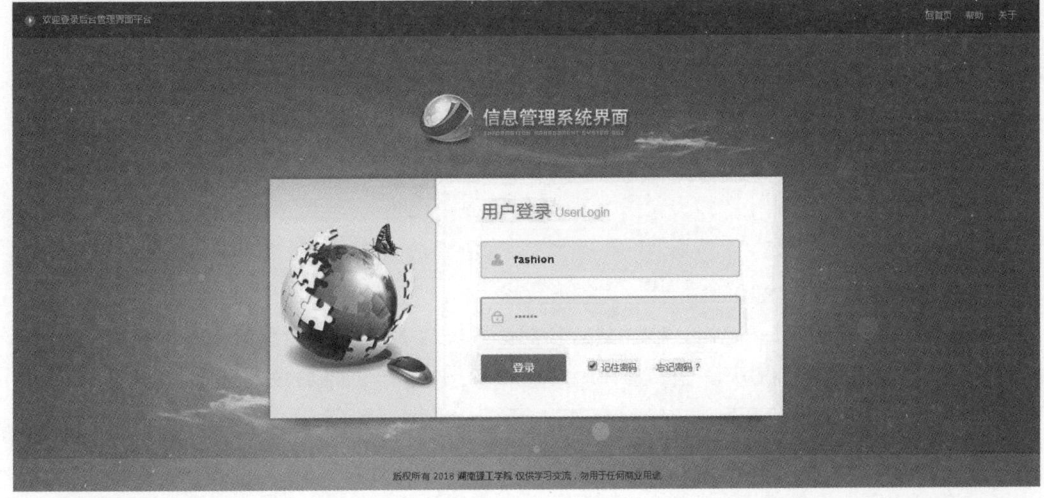

图 3-13　登录页面

图 3-14 登录错误页面

信息管理系统界面

? 帮助 关于 退出

欢迎您，fashion 消息 4

管理系统 | 基本设置 | 学生管理 | 班级管理 | 教师管理 | 管理教师 | 添加教师 | 队伍简介 | 成果管理 | 新闻公告 | 课程管理 | 教学管理 | 优秀学生 | 优秀教师

位置：首页 教师管理 请选择搜索条件：教师姓名 请输入查询内容 开始查询

教师信息列表

	ID号	教师姓名	密码	教师编号	出生日期	教师简介	缩小照片	操作
	68	12333	1231	3131	2018-12-17	123131jmhkhj,.k.m.m,		编辑 删除
	67	asdd	323	3434343	2018-12-12	hfghfghfgh		编辑 删除
	66	dfgdfgdfgfdg	dfgfdg	21342	2018-12-11	gdfgfdg		编辑 删除
	64	dfgdfg	gdfgdf	465	2018-12-03	gdfgdfgfd		编辑 删除
	63	gdfgdfg	dgf	64645	2018-12-10	dfgdgd		编辑 删除
	62	fghfghdfgfdg	dfgfdg	123456212	2018-12-03	rwerw		编辑 删除
	53	bcvbcvbcvb	cvb	64564	2018-12-17	cvbvcbvcbcvb		编辑 删除
	50	sdsd	123456		2018-12-13	eqweqeqweqw		编辑 删除
	40	fashion	123456	34534	2018-12-20	sdfsdfs		编辑 删除

第 1 页，共 1 页，总记录数 9 条，每页显示 10 条

图 3-15 登录成功页面

本章小结

本章首先简要介绍了 SSM 框架处理流程，然后着重介绍了 SSM 框架项目的基本结构以及 SSM 框架几个重要的配置文件，接着介绍了 SSM 基本编程思想，最后通过一个实例介绍了 SSM 框架的实现流程。

习题

在 MyEclispe 下创建一个 Web 项目，然后按照如下流程创建包和类，理解每个包的用途。

(1) 在 Model 层(也称为 entity 层)创建实体类，定义对象的属性及方法。

(2) 在 DAO 层创建 Mapper. xml(Mybatis)。

(3) 在 DAO 层创建 Mapper. java 接口。

(4) 在 Service 层创建 Service. java 接口及其实现类 ServiceImpl. java。

(5) 在 Controller 层创建 Controller. java。

第4章 Spring框架基础

学习目标

- 了解 Spring 框架的体系结构
- 了解 Spring 框架核心 jar 包及主要作用
- 理解 Spring 中的几个重要概念
- 理解 IoC 容器并掌握在 IoC 容器中装配 Bean
- 掌握 Spring AOP 相关配置
- 掌握 Spring 事务管理相关配置

Spring 为企业级开发提供一个轻量级的解决方案，主要功能有：基于依赖注入的核心功能、声明式的面向切面编程(AOP)支持、与多种持久层技术的整合、独立的 Web MVC 框架。

4.1 Spring 框架简介

Spring 是一个轻量级 Java 开源开发框架，最早由 Rod Johnson 创建，目的是解决企业级应用开发的业务逻辑层和其他各层的耦合问题，它为开发 Java 应用程序提供全面的基础架构支持，Java 开发者可以专注于应用程序的开发，能够有效简化 Java 企业级应用开发。

Spring 软件可在其官方网站直接下载，本教材采用的是 spring-framework-5.1.2.RELEASE-dist.zip。解压后的 Spring 目录结构如图 4-1 所示。

图 4-1 中，libs 目录下包含开发 Spring 应用所需要的 JAR 包和源代码。该目录下有三类 JAR 文件，其中，以 RELEASE.jar 结尾的文件是 Spring 框架 class 的 JAR 包，即开发

名称	修改日期	类型
docs	2018-10-29 10:31	文件夹
libs	2018-10-29 10:31	文件夹
schema	2018-10-29 10:31	文件夹
license.txt	2018-10-29 9:59	文本文档
notice.txt	2018-10-29 9:59	文本文档
readme.txt	2018-10-29 9:59	文本文档

图 4-1　解压缩后的 Spring 目录结构

Spring 应用所需要的 JAR 包；以 RELEASE-javadoc. jar 结尾的文件是 Spring 框架 API 文档的压缩包；以 RELEASE-Sources. jar 结尾的文件是 Spring 框架源文件的压缩包。

图 4-1 中，schema 目录下包含开发 Spring 应用所需要的 schema 文件，这些 schema 文件定义了 Spring 相关配置文件的约束。

Spring 框架依赖于 Apache Commons Logging 组件，本教材使用的是 commons-logging-1. 2. jar。

Tomcat 服务器启动一个 web 项目的时候，web 容器会去读取它的配置文件 web. xml，然后会读取它的 listener 和 context-param 节点，然后创建一个 ServletContext(servlet 上下文，全局的)，这个 web 项目的所有部分都将共享这个上下文，容器将＜context-param＞转换为键值对，并交给 ServletContext，＜listener＞可以获取当前该 web 应用对象，即 ServletContext 对象，获取 context-param 值，进而获取资源，在 web 应用启动前操作，listener 中 ContextLoaderListener 监听器的作用就是启动 web 容器时，监听 ServletContext 对象的变化，获取 ServletContext 对象的＜context-param＞，来自动装配 ApplicationContext 的配置信息。这样 Spring 的加载过程就完成了。

Spring 的基本思想就是：把对象之间的依赖关系转移到配置文件(或注释配置)中，由 BeanFacory 接口来创建对象，程序中不再需要自己创建对象，而是由容器根据需要动态地创建并注入对象。这样减少了程序之间的耦合，也方便了程序的整合。Spring 工作原理如图 4-2 所示。

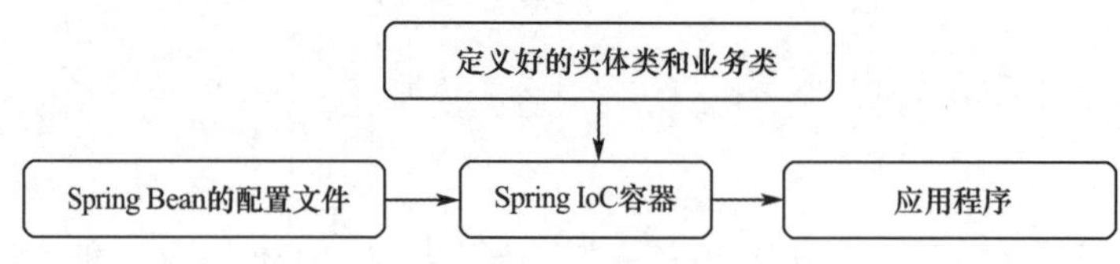

图 4-2　Spring 工作原理示意图

Spring 有以下 5 个主要模块：Spring 核心模块、AOP 模块、数据访问和集成模块、Web 及远程操作模块、测试模块，如图 4-3 所示。

1. Spring 核心模块

Spring 核心模块也称 Spring 核心容器，提供 Spring 框架的基本功能，定义了创建、配置和管理 Bean 的方式，其主要组件是 BeanFactory，是工厂模式的实现，通过控制反转模式，将应用程序配置和依赖性规范与实际应用程序代码分开。解压后的 Spring/libs 目录中，有四个基础包：spring-core-5. 1. 2. RELEASE. jar、spring-beans-5. 1. 2. RELEASE. jar、

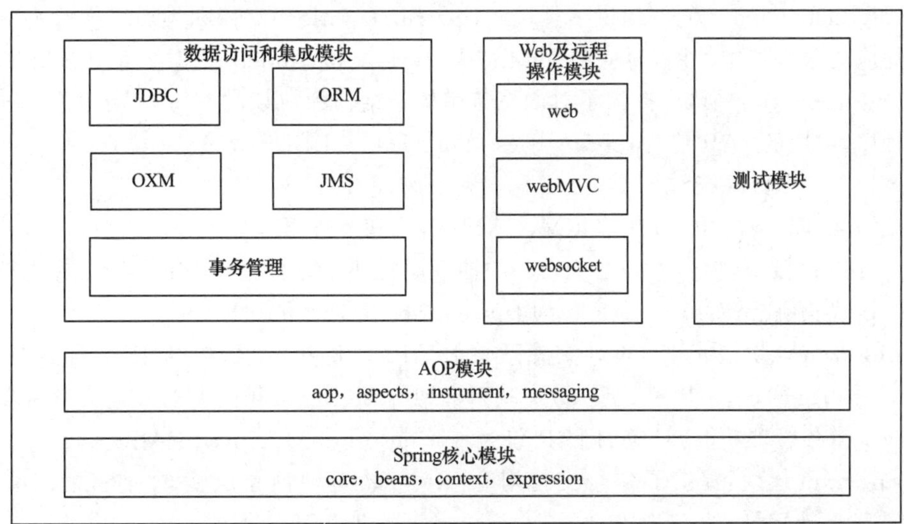

图 4-3 Spring 的体系结构示意图

spring-context-5.1.2.RELEASE.jar 和 spring-expression-5.1.2.RELEASE.jar，分别对应 Spring 核心容器的四个模块：Spring-core 模块、Spring-beans 模块、Spring-context 模块和 Spring-expression 模块。

Spring-core 模块：提供了框架的基本组成部分，包括控制反转（Inversion of Control，IoC）和依赖注入（Dependency Injection，DI）功能。

Spring-beans 模块：提供了 BeanFactory，是工厂模式的一个经典实现，Spring 将管理对象称为 Bean。

Spring-context 模块：建立在 Core 和 Beans 模块基础上，提供一个框架式的对象访问方式，是访问定义和配置的任何对象的媒介。ApplicationContext 接口是 Context 模块的焦点。

Spring-context-Support 模块：支持整合第三方库到 Spring 应用程序上下文，特别是用于高速缓存（EhCache，JCache）和任务调度（CommonJ，Quartz）的支持。

Spring-expression 模块：提供了强大的表达式语言去支持运行时查询和操作对象图。

初学者，开发 Spring 应用时，只需要将 Spring 的四个基础包和 commons-logging-1.2.jar 复制到 Web 应用的 WEB-INF/lib 目录下即可。如果不明白需要哪些 JAR 包，可以将 Spring 的 libs 目录中的 spring-XXX-5.1.2.RELEASE.jar 全部复制到 WEB-INF/lib 目录下。

2. AOP 模块

AOP 模块包含 4 个模块：Spring-aop 模块、Spring-aspects 模块、Spring-instrument 模块以及 Spring-messaging 模块。

Spring-aop 模块：提供了一个符合 AOP 要求的面向切面的编程实现，允许定义方法拦截器和切入点，将代码按照功能进行分离，以便干净地解耦，对应的 JAR 包为：spring-aop-5.1.2.RELEASE。

Spring-aspects 模块：提供了与 AspectJ 的集成功能，AspectJ 是一个功能强大且成熟的 AOP 框架，对应的 JAR 包为：spring-aspects-5.1.2.RELEASE。

Spring-instrument 模块：提供了类植入(instrumentation)支持和类加载器的实现，可以在特定的应用服务器中使用，对应的JAR包为：spring-instrument-5.1.2.RELEASE。

spring-messaging 模块：提供了对消息传递体系结构和协议的支持，用于构建基于消息的应用程序，对应的JAR包为：spring-messaging-5.1.2.RELEASE。

3. 数据访问和集成模块

数据访问和集成层由JDBC、ORM、OXM、JMS和事务管理五个模块组成。

Spring-jdbc 模块：提供了一个JDBC的抽象层，消除了烦琐的JDBC编码和数据库厂商特有的错误代码解析，对应的JAR包为：spring-jdbc-5.1.2.RELEASE。

Spring-orm 模块：为流行的对象关系映射API提供集成层，包括JPA和Hibernate。使用Spring-orm模块，可以将这些O/R映射框架与Spring提供的所有其他功能结合使用，例如声明式事务管理功能，对应的JAR包为：spring-orm-5.1.2.RELEASE。

Spring-oxm 模块：提供了一个支持对象/XML映射的抽象层实现，如JAXB、Castor、JiBX和XStream，对应的JAR包为：spring-oxm-5.1.2.RELEASE。

Spring-jms 模块(Java Messaging Service)：指Java消息传递服务，包含用于生产和使用消息的功能。对应的JAR包为：spring-jms-5.1.2.RELEASE。

Spring-tx 模块(事务管理模块)：支持用于实现特殊接口和所有POJO(普通Java对象)类的编程和声明式事务管理，对应的JAR包为：spring-tx-5.1.2.RELEASE。

4. Web及远程操作模块

Web层由Spring-web、Spring-webmvc、Spring-websocket模块组成。

Spring-web 模块：提供了基本的Web开发集成功能。例如：多文件上传功能、使用Servlet监听器初始化一个IoC容器以及Web应用上下文，对应的JAR包为：spring-web-5.1.2.RELEASE。

Spring-webmvc 模块：也称为Web-Servlet模块，包含用于Web应用程序的Spring MVC和REST Web Services实现。Spring MVC框架提供了领域模型代码和Web表单之间的清晰分离，并与Spring Framework的所有其他功能集成，本书后续章节将会详细讲解Spring MVC框架，对应的JAR包为：spring-webmvc-5.1.2.RELEASE。

Spring-websocket 模块：Spring 4.0后新增的模块，它提供了WebSocket和SockJS的实现，对应的JAR包为：spring-websocket-5.1.2.RELEASE。

5. 测试模块

Spring-test 模块支持使用JUnit或TestNG对Spring组件进行单元测试和集成测试，对应的JAR包为：spring-test-5.1.2.RELEASE。

4.2 Spring框架中的重要概念

1. 控制反转

控制反转简称IoC(Inversion of Control)，是一个比较抽象的概念，用来消减计算机程序的耦合问题。IoC是对传统控制流程的一种颠覆，它用容器来控制业务对象之间的依赖关系，即控制权由应用程序转移到外部容器。这里的容器就是将常用的服务封装起来，然后用户只需要遵循一定的规则，就可以达到统一、灵活、安全、方便、快速的目的。

例如，你想找个异性朋友，当然你可能会有很多办法，其中之一就是通过第三方：婚介管理机构。婚介管理机构有很多男女的资料，你可以向婚介管理机构提出一系列要求，告诉他你想找个什么样的异性朋友，身高多少，体重多少等，然后婚介管理机构就会按照你的要求，介绍符合条件的一个人，你只需要去和对方交往。这个对象的选择过程不由你自己控制，而是由第三方这样一个机构来控制。

Spring 就是类似婚介管理机构这样的一个容器，所有的类都会在 Spring 容器中登记，告诉 Spring 你是什么，你需要什么，在你需要的时候 Spring 会把你需要的东西主动给你，同时也把你交给其他需要你的程序。所有的类的创建、销毁都由 Spring 来控制，也就是说控制对象生存周期的不再是引用它的对象，而是 Spring。对于某个具体的对象而言，以前是它控制其他对象，现在是所有对象都被 Spring 控制，这就叫作控制反转。

2. 依赖注入

依赖注入（Dependency Injection，DI）和控制反转是同一个概念，都是为了处理对象间的依赖关系，只是从不同的角度，描述相同的概念。依赖注入是指在运行过程中，当需要调用另一个对象协助时，不需要在代码中直接创建被调用者，而是依赖于外部容器的注入。从 Spring 容器角度来看，Spring 容器负责将被依赖对象赋值给调用者的成员变量，相当于为调用者注入它所依赖的实例，这就是 Spring 的依赖注入。

Spring 框架的依赖注入的作用是在使用 Spring 框架创建对象时，动态地将其所依赖的对象（如属性值）注入 Bean 组件中。依赖注入通常有三种形式：构造方法注入、setter 注入、基于注解的注入。

3. Spring AOP

AOP 是 Spring 框架面向切面的编程思想，它可以让开发者把业务流程中的通用功能抽取出来，单独编写功能代码，封装成独立的模块，这些独立的模块被称为切面，切面的具体功能方法被称为关注点，在业务逻辑执行过程中，AOP 会把分离出来的切面和关注点动态切入业务流程，这样做的好处是提高了功能代码的重用性和可维护性。

例如，在一个业务系统中，用户登录是基础功能，凡是涉及用户的业务流程都要求用户进行系统登录。如果把用户登录功能代码写入每个业务流程，会造成代码冗余，维护也非常麻烦，当需要修改用户登录功能时，就需要修改每个业务流程的用户登录代码，这种处理方式显然是不可取的。比较好的做法是把用户登录功能抽取出来，形成独立的模块，当业务流程需要用户登录时，系统自动把登录功能切入业务流程。

Spring 框架提供了@AspectJ 注解方法和基于 XML 架构的方法来实现 AOP。

4. Spring 的事务管理

事务是一系列的动作，它们综合在一起才是一个完整的工作单元，这些动作必须全部完成，如果有一个失败的话，那么事务就会回滚到最开始的状态，仿佛什么都没发生过一样。

事务有四个特性：

原子性（Atomicity）：事务是一个原子操作，由一系列动作组成。事务的原子性确保动作要么全部完成，要么完全不起作用。

一致性（Consistency）：一旦事务完成（不管成功还是失败），系统必须确保它所建模的业务处于一致的状态，而不会是部分完成部分失败。在现实中的数据不应该被破坏。

隔离性（Isolation）：可能有许多事务会同时处理相同的数据，因此每个事务都应该与其他事务隔离开来,防止数据损坏。

持久性(Durability):一旦事务完成,无论发生什么系统错误,它的结果都不应该受到影响,这样就能从任何系统崩溃中恢复过来。通常情况下,事务的结果被写到持久化存储器中。

例如,去 ATM 机取 100 元钱,操作流程:插入银行卡,输入密码、金额,银行会自动从卡上扣掉 100 元;然后 ATM 机吐出 100 元,取钱。这些步骤必须是要么都执行要么都不执行。如果银行卡扣除了 100 元钱但是 ATM 机没出钱,用户将会损失 100 元;如果银行卡扣钱失败但是 ATM 机却出了 100 元,那么银行将损失 100 元。如果能做到不管哪一个步骤失败了以后,都可以完全取消所有操作的话,那就是比较理想的,这就是数据库的事务管理机制。

Spring 的事务管理简化了传统数据库的事务管理流程,提高了开发效率,在企业级应用程序开发中,事务管理是必不可少的技术,用来确保数据的完整性和一致性。

4.3 Spring 框架的基本运用

4.3.1 Spring IoC 容器的设计

在 IoC 模式中,对象依赖关系是由容器控制的,程序只负责接口控制,这种控制权是从代码到外部容器的转移。Spring 框架的核心组件是 Spring IoC 容器和 Spring 配置文件,由 Bean 的配置信息给出对象的定义或对象之间的依赖关系,由容器对所配置的对象实现创建、管理和销毁。

Spring IoC 容器会自动对被管理对象进行初始化并完成对象之间依赖关系的维护,为实现 IoC 功能,Spring 提供了两个访问接口:BeanFactory 和 ApplicationContext。

BeanFactory 是由 org. springframework. beans. factory. BeanFactory 接口定义,借助于配置文件能够实现对 JavaBean 的配置和管理,用于向使用者提供 Bean 的实例,在实际开发中这种情况很少采用。

ApplicationContext 是 BeanFactory 的子接口,ApplicationContext 构建在 BeanFactory 基础之上,除了有 BeanFactory 所有功能外,提供了更多的实用功能。

创建 ApplicationContext 接口实例通常有如下几种方法:

(1)通过 ClassPathXmlApplicationContext 创建

例如:ApplicationContext act=new ClassPathXmlApplicationContext("teacherBean. xml");

(2)通过 FileSystemXmlApplicationContext 创建

例如:ApplicationContext act = new FileSystemXmlApplicationContext("c:/ teacherBean. xml");

(3)通过 Web 服务器实例化 ApplicationContext 容器

例如:WebApplicationContext act=new XmlWebApplicationContext ("teacherBean. xml");

(4)在 web. xml 配置文件中,通过配置监听器实例化容器

```
ServletContext sc=request. getServletContext();
WebApplicationContext wctx;
```

wctx=WebApplicationContextUtils. getRequiredWebApplicationContext(sc);

其中(1)、(2)这两种方式一般应用在 Java 程序中;在 Web 应用中,一般采用(3)、(4)这两种方式。具体步骤是:先将 spring-web-5. 1. 2. RELEASE. jar 复制到 WEB-INF/lib 目录中,然后在 web. xml 中添加如下代码:

```
<context-param>
<!——设置 Spring 容器加载配置文件路径,src 目录下的 applicationContext. xml 文件——>
<param-name>contextConfigLocation</param-name>
    <param-value>
        classpath:applicationContext. xml
    </param-value>
</context-param>
<!——指定以 ContextLoaderListener 方式启动 Spring 容器——>
<listener>
    <listener-class>
        org. springframework. web. context. ContextLoaderListener
    </listener-class>
</listener>
```

上面的路径 classpath:applicationContext. xml,是 src 目录下的 applicationContext. xml,也可以指定路径,将上面的代码修改为 classpath:config/applicationContext. xml,表示读取 src/config 目录下的 applicationContext. xml 文件。

当 Spring 容器启动后,Spring 容器可以通过 getBean()方法,从容器内获取所管理的对象。

格式:类型 实例名=(强制转换)Spring 容器实例名称. getBean("配置的 Bean 标识符");

【实例 4-1】 利用 Spring 框架的 IoC 思想,设计一个 java 程序,运行程序时,在控制台上显示指定对象的数据。

Spring 应用程序的开发过程一般有以下步骤:

(1)创建一个 Web 项目 SpringDemo4_1,根据业务要求导入相应的 Spring JAR 包;

必须导入的 Jar 文件有:

spring-beans-5. 1. 2. RELEASE. jar 包:提供 Bean 的管理

spring-context-5. 1. 2. RELEASE. jar 包:提供配置注释管理功能

spring-core-5. 1. 2. RELEASE. jar 包:Spring 框架核心工具包

spring-expression-5. 1. 2. RELEASE. jar:提供各类运算

commons-logging-1. 2. jar:Spring 框架的依赖包

根据项目需要,在工程中,通常也需要导入的 JAR 包有:

spring-aop-5. 1. 2. RELEASE. jar:提供对 AOP 编程支持文件

spring-webmvc-5. 1. 2. RELEASE. jar:提供对 Spring MVC 的支持

spring-web-5. 1. 2. RELEASE. jar:提供对 web 的支持

spring-tx-5. 1. 2. RELEASE. jar:提供对声明式事务的支持

可以将上述 JAR 包复制到 WEB-INF/lib 目录下,如果不明白需要哪些 JAR 包,可以将

Spring 的 libs 目录中 spring-XXX-5.1.2.RELEASE.jar 全部复制到 WEB-INF/lib 目录下。

（2）按照第 3 章的介绍，分别创建实体类。例如，在 org.hnist.model 包中创建 Teacher.java 实体类，定义对象的属性及方法。

```
package org.hnist.model;
public class Teacher {
    private  Integer tid;          //ID 号
    private  String tname;         //教师姓名
    private  String tno;           //教师编号
        ……                         //此处省略了相应的 get 和 set 方法
}
```

（3）利用所创建的类，在配置文件中配置 Bean 信息（指明该 bean 是如何形成）。

右击 src 文件夹→New→XML(Basic Templates)，如图 4-4 所示，在出现如图 4-5 所示的文本框中输入 teachereBean.xml，再单击“Finish”按钮，就可以在/src 目录下新建一个配置文件 teachereBean.xml。

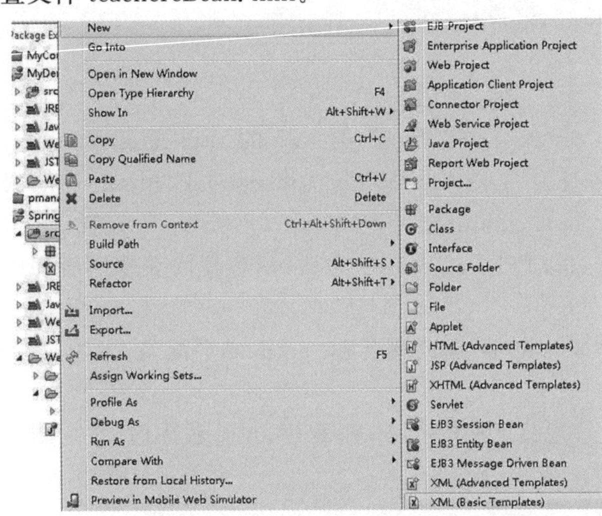

图 4-4　新建 xml 配置文件

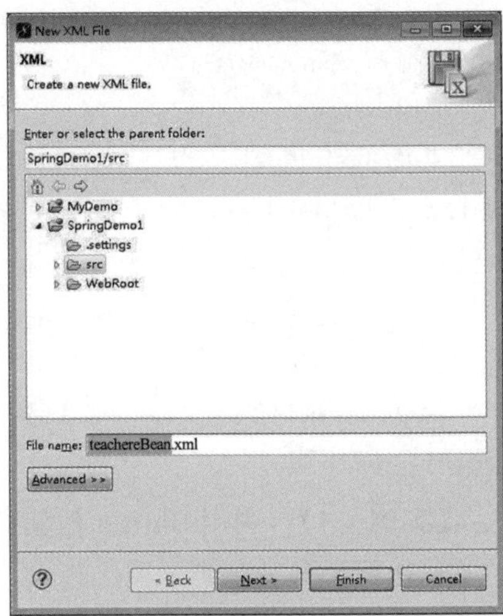

图 4-5　输入配置文件文件名

在配置文件 teachereBean.xml 中输入下面的代码，在该配置文件中配置了 3 个教师实体的具体信息

```
<?xml version="1.0" encoding="UTF-8"?>
<beans xmlns="http://www.springframework.org/schema/beans"
xmlns:xsi="http://www.w3.org/2001/XMLSchema-instance"
xsi:schemaLocation="http://www.springframework.org/schema/beans http://www.springframework.org/schema/beans/spring-beans.xsd">
<bean name="teacher1" class="org.hnist.model.Teacher">
    <property name="tid" value="1"></property>
    <property name="tname" value="张珊"></property>
    <property name="tno" value="120061"></property>
</bean>
<bean name="teacher2" class="org.hnist.model.Teacher">
```

```
        <property name="tid" value="2"></property>
        <property name="tname" value="李斯"></property>
        <property name="tno" value="120093"></property>
    </bean>
    <bean name="teacher3" class="org.hnist.model.Teacher">
        <property name="tid" value="3"></property>
        <property name="tname" value="王武"></property>
        <property name="tno" value="120098"></property>
    </bean>
</beans>
```

(4)创建 Spring 容器(该容器与配置文件相关联——读取配置信息)

完成 Spring 容器的实例化，显示 2 位教师的信息。右击新创建的“org. hnist. model”包→New→Class 选项来创建一个 Class 类，如图 4-6 所示。在弹出的对话框中，输入类的名称，如“Main”，如图 4-7 所示，然后单击“Finish”按钮完成创建。

图 4-6　新建一个 Class 类

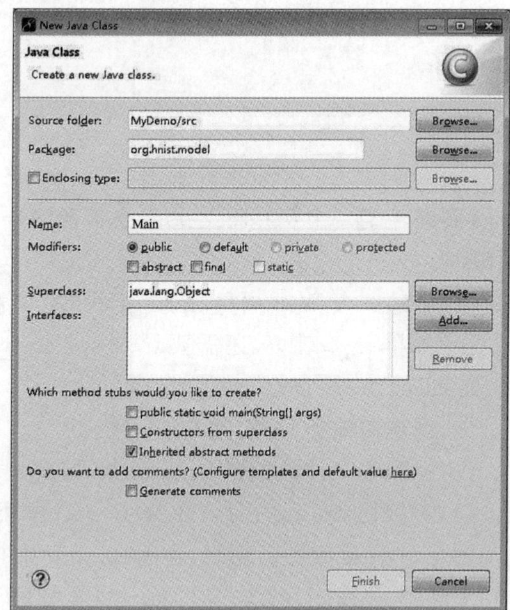

图 4-7　输入 Class 文件名

Main. java 代码如下：

```
package org.hnist.model;
import org.springframework.context.ApplicationContext;
import org.springframework.context.support.ClassPathXmlApplicationContext;
public class Main {
public static void main(String[] args){
    //创建一个容器实例(与配置文件关联)
    ApplicationContext act=new ClassPathXmlApplicationContext( "teacherBean.xml");
    //声明一个对象
    Teacher teacher;
    //从实例容器 act 中，分别获取 2 个教师对象，并显示信息
```

```
        teacher=(Teacher)act.getBean("teacher1");
        System.out.println("ID 号:"+teacher.getTid()+"  教师姓名:"
            +teacher.getTname()+"  教师编号:"+teacher.getTno());
        teacher=(Teacher)act.getBean("teacher2");
        System.out.println("ID 号:"+teacher.getTid()+"  教师姓名:"
            +teacher.getTname()+"  教师编号:"+teacher.getTno());
    }
}
```

(5)右击 Main.java→Run As→Java Application,运行这个程序,如图 4-8 所示,结果如图 4-9 所示。

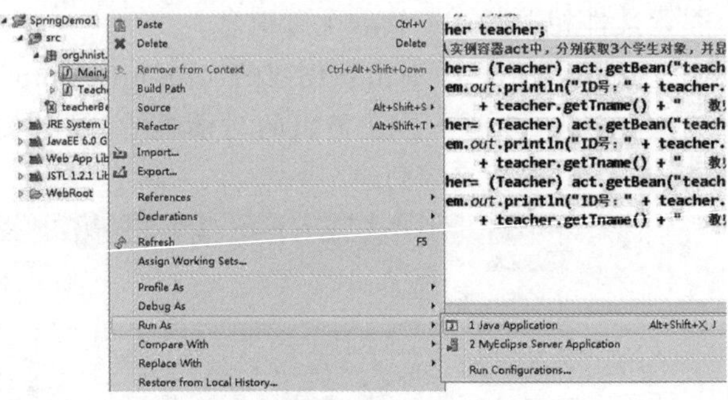

图 4-8 运行 Main.java 程序

Problems Tasks Web Browser Console
<terminated> Main [Java Application] C:\Program Files\Java\jre1
ID号: 1 教师姓名: 张珊 教师编号: 120061
ID号: 2 教师姓名: 李斯 教师编号: 120093

图 4-9 运行结果

【实例 4-2】 上例是将结果在控制台输出,如果希望将结果输出到 jsp 页面,应该怎么操作呢?

(1)创建一个 Web 项目 SpringDemo4_2,根据业务要求导入相应的 Spring JAR 包;

在实例 4-1 基础上,还需要导入 spring-webmvc-5.1.2.RELEASE.jar 和 spring-web-5.1.2.RELEASE.jar。

(2)创建实体类,与实例 4-1 一致。

(3)在配置文件中配置 Bean 信息,与实例 4-1 一致。

(4)实例化 Spring 容器:在 web.xml 中配置 Spring 容器,在启动 web 工程时,自动创建实例化 Spring 容器。同时,在 web.xml 中指定 Spring 的配置文件,在启动 web 工程时,自动关联到 Spring 容器,并对 Bean 实施管理。

web.xml 文件内容如下:

```
<?xml version="1.0" encoding="UTF-8"?>
<web-app
xmlns:xsi="http://www.w3.org/2001/XMLSchema-instance"
xmlns="http://xmlns.jcp.org/xml/ns/javaee"
xsi:schemaLocation="http://xmlns.jcp.org/xml/ns/javaee
http://xmlns.jcp.org/xml/ns/javaee/web-app_3_1.xsd"  id="WebApp_ID" version="3.1">
<!--加载欢迎页面-->
<welcome-file-list>
        <welcome-file>index.jsp</welcome-file>
    </welcome-file-list>
    <!--加载 src 目录下的 teacherBean.xml 文件-->
```

```
    <context-param>
        <param-name>contextConfigLocation</param-name>
        <param-value>classpath:teacherBean.xml</param-value>
    </context-param>
    <!--加载 Spring 容器配置,指定以 ContextLoaderListener 方式启动 Spring 容器-->
    <listener>
<listener-class>org.springframework.web.context.ContextLoaderListener</listener-class>
    </listener>
</web-app>
```

(5)设计网页获取 Spring 容器中的对象并显示出来,例如:index.jsp,具体代码如下:

```
<%@page import="org.hnist.model.Teacher"%>
<%@page import="org.springframework.web.context.WebApplicationContext"%>
<%@page import="org.springframework.web.context.support.WebApplicationContextUtils"%>
<%@ page language="java" contentType="text/html; charset=UTF-8"  pageEncoding="UTF-8"%>
<html>
<head>
<meta http-equiv="Content-Type" content="text/html; charset=UTF-8">
<title>Insert title here</title>
</head>
<body>
    <%
        //通过 request 对象,获取 web 服务器容器
        ServletContext sc=request.getServletContext();
        //利用 Spring 框架从 Web 服务器中获取 Spring 容器
    WebApplicationContext wact=WebApplicationContextUtils.getRequiredWebApplicationContext(sc);
    //声明一个对象
    Teacher teacher;
    //从实例容器 wact 中,分别获取 2 个教师对象,并显示信息
    teacher=(Teacher)wact.getBean("teacher1");
    //利用 Jsp 脚本获取数据并显示  %>
    ID 号:<%=teacher.getTid()%><br>
    教师姓名:<%=teacher.getTname()%><br>
    教师编号:<%=teacher.getTno()%><br>
    ---------------------------------<br>
    <%teacher=(Teacher)wact.getBean("teacher2"); %>
    ID 号:<%=teacher.getTid()%><br>
    教师姓名:<%=teacher.getTname()%><br>
    教师编号:<%=teacher.getTno()%><br>
    ---------------------------------
</body>
```

```
</html>
```

(6)右击 SpringDemo4_2 项目→Run As→MyEclipse Server Application，运行这个项目，如图 4-10 所示，打开浏览器，在地址栏输入：http://localhost:8080/SpringDemo4_2/，结果如图 4-11 所示。

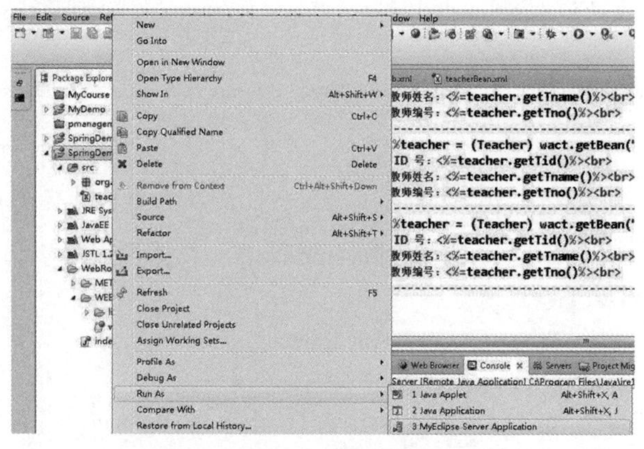

图 4-10　运行 SpringDemo4_2 项目

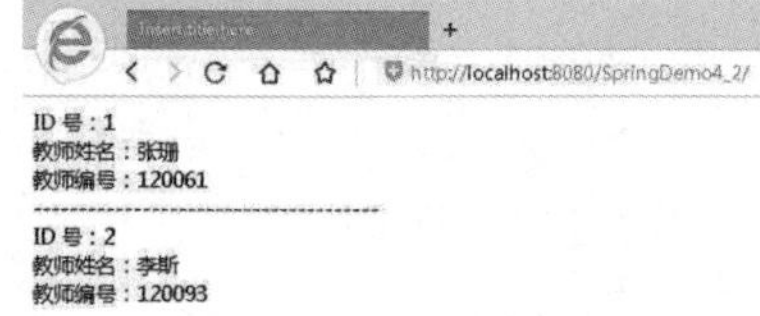

图 4-11　运行结果

4.3.2　Spring 中的 Bean 的配置

在 Spring 容器内形成 Bean 叫作装配。装配 Bean 的时候要告诉容器需要哪些 Bean，以及容器是如何使用依赖注入将它们装配在一起的，这就需要对 Bean 进行配置，Bean 的配置形式常用的有两种：基于 XML 文件的方式和基于注解的方式。

1. 基于 XML 文件的方式的 Bean 配置

基于 XML 文件的方式的 Bean 配置，就是用一个 XML 格式的文件，对 Bean 信息实施配置。Spring 默认的配置文件为：/WEB-INF/applictionContext.xml，一般存放在 src 目录下，用户可以根据自己的习惯定义 Spring 配置文件的名字和路径。配置文件的一般格式为：

```
<? xml version="1.0" encoding="UTF-8"? >
<beans xmlns="http://www.springframework.org/schema/beans"          } Bean 配
xmlns:xsi="http://www.w3.org/2001/XMLSchema-instance"              } 置的约
xsi:schemaLocation="http://www.springframework.org/schema/beans     } 束文件
http://www.springframework.org/schema/beans/spring-beans.xsd">
<bean name="teacher1" class="org.hnist.model.Teacher">             }
    <property name="tid" value="1"></property>                      } Bean 的配置
    <property name="tname" value="张珊"></property>                 }
    <property name="tno" value="120061"></property>                 }
</bean>
    ……
</beans>
```

在标签<beans ></beans>之间可以放置 Spring 的配置信息，主要有两部分：命名空间和 Bean 的配置信息。

在命名空间中有 xmlns、xmlns:xsi、xsi:schemaLocation 这个 3 选项，分别代表的意义

如下：

xmlns ：是 XML NameSpace 的缩写，因为 XML 文件的标签名称都是自定义的，很有可能会重复，所以需要加上一个 namespace 来区分这个 xml 文件和其他的 xml 文件，类似于 java 中的 package。

xmlns：xsi 是指 xml 文件遵守 xml 规范，xsi 全名为 xml schema instance，是指具体用到的 schema 资源文件里定义的元素所遵守的规范。

xsi：schemaLocation 是指本文档里的 xml 元素所遵守的规范，schemaLocation 属性用来引用(schema)模式文档，解析器可以在需要的情况下使用这个文档对 XML 实例文档进行校验。

根据不同的配置需要引入不同的命名空间，Spring 命名空间如表 4-1 所示，只有在配置文件中引入了需要的命名空间后才可以配置相关信息。

表 4-1　Spring 命名空间

命名空间	说明
aop	aop 切面声明，将@AspectJ 注解的类代理为 Spring 切面提供配置元素
beans	声明支持 Bean 和装配 Bean，是 Spring 最基础的命名空间之一
context	提供上下文配置元素，包括自动检测、注释、装配等
jee	提供与 Java EE API 的集成
jms	为声明消息驱动的 POJO 提供了配置元素
lang	支持配置由 Groovy、Jruby 等脚本时实现的 Bean
mvc	启用 Spring MVC 功能
oxm	支持 Spring 的对象到 XML 映射配置
tx	提供声明式事务配置
util	提供工具元素

例如：

```
<? xml version="1.0" encoding="UTF-8"? >
<beans xmlns="http://www.springframework.org/schema/beans"     } 基本命名空间
xmlns:xsi="http://www.w3.org/2001/XMLSchema-instance"
xmlns:context="http://www.springframework.org/schema/context"→自动装配命名空间
xmlns:tx="http://www.springframework.org/schema/tx" →事务管理命名空间
xsi:schemaLocation="http://www.springframework.org/schema/beans
    http://www.springframework.org/schema/beans/spring-beans.xsd
    http://www.springframework.org/schema/context
    http://www.springframework.org/schema/context/spring-context.xsd
    http://www.springframework.org/schema/tx
    http://www.springframework.org/schema/tx/spring-tx.xsd">
```

在 XML 的配置文件中定义 Bean 以及 Bean 相互间的依赖关系时，所有的 Bean 都是在<beans>元素内。Bean 配置格式如下：

```
<bean id="bean 名称" class="类全路径名" singleton="是否单例模式"  init-method="该类的方法名"  destroy-method="该类的方法名"/>
<! --值的注入配置-->
    </bean>
```

<bean>元素的常用属性配置及说明如表 4-2 所示。

表 4-2　<bean>元素的常用属性配置及说明

属性	说明
id 或 name	Bean 的唯一标识符，Spring 容器对 Bean 的配置、管理都通过该属性来完成
class	该属性指定了 Bean 的具体实现类，它必须是一个完整的类名，使用类的权限定名
scope	用来设定 Bean 实例的作用域，其属性有 singleton（单例）、prototype（原型）、request、session、global Session、application 和 websocket。其默认值为 singleton
constructor-arg	<bean>元素的子元素，可以使用此元素传入构造参数进行实例化。该元素的 index 属性指定构造参数的序号(从 0 开始)，type 属性指定构造参数的类型，参数值可以通过 ref 属性或 value 属性直接指定，也可以通过 ref 或 value 子元素指定
property	<bean>元素的子元素，用于调用 Bean 实例中的 setter 方法完成属性赋值，从而完成依赖注入。该元素的 name 属性指定 Bean 实例中的相应属性名，ref 属性或 value 属性用于指定参数值
ref	<property>、<constructor-arg>等元素的属性或子元素，可以用于指定对 Bean 工厂中某个 Bean 实例的引用
value	<property>、<constructor-arg>等元素的属性或子元素。可以用于直接指定一个常量值
list	用于封装 List 或数组类型的依赖注入
set	用于封装 Set 类型属性的依赖注入
map	用于封装 Map 类型属性的依赖注入
entry	<map>元素的子元素，用于设置一个键值对。其 key 属性指定字符串类型的键值，ref 或 value 子元素指定其值，也可以通过 value-ref 或 value 属性指定其值

例如：

```
<bean name="teacher1" class="org. hnist. model. Teacher">
    <property name="tid" value="1"></property>
    <property name="tname" value="张珊"></property>
    <property name="tno" value="120061"></property>
</bean>
<! --使用 id 属性定义 myTeacher，其实现类为 org. hnist. dao. Teacher-->
<bean id="myTeacher" class=" org. hnist. dao. Teacher " />
<! --使用构造方法注入-->
<bean id="TeacherService" class="service. TeacherServiceImpl">
    <! --给出构造方法引用类型的参数值 myTeacher-->
    <constructor-arg index="0" ref="myTeacher"/>
</bean>
```

bean 的作用域及其说明如表 4-3 所示。

表 4-3　　bean 的作用域及其说明

作用域名称	说明
singleton	默认的作用域，使用 singleton 定义的 Bean 在 Spring 容器中只有一个 Bean 实例
prototype	Spring 容器每次获取 prototype 定义的 Bean，容器都将创建一个新的 Bean 实例
request	在一次 HTTP 请求中容器将返回一个 Bean 实例，不同的 HTTP 请求返回不同的 Bean 实例。仅在 Web Spring 应用程序上下文中使用
session	在一个 HTTP Session 中，容器将返回同一个 Bean 实例。仅在 Web Spring 应用程序上下文中使用
application	为每个 ServletContext 对象创建一个实例，即同一个应用共享一个 Bean 实例。仅在 Web Spring 应用程序上下文中使用
websocket	为每个 websocket 对象创建一个 Bean 实例。仅在 Web Spring 应用程序上下文中使用

在 Spring 中实现 IoC 容器的方法是依赖注入，依赖注入的作用是在使用 Spring 框架创建对象时，动态地将其所依赖的对象(如属性值)注入 Bean 组件中。依赖注入通常有三种形式：构造注入、setter 注入、基于注解的注入。

构造注入是在调用者中利用构造函数(方法)来注入被调用者实例的方式。这种方式在创建 Bean 实例时，就已经完成了相应属性的初始化。

setter 注入是通过调用 setter 方法将一个对象注入进去。这种注入方式简单、直观，在 Spring 的依赖注入里广泛使用。

在配置 Bean 时，利用<property>标签，通过 setter 方法注入相关的属性值时，对于基本数据类型、String 等类型的属性，利用 property/value(基于注解的方法)注入值。注入格式为：

```
<bean name="标识符名称" class="类全路径名称">
    <property name="基本类型属性名称" value="给属性注入的值"></property>
</bean>
```

对于 Bean 的引用对象，利用 property/ref 实现注入值，注入格式为：

```
<bean name="标识符名称" class="类全路径名称">
    <property name="引用类型属性名称" ref="引用对象 bean 名称"> </property>
</bean>
```

【实例 4-3】 利用 Spring 框架的 IoC 思想，设计一个 java 程序，运行程序时，在控制台上显示指定不同类中的数据。

(1)创建一个 Web 项目 SpringDemo4_3，相应的 Spring JAR 包与实例 4-2 一致。

(2)创建两个实体类。

```
Descript.java(用来描述教师特征的类)
package org.hnist.model;
public class Descript {
private String sex;      //性别
private String description;      //描述信息
//无参默认构造方法
public Descript(){
    this.description="身高 168,体重 52 kg";
    this.sex="女";  }
```

```
//带参数的构造方法
public Descript(String sex,String description){
    this.sex=sex;
    this.description=description;  }
    ……//省略了属性的 get 和 set 方法
```

Teacher.java(用来描述教师基本信息的类,这个类引用了 Descript 类)。

```
package org.hnist.model;
public class Teacher {
private Integer tid;         //ID 号
private String tname;        //姓名
Descript descript;           //描述,引用描述类 Descript
public Teacher(){}           //无参默认构造方法
public Teacher(Integer tid,String tname,Descript descript){
    this.tid=tid;
    this.tname=tname;
    this.descript=descript;  }
……//省略了属性的 get 和 set 方法
```

(3)在配置文件 teacherBean.xml 中配置 Bean 信息,具体代码如下:

```
    …
    <!--利用 setter 方法注入,配置名称为 teacher1 的 Bean-->
    <bean name="teacher1" class="org.hnist.model.Teacher">
    <property name="tid" value="1"></property>
    <property name="tname" value="张珊"></property>
</bean>
    <!--利用无参数构造方法注入,配置名称为 d1 的 Bean-->
    <bean name="d1" class="org.hnist.model.Descript"/>
    <!--利用带参数的构造器注入,配置名称为 d2 的 Bean-->
    <bean name="d2" class="org.hnist.model.Descript">
    <constructor-arg index="0" type="java.lang.String" value="男" />
    <constructor-arg index="1" type="java.lang.String" value="身高 181,体重 72kg" />
</bean>
<!--利用 setter 方法注入,配置名称为 d3 的 Bean-->
    <bean name="d3" class="org.hnist.model.Descript">
    <property name="sex" value="男"></property>
<property name="description" value="身高 178,体重 70kg"></property>
</bean>
<bean name="teacher2" class="org.hnist.model.Teacher">
    <property name="tid" value="2"></property>
    <property name="tname" value="李斯"></property>
    <property name="descript" ref="d3"></property>
</bean>……
```

(4)创建 Main. java 文件将信息输出,具体代码如下:

```
package org. hnist. model;
import org. springframework. context. ApplicationContext;
import org. springframework. context. support. ClassPathXmlApplicationContext;
public class Main {
public static void main(String[] args){
    //创建一个容器实例(与配置文件 teacherBean. xml 关联)
    ApplicationContext act=new ClassPathXmlApplicationContext("teacherBean. xml");
    //声明对象
    Teacher teacher1,teacher2,teacher3;
    Descript d1,d3;
    //从实例容器 act 中,分别获取对象,并显示信息
    d1=(Descript)act. getBean("d1");
    d3=(Descript)act. getBean("d3");
    teacher1=(Teacher)act. getBean("teacher1");
    teacher2=(Teacher)act. getBean("teacher2");
    teacher3=(Teacher)act. getBean("teacher3");
    System. out. println("ID 号:"+teacher1. getTid()+"  教师姓名:"
        +teacher1. getTname()+"  教师描述:"+teacher1. getDescript());
    System. out. println("ID 号:"+teacher2. getTid()+"  教师姓名:"
        +teacher2. getTname()+"  教师描述:"+teacher2. getDescript());
    System. out. println("ID 号:"+teacher2. getTid()+"  教师姓名:"
        +teacher2. getTname()+"  教师描述:"+teacher2. getDescript(). getSex()+","+teach-
er2. getDescript(). getDescription());
    System. out. println("ID 号:"+teacher3. getTid()+"  教师姓名:"  +teacher3. getTname()+"
  教师描述:"+teacher3. getDescript(). getSex()+","+teacher3. getDescript(). getDescription());}}
```

运行 Main. java 程序,结果如图 4-12 所示。

```
ID号: 1   教师姓名: 张珊  教师描述: null
ID号: 2   教师姓名: 李斯  教师描述: org.hnist.model.Descript@503868
ID号: 2   教师姓名: 李斯  教师描述: 女,身高168, 体重52 kg
ID号: 3   教师姓名: 王武  教师描述: 男,身高178, 体重70 kg
```

图 4-12　SpringDemo4_3 运行结果

仔细体会这个结果,了解 Bean 配置文件的构造方法和 Setter 方法注入的几种形式,Setter 方法注入和构造注入有时在做配置时比较麻烦,Spring 框架提供了自动装配功能以简化配置。

2. 基于注解的方式的 Bean 配置

框架为了提高开发效率,Spring 框架提供自动装配功能将一个 Bean 注入其他 Bean 的 Property 中。在基于 XML 文件的方式的 Bean 配置中一般不使用自动装配,自动装配模式一般用在基于注解的方式 Bean 配置中。

基于注解配置 Bean 的基本思路是在指定类中,通过标识注释定义 Bean,并标识出 Bean 的自动注入和 Bean 之间的关联关系(Bean 的装配),当 Spring 容器扫描"类"时,获取并形成 Bean,从而实现对 Bean 的管理。

Spring 提供了组件自动扫描机制，实现注释配置 Bean，通过在指定路径下寻找标注了@Component、@Service 等注解的类，并把这些类纳入进 Spring 容器中管理。要使用自动扫描机制的注释配置，需要在 Spring 配置文件中给出以下配置信息：

<context:component-Scan base-package="要扫描的包路径"/>

例如：

<! --指定需要扫描的包(包括其下面的子包)-->

<context:component-Scan base-package="org. hnist. service"/>

注意：基于注解的方式 Bean 配置会先于基于 XML 的方式 Bean 配置执行，如果这两种方式同时存在，基于 XML 的方式的 Bean 会覆盖基于注解方式的 Bean。

在 Spring 框架中定义了一系列的注解，常用注解如下表 4-4 所示。

表 4-4　注解命名及其说明

注解名称	说明
@Component	是一个泛化的概念，仅仅表示一个组件对象(Bean)，可以作用在任何层次上
@Repository	用于将数据访问层(DAO)的类标识为 Bean，即注解数据访问层 Bean，其功能与@Component 相同
@Service	用于标注一个业务逻辑组件类(Service 层)，其功能与@Component 相同
@Controller	用于标注一个控制器组件类(Spring MVC 的 Controller)，其功能与@Component 相同
@Autowired	可以对类成员变量、方法及构造方法进行标注，完成自动装配的工作。通过 @Autowired 的使用来消除 setter 和 getter 方法。默认按照 Bean 的类型进行装配
@Resource	与@Autowired 功能一样。区别在于，该注解默认是按照名称来装配注入的，只有当找不到与名称匹配的 Bean 才会按照类型来装配注入；而@Autowired 默认按照 Bean 的类型进行装配，如果想按照名称来装配注入，则需要结合@Qualifier 注解一起使用 @Resource 注解有两个属性：name 和 type。name 属性指定 Bean 实例名称，即按照名称来装配注入；type 属性指定 Bean 类型，即按照 Bean 的类型进行装配
@Qualifier	该注解与@Autowired 注解配合使用。当@Autowired 注解需要按照名称来装配注入，则需要结合该注解一起使用，Bean 的实例名称由@Qualifier 注解的参数指定

上面几个注解中，虽然@Repository、@Service 和 @Controller 等注解的功能与@Component 相同，但为了使标注类的用途更加清晰(层次化)，在实际开发中一般@Repository 标注在 DAO 层、@Service 标注在 Service 层、@Controller 标注在 Controller 层。

例如：按以下形式定义了 TeacherMapper. java 类。

```
……
@Repository("teacherMapper")
public class TeacherMapper {
    ……}
```

@Repository("teacherMapper")表示创建的类 TeacherMapper 是一个 Bean，它的标识符名称为 teacherMapper，也可以描述为@Repository(value="teacherMapper")，也表示创建的类是 Bean，其标识符名称为 teacherMapper，@Repository 后面也可以什么都不带，也表示创建的类是 Bean，其标识符名称为 teacherMapper，采用的是“默认的命名规则”，将类名的首字符改为小写字符。

【实例 4-4】　利用注释配置一个 Bean，在配置文件中配置自动扫描包，设计一个类获取该 Bean，并显示其对应属性或方法的值。

(1)创建一个 Web 项目 SpringDemo4_4，根据业务要求导入相应的 Spring JAR 包；

这里需要导入 spring-aop-5.1.2.RELEASE.jar。

(2)创建 TeacherMapper 类，是一个 Bean，其标识符名称为 teacherMapper。

```
package org.hnist.dao;
import org.springframework.stereotype.Repository;
@Repository("teacherMapper")
public class TeacherMapper {
    public void login(){
        System.out.println("登录成功!!");        }  }
```

(3)在配置文件中配置 Bean 信息，自动扫描 org.hnist.dao 及其子包下的 Bean。

```
<?xml version="1.0" encoding="UTF-8"?>
<beans xmlns="http://www.springframework.org/schema/beans"
xmlns:xsi="http://www.w3.org/2001/XMLSchema-instance"
xmlns:context="http://www.springframework.org/schema/context"
xsi:schemaLocation="http://www.springframework.org/schema/beans
http://www.springframework.org/schema/beans/spring-beans.xsd
http://www.springframework.org/schema/context
http://www.springframework.org/schema/context/spring-context-4.0.xsd">
<!--配置自动扫描的包-->
<context:component-Scan base-package="org.hnist.dao">
</context:component-Scan>
</beans>
```

(4)创建一个类来测试，例如 Main.java 代码如下：

```
package org.hnist.dao;
import org.springframework.context.ApplicationContext;
import org.springframework.context.support.ClassPathXmlApplicationContext;
public class Main {
public static void main(String[] args){
//创建一个容器实例(与配置文件 teacherBean.xml 关联)
  ApplicationContext ctx=new ClassPathXmlApplicationContext("teacherBean.xml");
//获得标识符为 teacherMapper 的 Bean
  TeacherMapper teacher1=(TeacherMapper)ctx.getBean("teacherMapper");
      teacher1.login();  }}
```

(5)右击 Main.java→Run As→Java Application，运行这个程序，运行结果如图 4-13 所示。

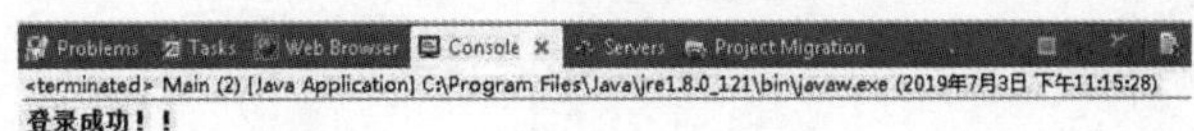

图 4-13　SpringDemo4_4 运行结果

3. 基于注解的 Bean 的自动装配

在基于注解方式进行装配的注解标记有 @Autowired、@Resource 等，但是建议在实际开发中使用@Autowired 进行注解。

实例 4-4 中只有一个 Bean，如果 Bean 多了，像实例 4-4 那样获取 Bean 可能就会比较烦琐,此情况可以利用自动装配来实现。Spring 框架模式默认不支持自动装配,要想使用自动装配需要修改 Spring 配置文件中<bean>标签的 autowire 属性。格式为:

```
<bean name="bean 标识符名称" class="类全路径名称"  autowire="自动装配模式值"/>
```

autowire 自动装配模式取值及说明如表 4-5 所示。

表 4-5　　autowire 自动装配方式取值及说明

autowire 取值	装配方式说明
no	默认装配方式,非自动装配,必须使用 ref 元素定义 bean 引用
byName	通过属性名称自动装配,寻找与自动装配的属性名相同的 bean 或 id
byType	通过属性类型自动装配,寻找与自动装配的属性类型相同的 bean 或 id,
constructor	通过构造函数自动装配,寻找与自动装配的 bean 的构造函数参数一致的 bean
autodetect	自动诊断装配,先用 constructor 来自动装配,然后再使用 byType 方式

@Autowired 一般装配在 setter 方法之上,也可以装配在属性之上,两者选一个即可。

```
public class TeacherController {
```

```
    private TeacherService teacherService;
```

或者:

```
public class TeacherController {
    private TeacherService teacherService;
    @Autowired ——————→ 在 setter 方法之上设置
    public void setTeacherDao(TeacherDao teacherDao)
```

【实例 4-5】 定义一组接口及实现类,组件之间的关系如图 4-14 所示,在每个实现类中都定义方法,通过输出结果了解执行过程。

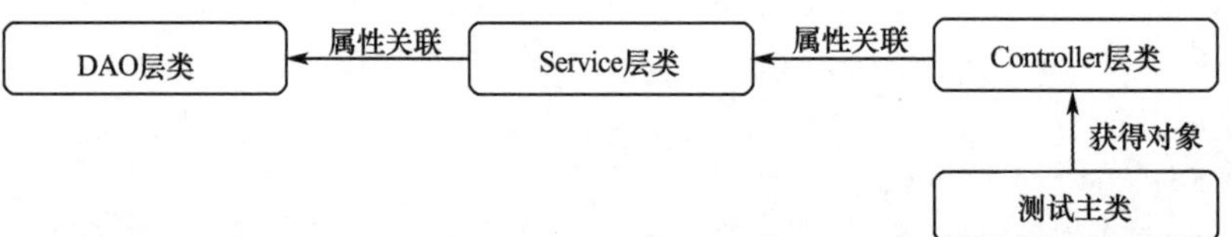

图 4-14　组件关系图

(1)创建一个 Web 项目 SpringDemo4_5,根据业务要求导入相应的 Spring JAR 包;

(2)创建 DAO 层的 TeacherMapper 类,是一个 Bean,其标识符名称为 teacherMapper。

```
package org.hnist.dao;
import org.springframework.stereotype.Repository;
@Repository("teacherMapper")        //添加注解
public class TeacherMapper {
    public void login(){
    System.out.println("这里实现了 Dao 层的 login()方法!");        }  }
```

(3)创建 Service 层的 TeacherService 类,是一个 Bean,其标识符名称为 teacherService。

```
package org.hnist.service;
import org.hnist.dao.TeacherMapper;
import org.springframework.beans.factory.annotation.Autowired;
import org.springframework.stereotype.Service;
```

```
@Service("teacherService")       //添加注解
    public class TeacherService {
    @Autowired                   //自动装配
    private TeacherMapper teacherMapper;
    public void add(){
    System.out.println("这里实现了 Service 的 add()方法!");
    System.out.println("add()方法关联到了 teacherMapper 的 login()方法!");
    teacherMapper.login();  }  }
```

(4)创建 Controller 层的 TeacherController 类,是一个 Bean,其标识符名称为 teacherController。

```
package org.hnist.controller;
import org.springframework.beans.factory.annotation.Autowired;
import org.springframework.stereotype.Controller;
import org.hnist.service.TeacherService;
@Controller          //添加注解
public class TeacherController {
    @Autowired      //自动装配
private TeacherService   teacherService;
        public void list(){
          System.out.println("这里实现了 Controller 的 list()方法!");
          System.out.println("list()方法关联到了 TeacherService 的 add()方法!");
          teacherService.add();  }}
```

(5)在配置文件中配置 Bean 信息,自动扫描 org.hnist.* 及其子包下的 Bean。

```
<?xml version="1.0" encoding="UTF-8"?>
<beans xmlns="http://www.springframework.org/schema/beans"
xmlns:xsi="http://www.w3.org/2001/XMLSchema-instance"
xmlns:context="http://www.springframework.org/schema/context"
xsi:schemaLocation="http://www.springframework.org/schema/beans
http://www.springframework.org/schema/beans/spring-beans.xsd
http://www.springframework.org/schema/context
http://www.springframework.org/schema/context/spring-context-4.0.xsd">
<!--配置自动扫描的包-->
<context:component-Scan base-package="org.hnist.*">
</context:component-Scan>
</beans>
```

(6)创建一个类来测试,例如 Main.java 代码如下:

```
package org.hnist.dao;
import org.springframework.context.ApplicationContext;
import org.springframework.context.support.ClassPathXmlApplicationContext;
public class Main {
public static void main(String[] args){
//创建一个容器实例(与配置文件 teacherBean.xml 关联)
```

```
ApplicationContext ctx=new ClassPathXmlApplicationContext ("teacherBean.xml");
    //获得标识符为 TeacherController 的 Bean
TeacherController t1=(TeacherController)ctx.getBean("teacherController");
t1.list();  }}
```

(7)右击 Main.java→Run As→Java Application，运行这个程序，运行结果如图 4-15 所示。

大致执行过程：在 Main.java 中获得 Controller 层的 Bean(teacherController)，因为 Controller 层关联到了 Service 层，会继续查找 Service 层中的 Bean(teacherService)，又因为 Service 层关联到了 DAO 层，会继续查找 DAO 层中的 Bean(teacherMapper)。

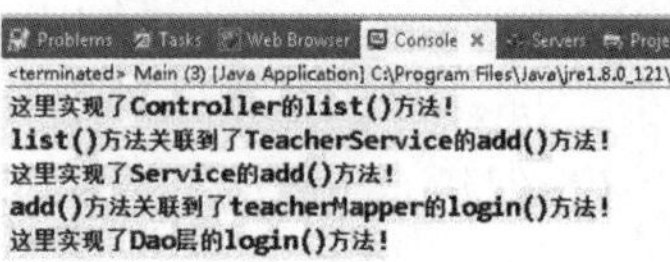

图 4-15　SpringDemo4_5 运行结果

4.4 Spring 框架中的 AOP

在业务处理代码中，通常都有日志记录、性能统计等操作，尽管可以使用 OOP 通过封装或继承的方式达到代码的重用，但这样做会增加开发人员的工作量，而且升级维护也比较困难。但 AOP 就可以很好地解决此类问题。

AOP(Aspect Oriented Programming)，即面向切面编程的技术，它将应用系统分为两部分，核心业务逻辑及横向的通用逻辑。其核心思想就是将应用程序中的业务逻辑同对其提供支持的通用服务功能进行分离，而业务逻辑与通用服务功能之间通过配置信息实现整合。

4.4.1 Spring AOP 的基本概念和工作流程

AOP 有效地降低了代码之间的耦合性，易于维护。例如，可以在代码中加上一些日志信息，在程序出错时方便快速查找问题，通常做法是在请求进入方法的时候打印日志，退出前打印日志，还有在出错时打印日志，由于这些方法中都需要打印日志，这些相同的部分就可以当作一个切面，通过配置切点来触发所需要的功能，这样就不需要每个方法中都去写一遍，配置好之后引用即可。

下面通过一个例子来介绍下 AOP 的基本思想。

在 Spring IoC 容器内管理每个类的一个对象，分别为 a、b、c。其业务逻辑为：从 IoC 中获取对象 a、b、c →执行 a.A1()→执行 b.B2()→执行 a.A2()→执行 b.B1()→执行 c.C1()，如图 4-16 所示。

现在又给出新的需求：在不修改已完成的设计的基础上，要求，当执行 B 类的任何方法时，都要在控制台上打印日志信息“执行 B 类方法的开始时间、方法执行结束时的时间”。新需要的业务流程如下：从 IoC 中获取对象 a、b、c→执行 a.A1()(添加 1：在 b.B2()即将执行前，获取时间，并打印时间)→执行 b.B2()(添加 2：在 b.B2()执行完成后，获取时间，并打印时间)→执行 a.A2()(添加 3：在 b.B1()即将执行前，获取时间，并打印时间)→执行 b.B1()(添加 4：在 b.B1()执行完成后，获取时间，并打印时间)→执行 c.C1()，如图 4-17 所示。

当然可以直接在程序中进行代码的插入，但是这样会在原有基础上做一些修改，如果要

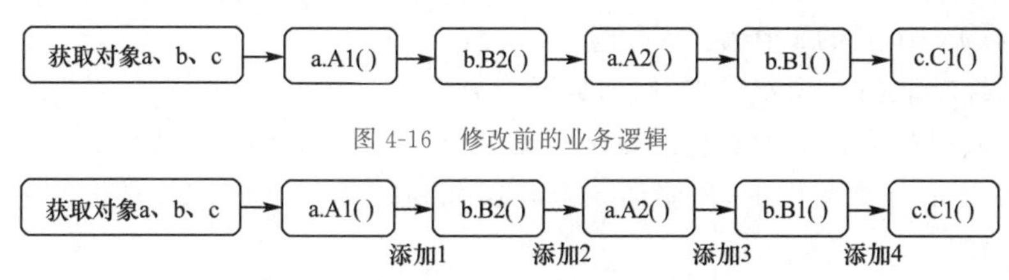

图 4-16　修改前的业务逻辑

图 4-17　修改后的业务逻辑

求在不修改已完成设计的基础上，怎么完成新的需求呢？在原业务流程需要的位置动态地根据需要插入指定方法运行，完成所要求的附加功能。这就是 AOP 的基本思想。

简单地说，AOP 可以将分散在各个方法中的重复代码提取出来，然后在程序编译或运行阶段，再将这些提取出来的代码应用到需要执行的地方。

AOP 有一些概念需要理解，例如：

切面/方面(Aspect)：是指封装横切到系统功能的类，例如下面实例中定义的 MyAspect 切面类。

连接点(Joinpoint)：一个连接点总是代表一个方法的执行，表示"在什么地方做"。

切入点(Pointcut)：一般是配置，切入点表达式如何和连接点匹配是 AOP 的核心，Spring 缺省使用 AspectJ 切入点语法，简单来说就是"很多连接点的集合"。

关注点：就是所关注的公共功能，比如日志功能是一个关注点，表示"要做什么"。

通知(Advice)：通知有各种类型，其中包括"around""before"和"after"等通知，around 通知是通用的通知类型。许多 AOP 框架都是以拦截器作为通知模型，并维护一个以连接点为中心的拦截器链，表示"具体怎么做"。

目标对象(Target Object)：Spring AOP 是通过运行时代理实现的，该对象永远是一个被代理对象。

AOP 代理(AOP Proxy)：简单来说就是动态代理的实现。

织入(Weaving)：把切面连接到其他应用程序类型或者对象上，并创建一个被通知的对象的过程。也就是说织入是一个过程。

如图 4-18 所示，目标对象就是被通知的类，需要在 3 个方法处理添加一些公共功能，在 AOP 中需要添加的这些公共功能就是所说的关注点，Spring 会根据配置文件中配置的切入点去匹配 Target 中方法的调用，从而知道哪些方法需要增加。AOP 通过配置文件中配置的切入点与 Advice，从而找到指定方法需要增加的功能，最终通过代理将 Advice 动态织入到指定方法。

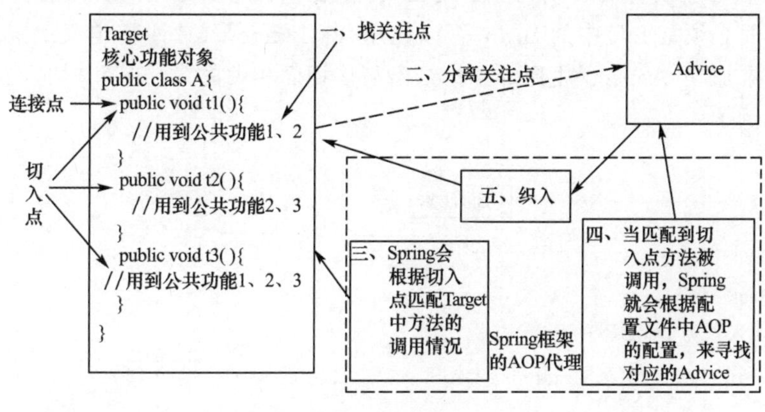

图 4-18　AOP 基本概念解释图

Spring 核心 AOP 的工作流程：

(1)将共性功能独立开发出来，制作成通知方法；

(2)将非共性功能开发到对应的目标对象类中，并制作成切入点方法；

(3)在 Spring 配置文件中，声明切入点与通知间的关系，即切面(自己编写的动态代理对象、代理策略)

4.4.2 Spring AOP 的 AspectJ 框架

AspectJ 是一个基于 Java 语言的 AOP 框架。虽然 Spring AOP 中也可以用 JDK 和 CGLIB 两种动态代理技术来实现，但是建议使用 AspectJ 实现 Spring AOP。使用 AspectJ 实现 Spring AOP 的方式有两种：一是基于 XML 配置开发 AspectJ，二是基于注解开发 AspectJ。基于 XML 配置开发 AspectJ 是指通过 XML 配置文件定义切面、切入点及通知，所有这些定义都必须在<aop:config>元素内，比较烦琐。基于注解开发 AspectJ 要比基于 XML 配置开发 AspectJ 方便许多，所以在实际开发中一般推荐使用基于注解方式。表 4-6 所示为基于注解开发 AspectJ 的描述。

表 4-6　基于注解开发 AspectJ 的描述

注解名称	描　述
@Aspect	用于定义一个切面，注解在切面类上
@Pointcut	用于定义切入点表达式。在使用时，需要定义一个切入点方法。该方法是一个返回值 void，且方法体为空的普通方法
@Before	用于定义前置通知。在使用时，通常为其指定 value 属性值，该值可以是已有的切入点，也可以直接定义切入点表达式
@AfterReturning	用于定义后置返回通知。在使用时，通常为其指定 value 属性值，该值可以是已有的切入点，也可以直接定义切入点表达式
@Around	用于定义环绕通知。在使用时，通常为其指定 value 属性值，该值可以是已有的切入点，也可以直接定义切入点表达式
@AfterThrowing	用于定义异常通知。在使用时，通常为其指定 value 属性值，该值可以是已有的切入点，也可以直接定义切入点表达式。另外，还有一个 throwing 属性用于访问目标方法抛出的异常，该属性值与异常通知方法中同名的形参一致
@After	用于定义后置(最终)通知。在使用时，通常为其指定 value 属性值，该值可以是已有的切入点，也可以直接定义切入点表达式

要将一个 Java 类注释声明为一个切面，首先要注释为一个 Bean，然后再注释声明为一个切面。切面必须是 IoC 中的 Bean，可以使用“@Component”注解定义 Bean，在切面 Java 类源代码中添加“@Aspect”注释，同时，给出与该切面相关的“通知”和“切入点”。下面是一个切面类的例子。

……

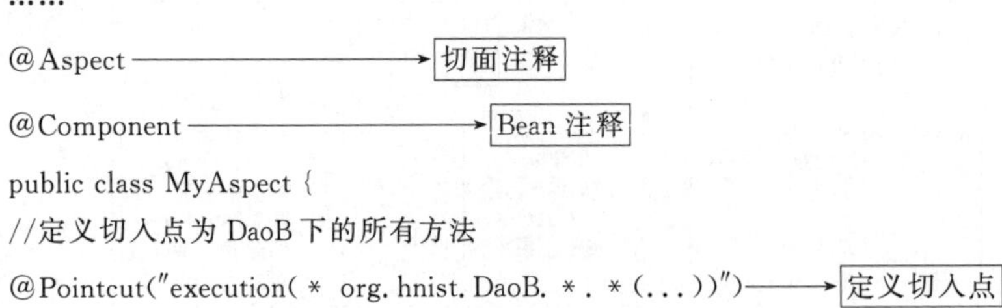

```
private void myPointCut(){        }
//前置通知,使用 Joinpoint 接口作为参数获得目标对象信息
@Before("myPointCut()")——————→[前置通知注释]
public void before(JoinPoint jp){
    System.out.println("前置通知:输出日志信息");  }
//后置返回通知
@AfterReturning("myPointCut()")————→[后置返回通知注释]
public void afterReturning(JoinPoint jp){
    System.out.println("后置返回通知:输出日志信息");  }
//环绕通知,ProceedingJoinPoint 是 JoinPoint 的子接口,代表可以执行的目标方法,* 返回值类型必须是 Object,* 一个参数必须是 ProceedingJoinPoint 类型,* 必须 throws Throwable
@Around("myPointCut()")——————→[环绕通知注释]
public Object around(ProceedingJoinPoint pjp)throws Throwable{
    //开始
    System.out.println("环绕开始:执行目标方法前,模拟开启事务");
    //执行当前目标方法
    Object obj=pjp.proceed();
    //结束
    System.out.println("环绕结束:执行目标方法后,模拟关闭事务");
    return obj;  }
//异常通知——————————→[异常通知注释]
@AfterThrowing(value="myPointCut()",throwing="e")
public void except(Throwable e){
    System.out.println("异常通知:"+"程序执行异常"+e.getMessage());
}
//后置(最终)通知——————————→[最终通知注释]
@After("myPointCut()")
public void after(JoinPoint jp){
    System.out.println("最终通知:输出日志信息");  }}
```

AspectJ 支持 5 种类型的通知注释:

@Before:前置通知,在方法执行之前执行,前置通知注释格式:@Before("切入点表达式")。

@After:后置通知,在方法执行之后执行,后置通知注释格式:@After ("切入点表达式")。

@ AfterReturning:返回通知,在方法返回结果之后执行,返回通知注释格式:@ AfterReturning ("切入点表达式")。

@AfterThrowing:异常通知,在方法抛出异常之后,异常通知注释格式:@ AfterThrowing (pointcut="切入点表达式",throwing="异常对象参数名")。

@Around:环绕通知,围绕着方法执行,环绕通知注释配置格式:@Around ("切入点表达式")。

【实例 4-6】 上面介绍的 Spring AOP 例子,用基于注释开发 AspectJ 来实现。

(1)运行项目 SpringDemo4_6,这是修改前的业务逻辑,结果如图 4-19 所示。

(2)创建一个 Web 项目 SpringDemo4_7,根据业务要求导入相应的 Spring JAR 包。

在实例 4-5 基础上,除了导入 spring-aop-5.1.2.RELEASE.jar 外,还需要导入 AspectJ 的几个支持包:

aopalliance-1.0.jar,cglib-3.2.5.jar,aspectjrt.jar,aspectjweaver-1.8.13.jar。

(3)在配置文件中要引入 AOP 命名空间、context 命名空间,并配置“AspectJ 的注释”支持,以及自动扫描的包的支持,具体配置信息如下:

```
<?xml version="1.0" encoding="UTF-8"?>
<beans xmlns="http://www.springframework.org/schema/beans"
xmlns:xsi="http://www.w3.org/2001/XMLSchema-instance"
xmlns:aop="http://www.springframework.org/schema/aop"
xmlns:context="http://www.springframework.org/schema/context"
xsi:schemaLocation="http://www.springframework.org/schema/beans
http://www.springframework.org/schema/beans/spring-beans.xsd
http://www.springframework.org/schema/aop
http://www.springframework.org/schema/aop/spring-aop.xsd
http://www.springframework.org/schema/context
http://www.springframework.org/schema/context/spring-context-4.0.xsd">
    <!--指定需要扫描的包,使注释生效-->
    <context:component-Scan base-package="org.hnist.Aspectj"/>
    <context:component-Scan base-package="org.hnist.*"/>
<!--启动基于注释的 AspectJ 支持-->
    <aop:aspectj-autoproxy/>
</beans>
```

引入命名空间

命名空间所在的网线位置

(4)基于 AspectJ 注释声明切面类。

```
……
@Aspect              //切面类注释,在此类中编写各种类型通知
@Component           //Bean 注释
public class MyAspect {
//定义切入点为 DAOB 中的所有方法
@Pointcut("execution(* org.hnist.DaoB.*.*(..))")
private void myPointCut(){ }
//前置通知,使用 Joinpoint 接口作为参数获得目标对象信息
@Before("myPointCut()")
public void before(JoinPoint jp){
    System.out.println("方法:"+jp.getSignature().getName()+"前置通知:输出日志信息");  }
//后置(最终)通知
@After("myPointCut()")
public void after(JoinPoint jp){
    System.out.println("方法:"+jp.getSignature().getName()+"最终通知:输出日志信息");  }}
```

(5)创建三个包 DaoA、DaoB、DaoC，创建 A、B、C 三个 Bean，其标识符名称分别为 testA、testB、testC，具体代码与 SpringDemo4_6 的一致，下面仅仅给出了 B 类的代码。

```
package org.hnist.DaoB;
import org.springframework.stereotype.Component;
@Component("testB")
public class B {
    private String b1;
    private String b2;
    ……//省略部分
public void B1(){
        System.out.println("执行 B 类的 B1()方法!");}
public void B2(){
        System.out.println("执行 B 类的 B2()方法!");}}
```

(6)创建一个类来测试，例如 Main.java 与 SpringDemo4_6 一致，具体代码如下：

```
package test;
import org.hnist.DaoA.A;
import org.hnist.DaoB.B;
import org.hnist.DaoC.C;
import org.springframework.context.ApplicationContext;
import org.springframework.context.support.ClassPathXmlApplicationContext;
public class Main {
public static void main(String[] args){
    ApplicationContext appCon=new ClassPathXmlApplicationContext("/test /applicationContext.xml");
    //从容器中，获取目标对象 A、B、C
    A testA=(A)appCon.getBean("testA");
    B testB=(B)appCon.getBean("testB");
    C testC=(C)appCon.getBean("testC");
    //执行方法
    testA.A1();
    testB.B2();
    testA.A2();
    testB.B1();
    testC.C1();   }}
```

(7)右击 Main.java→Run As→Java Application，运行这个程序，运行结果如图 4-20 所示。

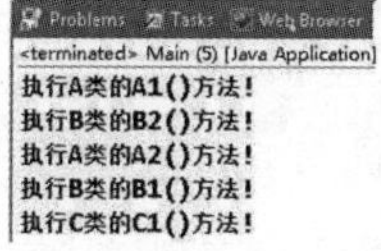

图 4-19　SpringDemo4_6 运行结果

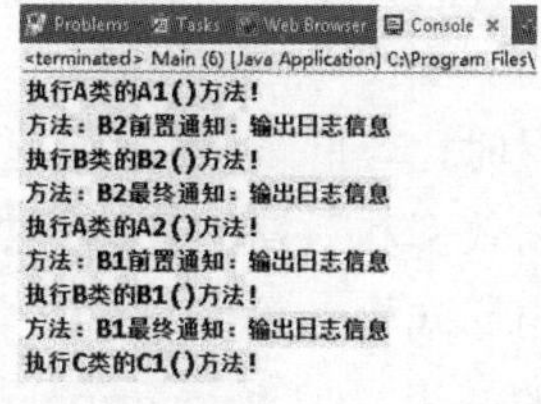

图 4-20　SpringDemo4_7 运行结果

从上面的例子可以看出,仅仅是对 SpringDemo4_6 的配置文件做了修改,增加了一个切面类,其他代码没做任何修改,就达到了要求。如果仅对 B. B1 方法做前置和后置通知,切入点的定义为:@Pointcut("execution(* org. hnist. DaoB. B. B1())")。

4.5 Spring 框架中的事务管理

Spring 为事务管理提供了一致的编程模型,不管选择 Spring JDBC、Hibernate 、JPA 还是 MyBatis,Spring 都可以用统一的编程模型进行事务管理。实际应用中,一般采用 Hibernate 和 MyBatis 进行数据库编程设计。

一个事务从启动到结束,其流程如下:

(1)对于配置了事务的方法,在方法开始执行前,根据该方法所配置的事务属性,若需要当前事务,且当前事务存在,就将 Session 和当前线程绑定,从中获取事务;若不存在,创建新的事务。

(2)开启事务。

(3)若方法正常结束,则提交事务;若方法出现异常,则回滚事务。然后与当前线程绑定的 Session 解除绑定、关闭 Session。

1. Spring 事务管理分类

在 Spring 中,事务管理分为"编程式事务管理"和"声明式事务管理"两种。

(1)编程式事务管理:将事务管理代码嵌入业务方法中来控制事务的提交和回滚。在编程式事务管理时,必须在每个事务操作中包含额外的事务管理代码,这样会有很多重复的代码,在实际应用中,尤其是框架管理技术出现后,一般不建议采用这种形式。

(2)声明式事务管理:将事务管理代码从业务方法中分离出来,通过配置方式实现事务管理,又可以分为基于 XML 方式的声明式事务管理和基于注释声明式事务管理。

声明式事务管理不需要在业务逻辑代码中掺杂事务处理的代码,只需声明相关的事务规则,便可以将事务规则应用到业务逻辑中。因此在实际开发中一般采用声明式事务管理的方式进行事务管理。

基于 XML 方式的声明式事务管理是通过 AOP 技术在配置文件中配置事务规则的相关声明来实现的,配置的主要信息有:

(1)配置事务管理器:要指明使用什么类创建事务管理器(例如,DataSourceTransactionManager 类)。

(2)配置事务通知及其事务的有关属性(例如,事务的传播属性、隔离级别属性、回滚事务属性、超时、只读属性等)。

(3)配置事务切点,并把切点和事务属性关联起来。即配置哪些类中的哪些方法需要使用事务管理。

这种形式配置时比较麻烦,通常情况下基于注释声明式事务管理将事务管理简化,极大地提高了编程开发效率和后期的代码维护。

2. 基于注释声明式事务管理

Spring 常见的是用"@Transactional 注释声明式"来管理事务,其实现过程为:

(1)一般在 Service 层添加"@Transactional"注释,例如:

```
@Service("TeacherService")
@Transactional ——————————→ 添加 @Transactional 注释
public class TeacherServiceImpl implements TeacherService{
    @Resource
    public TeacherMapper teacherMapper;
    @Override
    public String tologin(){  ……
```

@Transactional 注释可以作用于接口、接口方法、类以及类方法上。当作用于类上时,该类的所有 public 方法都将具有该类型的事务属性,同时,也可以在方法级别使用该注解来覆盖类级别的定义。一般建议不在接口或者接口方法上使用@Transactional 注释。

(2)在 Spring 配置文件内配置事务管理器并启用事务管理器。例如:

```
<!--添加事务管理器,名称:txManager,采用 DataSourceTransactionManager 创建事务管理器,管理的数据源为上面定义的数据源 dataSource-->
<bean id="txManager" class="org.springframework.jdbc.datasource.DataSourceTransactionManager">
        <property name="dataSource" ref="dataSource"></property>
</bean>
<!--开启事务注解,使用声明式事务 transaction-manager:引用上面定义的事务管理器-->
<tx:annotation-driven transaction-manager="txManager" />
```

3. 事务的属性配置

在配置或注释事务时,需要设置事务的属性,事务的属性有:事务传播属性、事务隔离级别属性、事务回滚属性、事务超时和只读属性。

(1)事务传播属性及其配置

当一个事务方法被另外一个事务方法调用时,必须指定事务应该是怎样传播的,下表 4-7 给出了 Spring 的 7 种传播行为。

表 4-7 **Spring 的 7 种传播行为**

传播行为	含义
MANDATORY	支持当前事务,如果当前没有事务,就抛出异常
NESTED	支持当前事务,如果当前没有事务,就新建一个事务
NEVER	以非事务方式执行,如果当前存在事务,则抛出异常
NOT_SUPPORTED	以非事务方式执行操作,若当前存在事务,就将当前事务挂起
REQUIRED	(默认的传播属性)支持当前事务,如果当前没有事务,就新建一个事务,如果当前有事务,那么加入事务
REQUIRES_NEW	新建事务,如果当前存在事务,把当前事务挂起
SUPPORTS	支持当前事务,如果当前有事务则加入事务,如果没有则以非事务方式执行

例如,tologin()方法传播属性设置为:如果当前有事务则加入,如果没有则不用事务。

```
@Transactional(propagation=Propagation.SUPPORTS)
public String tologin()  {……
```

(2)事务隔离级别属性及其配置

事务隔离级别是指若干并发的事务之间的隔离程度。表 4-8 给出了 Spring 的事务隔离级别。

表 4-8　　Spring 的事务隔离级别

隔离级别	描述
DEFAULT	(默认值)表示使用底层数据库的默认隔离级别，对于大部分数据库，其取值是 READ_COMMITTED
READ_UNCOMMITTED (读取未提交内容)	表示一个事务可以读取另一个事务修改但还没有提交的数据，该级别不能防止脏读和不可重复读，因此很少使用该隔离级别
READ_COMMITTED (读取提交内容)	表示一个事务只能读取另一个事务已经提交的数据，该级别可以防止脏读，这是大多数情况下的推荐值
REPEATABLE_READ (可重读)	表示一个事务在整个过程中可以多次重复执行某个查询，并且每次返回的记录都相同，该级别可以防止脏读和不可重复读
SERIALIZABLE (可串行化)	所有的事务依次顺序执行，事务之间完全无干扰，也就是说，该级别可以防止脏读、不可重复读以及幻读。但是这将严重影响程序的性能。通常情况下不会用到该级别

脏读是针对未提交数据，如果一个事务中对数据进行了更新，但事务还没有提交，另一个事务可以“看到”该事务没有提交的更新结果，这样造成的问题就是，如果第一个事务回滚，那么，第二个事务在此之前所“看到”的数据就是一笔脏数据。

不可重复读是针对其他提交前后，读取数据本身的对比。不可重复读取是指同一个事务在整个事务过程中对同一笔数据进行读取，每次读取结果都不同。如果事务 1 在事务 2 的更新操作之前读取一次数据，在事务 2 的更新操作之后再读取同一笔数据一次，两次结果是不同的，所以，READ_UNCOMMITTED 无法避免不可重复读取的问题。

幻读是针对其他提交前后，读取数据条数的对比。幻读是指同样一次查询在整个事务过程中多次执行后，查询所得的结果是不一样的。幻读针对的是多次记录。在 READ_COMMITTED 隔离级别下，不管事务 2 的插入操作是否提交，事务 1 在插入操作之前和之后执行相同的查询，取得的结果是不同的。所以，READ_COMMITTED 同样无法避免幻读的问题。

(3)回滚事务属性及其设置

Spring 事务默认情况下，只有未受检查异常(如 RuntimeException 和 Error 类型的异常)会导致事务回滚，而受检查异常则不会。如果希望打破这一规则，可以通过 rollbackFor 和 noRollbackFor 属性来设置自己的异常触发事务回滚。

rollbackFor：遇到时必须进行回滚；noRollbackFor：遇到时必须不回滚。

(4)事务超时和只读属性与设置

由于事务可以在行和表上获得锁，因此长时间的事务会占用资源，并对整体性能产生影响，可以引入超时属性来避免这个问题。事务超时属性是指事务在强制回滚之前可以保持多久，这样可以防止长期运行的事务占用资源。如果一个事务只读取数据但不做修改，数据库引擎可以对这个事务进行优化。事务只读属性是指这个事务只读取数据但不更新数据，这样可以帮助数据库引擎优化事务。

例如，添加事务注释，设置 propagation 属性为 REQUIRES_NEW，指定事务的隔离级别为 READ_COMMITTED，遇到读写数据异常时必须进行回滚，指定事务为只读数据，不更新数据，设置时间限额为 10 秒，如果事务的执行时间超过这个时间，事务将被强制回滚。

```
@Transactional(propagation=Propagation.REQUIRES_NEW,
```

```
        isolation=Isolation.READ_COMMITTED,
        rollbackFor={IOException.class},
        readOnly=true,
        timeout=10)
public String tologin()  {……
```

本章小结

本章首先简要介绍了 Spring 框架的体系结构、Spring 框架核心 jar 包及主要作用，然后着重介绍了 IoC 容器并掌握 IoC 容器中装配 Bean 及 Spring AOP 相关配置，最后对 Spring 事务管理进行了介绍。

习题

1. 在 org.hnist.model 包中创建 Student.java 实体类，包括 ID、姓名、性别、出生年月、班级编号等属性，再创建 ClassNo.java 实体类，包括 ID、班级编号、班级描述等属性。在 Student 类中引用 ClassNo 类，并进行测试。

2. 在实例 4-6 不修改已完成的设计的基础上，每次执行 c.C1()后再增加一个方法输出“这里执行了 C1()方法”文字。

第 5 章 MyBatis 框架基础

学习目标

- MyBatis 环境的构建
- MyBatis 的执行流程
- MyBatis 的核心配置文件
- MyBatis 与 Spring 框架的整合开发
- SQL 映射文件
- 级联查询
- 动态 SQL 语句

MyBatis 原本是 apache 的一个开源项目 iBatis，是一个基于 Java 的持久层框架，提供的持久层框架包括 SQL Maps 和 Data Access Objects(DAOs)。

5.1 MyBatis 框架简介

MyBatis 是一款优秀的持久层框架，它支持定制化 SQL、存储过程以及高级映射。MyBatis 避免了几乎所有的 JDBC 代码和手动设置参数以及获取结果集。MyBatis 可以使用简单的 XML 或注解来配置和映射原生信息，将接口和 Java 的 POJOs(Plain Ordinary Java Object，普通的 Java 对象)映射成数据库中的记录。

MyBatis 应用程序根据 XML 配置文件创建 SQLSessionFactory，SQLSessionFactory 再根据配置(配置来源于两个地方，一个是配置文件，一个是 Java 代码的注解)获取一个 SQLSession。SQLSession 包含了执行 SQL 语句所需要的方法，可以通过 SQLSession 实例直接运行映射的 SQL 语句，完成对数据的增、删、改、查和事务提交等操作，用完之后关闭 SQLSession。

MyBatis 简单易学，只需要几个 JAR 文件加上几个 SQL 映射文件就可以开始使用，它不会对应用程序或者数据库的现有设计有大的影响，SQL 语句写在 XML 文件里，便于统一管理和优化。通过提供 DAO 层，将业务逻辑和数据访问逻辑分离，使系统的设计更清晰，更容易维护，更便于进行单元测试，SQL 和代码的分离，提高了可维护性。此外，还提供映射标签，支持对象与数据库的 ORM 字段关系映射，提供 XML 标签，支持编写动态 SQL。

5.1.1　MyBatis 环境的构建

MyBatis 3.5.1 版本较新，可通过在其官网下载。下载时只需选择 mybatis-3.5.1.zip 即可，解压缩后得到如图 5-1 所示的 MyBatis 目录结构。

图 5-1 中 mybatis-3.5.1.jar 是 MyBatis 的核心包，mybatis-3.5.1.pdf 是 MyBatis 的使用手册，lib 文件夹下的 JAR 是 MyBatis 的依赖包，打开后如图 5-2 所示。使用 MyBatis 框架时，需要将它的核心包和依赖包引入应用程序中。如果是 Web 应用，只需将核心包和依赖包复制到/WEB-INF/lib 目录中。

名称	修改日期
lib	2019-04-07 20:24
LICENSE	2017-07-10 13:16
mybatis-3.5.1.jar	2019-04-07 20:24
mybatis-3.5.1.pdf	2019-04-07 20:24
NOTICE	2017-07-10 13:16

图 5-1　解压缩后的 MyBatis 目录结构图

名称	修改日期	类型	大小
ant-1.10.3.jar	2018-12-29 14:03	Executable Jar File	2,155 KB
ant-launcher-1.10.3.jar	2018-12-29 14:03	Executable Jar File	19 KB
asm-7.0.jar	2018-12-04 2:09	Executable Jar File	112 KB
cglib-3.2.10.jar	2019-01-08 23:41	Executable Jar File	300 KB
commons-logging-1.2.jar	2014-09-03 11:58	Executable Jar File	61 KB
javassist-3.24.1-GA.jar	2018-12-29 14:03	Executable Jar File	760 KB
log4j-1.2.17.jar	2014-05-27 10:58	Executable Jar File	479 KB
log4j-api-2.11.2.jar	2019-02-19 12:58	Executable Jar File	261 KB
log4j-core-2.11.2.jar	2019-02-19 12:58	Executable Jar File	1,592 KB
ognl-3.2.10.jar	2018-12-29 14:03	Executable Jar File	244 KB
slf4j-api-1.7.26.jar	2019-04-02 11:48	Executable Jar File	41 KB
slf4j-log4j12-1.7.26.jar	2019-04-03 10:38	Executable Jar File	12 KB

图 5-2　lib 文件夹中的 JAR 文件列表

5.1.2　MyBatis 的执行流程

MyBatis 的功能架构分为三层：API 接口层、数据处理层和基础支撑层。

1. API 接口层

API 接口层提供给外部使用的 API 接口，开发者通过这些 API 来操纵数据库。接口层接收到调用请求就会调用数据处理层来完成具体的数据处理。MyBatis 和数据库的交互一般使用 Mapper 接口调用方式。

MyBatis 将配置映射文件中的每一个<mapper> 节点抽象为一个 Mapper 接口，这个接口中声明的方法名称和<mapper> 节点中的 id 值对应，parameterType 值表示 Mapper 对应方法的输入参数类型，resultMap 值则对应了 Mapper 接口表示的返回值类型或者返回结果集的元素类型。

例如，TeacherMapper.xml 为 teacher 表对应的映射文件，下面给出了两个节点 login

和 listall，在 TeacherMapper. java 接口文件中就会有对应的 login 和 listall 方法。

TeacherMapper. xml 文件代码如下：

```
……
<!--org.hnist.dao.TeacherMapper 对应的接口-->
<mapper namespace="org.hnist.dao.TeacherMapper">
    <!--判断是否存在指定教师-->
    <select id="login" parameterType="Teacher" resultType="Teacher">
        select * from teacher WHERE tname = #{tname} and tpassword = #{tpassword}
    </select>
    <!--查询所有教师-->
    <select id="listall" resultType="Teacher" >
      select * from teacher order by tid asc
</select>
……
</mapper>
```

TeacherMapper. java 文件代码如下：

```
……
Repository("TeacherMapper")
@Mapper
public interface TeacherMapper {
    //登录验证，注意这里的方法名称 login 与 TeacherMapper.xml 定义的要一致
    public List<Teacher> login(Teacher teacher);
    //显示所有记录
    public List<Teacher> listall();
……
```

Spring 将指定包中所有被@Mapper 注解标注的接口自动装配为 MyBatis 的映射接口。

根据 MyBatis 的配置规范配置好后，MyBatis 通过 SQLSession. getMapper(XXXMapper. class)方法，根据相应的接口声明的方法信息，通过动态代理机制生成一个 Mapper 实例，使用 Mapper 接口的某一个方法时，MyBatis 会根据这个方法的方法名和参数类型，确定 StatementId，底层还是通过 SQLSession. select("statementId"，parameterObject)等来实现对数据库的操作。

2. 数据处理层

数据处理层负责具体的 SQL 执行和执行结果映射处理等，根据调用的请求完成一次数据库操作。

MyBatis 通过传入的参数值，使用 ognl 来动态地构造 SQL 语句，使得 MyBatis 有很强的灵活性和扩展性。动态 SQL 语句生成之后，MyBatis 将执行 SQL 语句，并将可能返回的结果集转换成 List<E> 列表。MyBatis 在对结果集的处理中，支持结果集关系一对多和多对一的转换。

3. 基础支撑层

基础支撑层负责最基础的功能支撑，包括连接管理、事务管理、配置加载和缓存处理，这些都是共用的，将它们抽取出来作为最基础的组件，为上层的数据处理提供最基础的支撑。

4. MyBatis 的执行流程

MyBatis 的执行流程如图 5-3 所示。

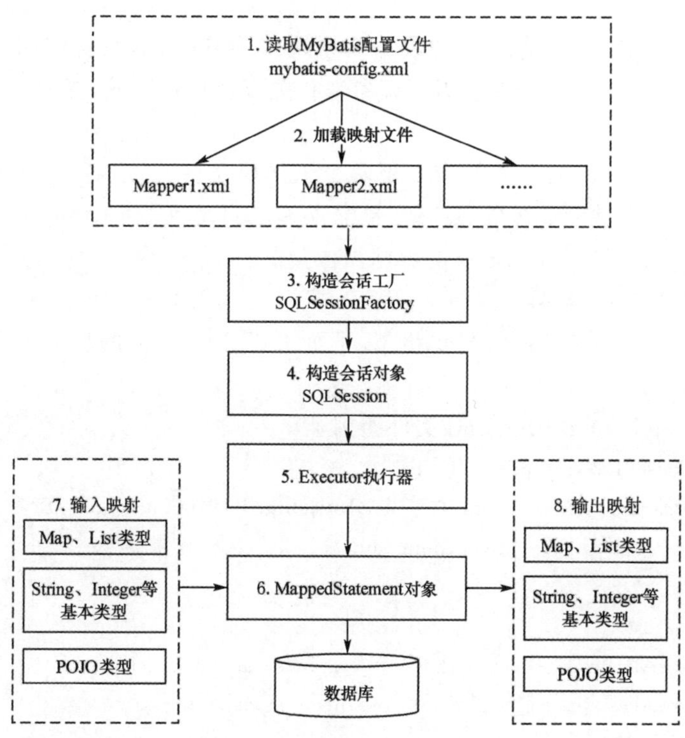

图 5-3　MyBatis 的执行流程

(1)加载配置文件并初始化 SQLSession

MyBatis 配置文件，包括 MyBatis 全局配置文件(配置数据源、事务等信息，例如：mybatis-config. xml)和 Mybatis 映射文件(配置 SQL 执行语句等信息，例如：TeacherMapper. xml，需要在全局配置文件中加载，一般数据库中的每张表对应一个 SQL 映射文件)，MyBatis 应用程序通过读取的配置文件，构造出 SQLSessionFactory，通过 SQLSessionFactory 可以创建 SQLSession(会话对象，这里包含执行 SQL 语句的所有方法)。

(2)接收调用请求

调用 MyBatis 提供的 API，传入的参数为 SQL 的 id(由 namespase 和具体 SQL 的 id 组成)和 SQL 语句的参数对象，MyBatis 将调用请求交给请求数据处理层。

(3)处理请求

MyBatis 通过底层的 Executor 执行器接口来操作数据库，根据 SQL 的 id 找到对应的 MappedStatament 对象。根据传入参数解析 MappedStatament 对象，得到最终要执行的 SQL。获取数据库连接，执行 SQL，得到执行结果，MappedStatament 对象中的结果映射对执行结果进行转换处理，并得到最终的处理结果，释放连接资源。

(4)返回处理结果

5.2 MyBatis 框架与 Spring 框架的整合

单独使用 MyBatis 有很多限制，很多业务系统是使用 Spring 来管理的事务，因此 MyBatis 在使用的时候一般都是与 Spring 集成起来使用，下面通过一个实例介绍 MyBatis 与 Spring 框架的整合。

MyBatis 框架的使用，要有具体的数据库系统作为基础，本教材使用的数据库系统是 MySQL 5.7，MySQL 的具体安装读者可以参考相关资料自行完成，要记住安装过程中设置的用户名和密码。

要整合 Spring 和 MyBatis 主要有如下两个工作要做：一是配置 MyBatis 相关文件，如核心配置文件、映射文件以及接口文件；二是配置 Spring 相关文件，在 Spring 中配置 MyBatis 工厂、使用 Spring 管理 MyBatis 的数据操作接口。

1. 配置 MyBatis 相关文件

映射文件和接口文件前面已经介绍了，下面介绍 MyBatis 的核心配置文件 mybatis-config.xml。

先来看一个 mybatis-config.xml 文件的例子：

```
<? xml version="1.0" encoding="UTF-8"? >
<! DOCTYPE configuration PUBLIC "-//mybatis.org//DTD Config 3.0//EN"
"http://mybatis.org/dtd/mybatis-3-config.dtd">
<configuration>
    <typeAliases>
        <typeAlias alias="Teacher" type="org.hnist.model.Teacher"/>
        <typeAlias alias="User" type="org.hnist.model.User"/>
    </typeAliases>
    <mappers>
<! --指定映射文件的位置-->
        <mapper resource="org/hnist/dao/TeacherMapper.xml" />
        <mapper resource="org/hnist/dao/UserMapper.xml" />
    </mappers>
</configuration>
```

在实际开发中，MyBatis 会与 Spring 整合，虽然可以在 MyBatis 配置文件中进行连接数据库等配置，但是一般建议在 Spring 的配置文件中进行，因此，需要针对 MyBatis 的核心配置文件。比较常见的标签说明有如下几个：

<configuration>：声明在标签里面的信息是配置信息。

<typeAliases>：声明在该标签里面的信息是别名。

<mappers>：声明定义的 Mapper 类，或者说是关联。

<mapper>：声明 Mapper 的路径。

2. 配置 Spring 相关文件

(1)在 Spring 中配置 MyBatis 工厂

通过与 Spring 的整合，MyBatis 的 SessionFactory 交由 Spring 来构建。构建时需要在

Spring 的配置文件中添加如下代码：

```
<!--配置数据源-->
<bean id="dataSource" class="org.apache.commons.dbcp2.BasicDataSource">
        <property name="driverClassName" value="com.mySQL.jdbc.Driver" />
        <property name="url" value="jdbc:mySQL://localhost:3306/test? character Encoding=
utf8" />
        <property name="username" value="root" />
    <property name="password" value="123456" />
</bean>
<!--配置 MyBatis 工厂,同时指定应用上面定义的数据源,加载指定 MyBatis 核心配置
文件-->
<bean id="SQLSessionFactory" class="org.mybatis.spring.SQLSessionFactoryBean">
        <property name="dataSource" ref="dataSource" />
<!--configLocation 的属性值为 MyBatis 的核心配置文件-->
        <property name="configLocation" value="classpath:config/mybatis-config.xml"/>
</bean> ……
```

(2)使用 Spring 管理 MyBatis 的数据操作接口

使用 Spring 管理 MyBatis 的数据操作接口的常见方式是基于 MapperScannerConfigurer 的方式整合。该方式需要在 Spring 的配置文件中加入以下内容：

```
<!--Mapper 代理开发,使用 Spring 自动扫描 MyBatis 的接口并装配,(Spring 将指定包中所有
被@Mapper 注解标注的接口自动装配为 MyBatis 的映射接口) -->
<bean class="org.mybatis.spring.mapper.MapperScannerConfigurer">
    <!--mybatis-Spring 组件的扫描器-->
    <property name="basePackage" value="org.hnist.dao"/>
    <property name="SQLSessionFactoryBeanName" value="SQLSessionFactory"/>
</bean>
```

如果采用了注解,还需要让注解生效,例如：

```
<context:annotation-config/> <context:component-Scan base-package="org.hnist.service"/>
```

【实例 5-1】 MyBatis 与 Spring 框架的整合。

(1)创建一个 Web 项目 MyBatisDemo5_1,根据业务要求导入相应的 Spring 和 MyBatis 的 JAR 包。在 SpringDemo4_7 已有 JAR 包的基础上将 MyBatis 的核心包 mybatis-3.5.1.jar 以及依赖包全部复制到/WEB-INF/lib 目录中。

将 MyBatis 与 Spring 整合的中间 JAR 包 mybatis-Spring-1.3.1.jar 复制到/WEB-INF/lib 目录中。

将 MySQL 数据库驱动包 mysql-connector-java-5.1.45-bin.jar 复制到/WEB-INF/lib 目录中。

整合时使用的是 DBCP 数据源(也可以是其他形式,例如:c3p0 等),需要将 DBCP 的 JAR 包(commons-dbcp2-2.2.0.jar)和连接池 JAR 包(commons-pool2-2.5.0.jar)复制到/WEB－INF/lib 目录中。

(2)为了测试方便建立一个数据库 test,其中有数据表 teacher,结构如图 5-4 所示。

(3)按照第 3 章讲述的步骤创建实体类 Teacher。例如:在 org.hnist.model 包中创建

名	类型	长度	小数点	允许空值(	
tid	int	11	0	☐	1
tno	varchar	20	0	☐	
tname	varchar	20	0	☐	

图 5-4　teacher 表结构

Teacher.java 实体类，定义对象的属性及方法。

```
package org.hnist.model;
public class Teacher {
    private  Integer tid;     //ID 号
    private  String tname;    //教师姓名
    private  String tno;      //教师编号
        ……                    //此处省略了相应的 get 和 set 方法和构造方法
}
```

(4)创建 SQL 映射文件和 MyBatis 核心配置文件，在 src 目录下，创建一个名为 org.hnist.dao 的包，在该包中创建 MyBatis 的 SQL 映射文件 TeacherMapper.xml，在 src/config 下创建 MyBatis 的核心配置文件 mybatis-config.xml，这个文件可以在 web.xml 文件中加载，也可以在 Spring 配置文件中加载。

TeacherMapper.xml 文件代码如下：

```
……
<!--org.hnist.dao.TeacherMapper 对应的接口-->
<mapper namespace="org.hnist.dao.TeacherMapper">
    <!--判断是否存在指定教师-->
    <select id="login" parameterType="String" resultType="Teacher">
        select * from teacher WHERE tname = #{tname}
    </select>
    <!--查询所有教师-->
    <select id="listall"  resultType="Teacher" >
      select * from teacher order by tid asc
</select>
<!--添加教师信息-->
    <insert id="addTeacher" parameterType="Teacher">
        insert into teacher (tid,tname,tno)values (null,#{tname},#{tno})
    </insert>
</mapper>
```

MyBatis 核心配置文件 mybatis-config.xml 代码如下：

```
<?xml version="1.0" encoding="UTF-8"? >
<!DOCTYPE configuration PUBLIC "-//mybatis.org//DTD Config 3.0//EN"
"http://mybatis.org/dtd/mybatis-3-config.dtd">
<configuration>
    <typeAliases>
```

```
        <typeAlias alias="Teacher" type="org.hnist.model.Teacher"/>
    </typeAliases>
    <mappers>
        <mapper resource="org/hnist/dao/TeacherMapper.xml" />
    </mappers>
</configuration>
```

(5)在 src 目录下的 org. hnist. dao 的包中创建 TeacherMapper 接口文件 TeacherMapper. java，并将接口使用@Mapper 注解，Spring 将指定包中所有被@Mapper 注解标注的接口自动装配为 MyBatis 的映射接口，注意接口中的方法名称与 SQL 映射文件中的 id 对应。

```
……
@Repository("teacherMapper")
@Mapper
public interface TeacherMapper {
    //登录验证，注意这里的方法名称 login 与 TeacherMapper.xml 定义的要一致
    public List<Teacher> login(Teacher teacher);
    //显示所有的记录
    public List<Teacher> listall();
    //增加教师记录
    public int addTeacher(Teacher teacher);  }
```

(6)创建一个名为 org. hnist. service 的包，在包中创建 TeacherService 类，在该类中调用数据访问接口中的方法。

```
……
@Service ("teacherService")
public class TeacherService {
@Autowired
private TeacherMapper teacherMapper;
public void test() {
    Teacher teacher=new Teacher();
    teacher.setTname("张珊");
    teacher.setTno("001394");
    teacherMapper.addTeacher(teacher);
    System.out.println("添加成功!!"+teacher);
    System.out.println("------------------------------");
    System.out.println("所有数据表中的记录为:");
    List<Teacher> listall=teacherMapper.listall();
    for(Teacher aa:listall){
        System.out.println(aa);  }
    System.out.println("------------------------------");
    System.out.println("判断所有数据表中是否存在指定 王武 记录");
    String teachername="王武";
    List<Teacher> bb=teacherMapper.login(teachername);
```

```
System. out. println(bb); }
```

(7)将 MyBatis 与 Spring 的整合,MyBatis 的 SessionFactory 交由 Spring 来构建。构建时需要在 Spring 的配置文件中进行配置,例如把所有的配置文件放在 src 的 config 目录下,在 src 的 config 目录下创建 Spring 配置文件 applicationContext. xml。在配置文件中配置数据源、MyBatis 工厂以及 Mapper 代理开发等信息,具体代码如下:

```
……
<! --1. 配置数据源-->
<bean id="dataSource" class="org. apache. commons. dbcp2. BasicDataSource">
<property name="driverClassName" value="com. mysql. jdbc. Driver" />
<property name="url" value="jdbc:mysql://localhost:3306/test? characterEncoding=utf8" />
    <property name="username" value="root" />
    <property name="password" value="123456" />
</bean>
<! --2. 配置 MyBatis 工厂,同时指定数据源 dataSource,加载指定 MyBatis 核心配置文件-->
<bean id="sqlSessionFactory" class="org. mybatis. spring. SqlSessionFactoryBean">
    <property name="dataSource" ref="dataSource"></property>
    <property name="configLocation" value="classpath:config/mybatis-config. xml" />
</bean>
<! --3. MyBatis 自动扫描加载 SQL 映射文件/接口,basePackage:指定 SQL 映射文件/接口所在
的包(自动扫描)-->
<! --Mapper 代理开发,使用 Spring 自动扫描 MyBatis 的接口并装配-->
<bean class="org. mybatis. spring. mapper. MapperScannerConfigurer">
<! --mybatis-Spring 组件的扫描器-->
    <property name="basePackage" value="org. hnist. dao"></property>
    <property name="sqlSessionFactory" ref="sqlSessionFactory"></property>
</bean>
<! --指定需要扫描的包(包括子包),使注解生效。dao 包在 mybatis-Spring 组件中已经扫描,这
里不再需要扫描-->
    <context:annotation-config/>
    <context:component-Scan base-package="org. hnist. service"/>
……
```

(8)创建测试类,例如:在 test 包中创建 Main. java,具体代码如下:

```
……
public class Main {
public static void main(String[] args){
     ApplicationContext appCon = new ClassPathXmlApplicationContext ("/config/applicationCon-
text. xml");
    //从容器中获取目标对象
    TeacherService testA=(TeacherService)appCon. getBean("teacherService");
    //执行方法
    testA. test();}}
```

(9)运行这个测试类,结果如图 5-5 所示。

```
添加成功！！Teacher [tid=null, tname=张珊, tno=001394]
---------------------------
所有数据表中的记录为：
Teacher [tid=10, tname=张珊, tno=001394]
---------------------------
判断所有数据表中是否存在指定 王武 记录
[]
```

图 5-5 MyBatisDemo5_1 运行结果

刚创建的数据表是没有数据的，运行测试文件，可以将指定的记录添加到数据库，可以打开数据表进行查看。这个例子可以看出程序开发人员只需要进行相关的业务处理，不需要再去创建 TeacherMapper、TeacherService 等对象，对数据表中记录的增加、查找等操作的具体处理也给出了相关配置文件，开发人员只需要给出输入参数，就可以获得需要的数据，方便了数据库的访问操作，大大提高了开发效率。

5.3 MyBatis 框架映射文件的自动生成

MyBatis 是一种半自动的 ORM 框架，需要手工编写 SQL 语句和映射文件，但是编写映射文件和 SQL 语句容易出错，尤其是当数据库中的表较多的时候，手工编写的工作量还是比较大的，MyBatis 官方网站提供了 Generator 插件会根据数据表自动生成 MyBatis 所需要的实体类、Mapping 映射文件和 DAO 接口文件，然后将生成的代码复制到项目中就可以了。MyBatis Generator 有三种常用方法自动生成代码：命令行、MyEclipse 插件和 Maven 插件。

这里介绍使用命令行的方法自动生成相关代码，操作步骤如下：

1. 创建文件目录

新建一个文件目录，例如：D:\mapper。

2. 复制相关 JAR 包到新创建的目录

主要有两个要复制的 JAR 包：

MySQL 数据库驱动包：mysql-connector-java-5.1.45-bin.jar 和 MyBatis 映射文件的自动生成包：mybatis-generator-core-1.3.7.jar。

3. 创建配置文件 generator.xml

在新创建的文件目录（D:\ mapper）下创建配置文件 generator.xml，文件内容如下：

```
<?xml version="1.0" encoding="UTF-8"?>
<!DOCTYPE generatorConfiguration
PUBLIC "-//mybatis.org//DTD MyBatis Generator Configuration 1.0//EN"
      "http://mybatis.org/dtd/mybatis-generator-config_1_0.dtd">
<generatorConfiguration>
<!--数据库驱动-->
    <classPathEntry  location="D:\mapper\mysql-connector-java-5.1.45-bin.jar"/>
    <context id="mysqlTables"  targetRuntime="MyBatis3">
        <commentGenerator>
            <property name="suppressDate" value="true"/>
            <property name="suppressAllComments" value="true"/>
        </commentGenerator>
```

```
        <!--数据库链接 URL,用户名、密码-->
        <jdbcConnection driverClass="com.mysql.jdbc.Driver" connectionURL="jdbc:mysql://
localhost:3306/test?characterEncoding=utf8&amp;useSSL=false" userId="root" password
="902118">
        </jdbcConnection>
        <javaTypeResolver>
            <property name="forceBigDecimals" value="false"/>
        </javaTypeResolver>
        <!--生成实体模型的包名和位置-->
        <javaModelGenerator targetPackage="org.hnist.model" targetProject="D:\mapper">
            <property name="enableSubPackages" value="true"/>
            <property name="trimStrings" value="true"/>
        </javaModelGenerator>
        <!--生成映射文件的包名和位置-->
        <sqlMapGenerator targetPackage="org.hnist.dao" targetProject="D:\mapper">
            <property name="enableSubPackages" value="true"/>
        </sqlMapGenerator>
        <!--生成 DAO 接口的包名和位置-->
        <javaClientGenerator type="XMLMAPPER" targetPackage="org.hnist.dao" targetProject
="D:\mapper">
            <property name="enableSubPackages" value="true"/>
        </javaClientGenerator>
        <!--要生成的表,tableName 是数据库中的表名,domainObjectName 是实体类名-->
        <table tableName="teacher" domainObjectName="Teacher" enableCountByExample=
"false" enableUpdateByExample="false" enableDeleteByExample="false" enableSelectByExample="false"
selectByExampleQueryId="false"></table>
    </context>
</generatorConfiguration>
```

此时文件夹(D:\ mapper)下文件目录结构如图 5-6 所示。

4. 生成文件

打开命令提示符,进入文件夹(D:\ mapper),输入命令:java -jar mybatis-generator-core-1.3.7.jar-configfile generator.xml-overwrite,如图 5-7 所示,这时文件夹(D:\ mapper)下文件目录结构如图 5-8 所示,org 目录是自动创建的目录,打开 org 目录,进入 D:\mapper\org\hnist\model,发现实体类 Teacher.java 已经创建好;进入 D:\mapper\org\hnist\dao,发现 XML 映射配置文件 TeacherMapper.xml 和接口文件 TeacherMapper.java 已经创建好,可以将这些代码复制到项目中使用。

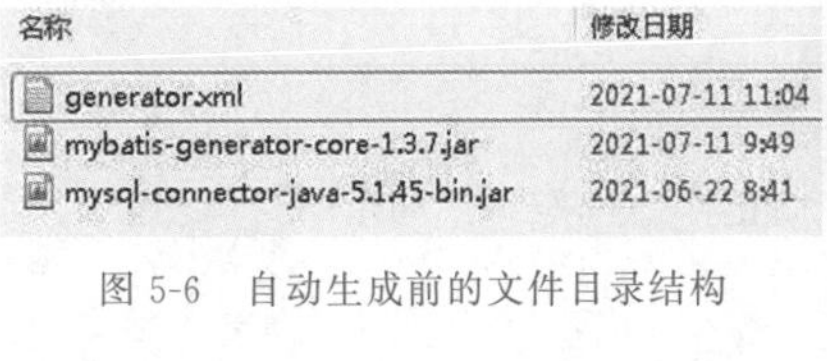

图 5-6　自动生成前的文件目录结构

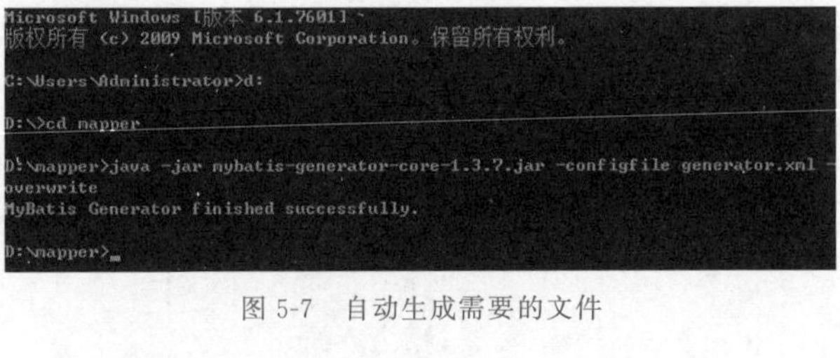

图 5-7　自动生成需要的文件

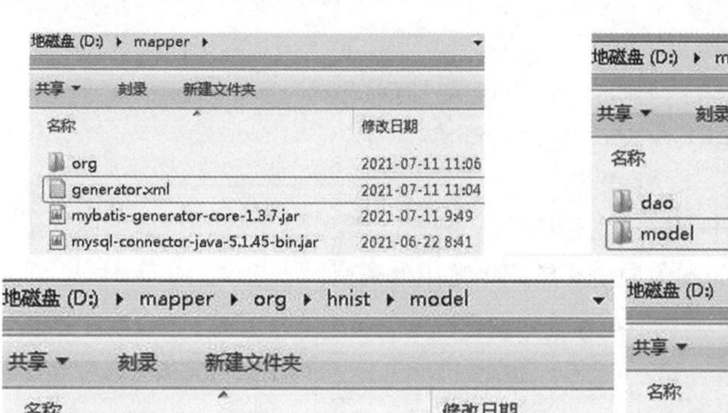

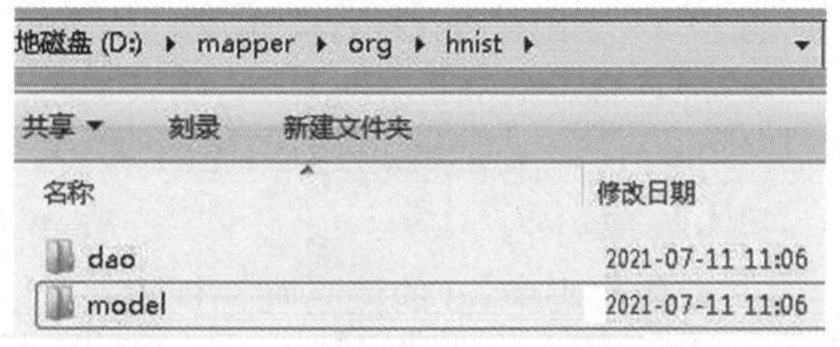

地磁盘 (D:) ▸ mapper ▸ org ▸ hnist ▸ dao
共享 ▾　刻录　新建文件夹
名称　修改日期
TeacherMapper.java　2021-07-11 11:06
TeacherMapper.xml　2021-07-11 11:06

图 5-8　自动生成后的文件目录结构

5.4　MyBatis 框架中的映射器

映射器是 MyBatis 中最核心的组件之一，在 MyBatis 3 之前，只支持 XML 映射器，也就是所有的 SQL 语句都必须在 XML 文件中配置。MyBatis 3 以后的版本支持接口映射器，这种映射器方式就是在 Java 接口方法上通过注解方式编写 SQL 语句，不再需要 XML 配置文件。但是这种形式使用注解编写 SQL 语句存在一定的限制，特别是处理复杂 SQL 的时候，有一定的局限性，因此，在实际开发中一般采用的是 XML 映射器。

5.4.1　定义 XML 映射器

XML 映射器是 MyBatis 原生支持的方式，功能强大，由 Java 接口文件和 XML 配置文件组成。XML 配置文件中可以定义 SQL 语句，Java 接口文件没有任何实现类，它的作用是发送 SQL 语句，然后返回需要的结果，或者执行 SQL 语句修改数据库中数据。

XML 映射器支持将 SQL 语句编写在 XML 格式的文件中，例如：

```
<select id="login" parameterType="String" resultType="Teacher">
    select * from teacher WHERE tname = #{tname}
</select>
```

XML 映射文件中除了上面的<select>元素外还有如表 5-1 所示的几种形式。

表 5-1　SQL 映射文件常用的 SQL 元素

SQL 元素	说明
select	查询语句，最常用的元素之一，可以自定义参数，返回结果集等
insert	插入语句，执行后返回一个整数
update	更新语句，执行后返回一个整数
delete	删除语句，执行后返回一个整数
SQL	定义一部分 SQL，在多个位置被引用，可以在多个 SQL 语句中使用
resultMap	用来描述从数据库结果集中加载对象，是最复杂、最强大的元素之一

1. <select>元素

在 SQL 映射文件中<select>元素用于映射 SQL 的 select 语句，用来进行 SQL 查询操作，可以自定义参数，返回结果集等，例如：

```
<mapper namespace="org.hnist.dao.TeacherMapper">
```

```
<!--判断是否存在指定教师-->
<select id="login" parameterType="String" resultType="Teacher">
    select * from teacher WHERE tname=#{tname}
</select>
```

上面的示例代码中，id 的值是唯一标识符，它接收一个 String 类型的参数，返回一个 Teacher 类型的对象。<select>元素除了上述的属性外，还有一些常用的属性，如表 5-2 所示。

表 5-2　<select>元素常用属性

属性名称	说明
id	必选项，是唯一标识符，一个命名空间(namespace)对应一个 dao 接口，这个 id 应该对应 dao 里面的某个方法，方法名一致
parameterType	可选项，表示传入 SQL 语句的参数类型，可以是 int，short，long，string 等类型，也可以是复杂类型(如 map 对象)
resultType	可选项，SQL 语句执行后返回的类型，可以是基本类型，也可以是 javabean。返回时可以使用 resultType 或 resultMap 之一
resultMap	可选项，它是映射集的引用，与<resultMap>元素一起使用。返回时可以使用 resultType 或 resultMap 之一
flushCache	可选项，它的作用是在调用 SQL 语句后，是否要求 MyBatis 清空之前查询的本地缓存和二级缓存。默认值为 false。如果设置为 true，则任何时候只要 SQL 语句被调用，都将清空本地缓存和二级缓存
useCache	可选项，启动二级缓存的开关。默认值为 true，表示将查询结果存入二级缓存中
timeout	可选项，用于设置超时参数，单位是秒。超时将抛出异常
fetchSize	可选项，设置获取记录的总条数
statementType	可选项，告诉 MyBatis 使用哪个 JDBC 的 Statement 工作，取值为 STATEMENT(Statement)、PREPARED(PreparedStatement)、CALLABLE(CallableStatement)，默认值：PREPARED
resultSetType	可选项，这是针对 JDBC 的 ResultSet 接口而言，其值可设置为 FORWARD_ONLY(只允许向前访问)、SCROLL_SENSITIVE(双向滚动，但不及时更新)、SCROLL_INSENSITIVE(双向滚动，及时更新)

上面的示例代码中 parameterType="String"，表示传入 SQL 语句的参数类型为 String，如果需要传入多个参数，parameterType 属性值的类型应该怎么设置呢？可以使用 Map 接口通过键值对传递多个参数，也可以使用 Java Bean 传递多个参数。

例如：查询姓陈，编号为 001295 的教师信息，这里有多个参数需要传入。

```
<select id="selectTeacher" parameterType="map" resultType="org.hnist.Model.Teacher">
select * from teacher where tname like concat('%',#{tname},'%')and tno = #{tno}
</select>
```

上述 SQL 文件中参数名 tname 和 tno 是 Map 的 key。

【实例 5-2】 MyBatis 映射文件采用 map 形式传入多个参数。

(1)复制 MyBatisDemo5_1 项目，粘贴到当前空间，命名为 MyBatisDemo5_2。

(2)打开 TeacherMapper.xml 文件，将上面的 id="selectTeacher"的<select>加入，结果如下所示：

```
……
<!--查询所有教师-->
<select id="listall" resultType="Teacher">
    select * from teacher order by tid asc
</select>
```

```
<!--查询指定教师-->
<select id="selectTeacher" parameterType="map" resultType=" Teacher" >
select * from teacher where tname like concat('%',#{tname},'%')and tno = #{tno}
</select>
……
```

(3)打开 TeacherMapper.java 接口文件，将 selectTeacher 方法加入，结果如下所示：

```
……
@Repository("teacherMapper")
@Mapper
    public interface TeacherMapper {
    //登录验证，注意这里的方法名称 login 与 TeacherMapper.xml 定义的要一致
    public List<Teacher> login(String teachername);
    //显示所有的记录
    public List<Teacher> listall();
    //显示指定教师的记录，注意这里的参数是 map 类型
    public List<Teacher> selectTeacher(Map<String,String> map);
    //增加教师记录
    public int addTeacher(Teacher teacher);  }
```

(4)打开 TeacherService.java 文件，在里面添加下列语句。

```
……
System.out.println("查询姓陈，编号为 001295 的教师信息");
Map<String,String> map=new HashMap<String,String>();
map.put("tname"),"陈";
map.put("tno","001295");
List<Teacher> bb=teacherMapper.selectTeacher(map);
System.out.println(bb);
……
```

(5)运行测试类 Main.java，在数据表中添加"陈山"，"001295"这条记录，对照运行结果体会代码的运行过程。

【实例 5-3】 MyBatis 映射文件采用 Java Bean 形式传入多个参数。

(1)复制 MyBatisDemo5_2 项目，粘贴到当前空间，命名为 MyBatisDemo5_3。

(2)打开 TeacherMapper.xml 文件，将上面的 id="selectTeacher"的<select>项修改为：

```
……
<!--查询指定教师-->
<select id="selectTeacher" parameterType="Teacher " resultType="Teacher" >
select * from teacher where tname like concat('%',#{tname},'%')and tno = #{tno}
</select>
……
```

(3)打开 TeacherMapper.java 接口文件，将 selectTeacher 方法加入，结果如下所示：

```
……
//显示指定教师的记录，注意这里的参数是 Teacher 对象
public List<Teacher> selectTeacher(Teacher teacher);
……
```

(4)打开 TeacherService.java 文件,在里面添加下列语句。

```
……
System.out.println("查询姓陈,编号为 001295 的教师信息");
Teacher teacher1=new Teacher();
teacher1.setTname("陈");
teacher1.setTno("001295");
List<Teacher> bb=teacherMapper.selectTeacher(teacher1);
System.out.println(bb);
……
```

(5)运行测试类 Main.java,在数据表中添加"陈小纯","001295"这条记录,如图 5-9 所示,对照运行结果体会代码的运行过程。

```
所有数据表中的记录为:
Teacher [tid=1, tname=陈小纯, tno=001295]
Teacher [tid=32, tname=张珊5, tno=0013944]
--------------------------
查询姓陈,编号为001295的教师信息
[Teacher [tid=1, tname=陈小纯, tno=001295]]
```

图 5-9　MyBatisDemo5_3 运行结果

这里可以看出 MyBatis 映射文件采用 Java Bean 形式传入多个参数,这种形式会更简洁,尤其是对于传入比较多的情况更是如此,因此在实际开发中建议这种形式。

上面的示例代码中 resultType="Teacher",表示使用 Teacher 对象存储结果,类似的也可以使用 Map 存储结果修改为 resultType="map"。

2. <insert>元素

<insert>元素相对于<select>元素要简单很多,用于映射插入语句,MyBatis 执行完一条插入语句后,将返回一个整数表示其影响的行数。<insert>元素常用属性如表 5-3 所示。

表 5-3　<insert>元素常用属性

属性名称	说明
id	必选项,是唯一标识符,一个命名空间(namespace)对应一个 dao 接口,这个 id 应该对应 dao 里面的某个方法,方法名一致
parameterType	可选项,表示传入 SQL 语句的参数类型,可以是 int,short,long,string 等类型,也可以是复杂类型(如 map 对象)
keyProperty	该属性的作用是将插入或更新操作时的返回值赋值给类的某个属性,通常会设置为主键对应的属性。如果是联合主键,可以在多个值之间用逗号隔开(仅对 insert,update 有效)
keyColumn	该属性用于设置第几列是主键,当主键列不是表中的第一列时需要设置。如果是联合主键时,可以在多个值之间用逗号隔开(仅对 insert,update 有效)
flushCache	可选项,默认值为 false。如果设置为 true,则任何时候只要 SQL 语句被调用,都将清空本地缓存和二级缓存
useGeneratedKeys	该属性将使 MyBatis 使用 JDBC 的 getGeneratedKeys()方法获取由数据库内部生产的主键,如 MySQL、SQL Server 等自动递增的字段,其默认值为 false(仅对 insert,update 有效)
timeout	可选项,用于设置超时参数,单位是秒。超时将抛出异常
statementType	可选项,告诉 MyBatis 使用哪个 JDBC 的 Statement 工作,取值为 STATEMENT(Statement)、PREPARED(PreparedStatement)、CALLABLE(CallableStatement),默认值:PREPARED

可以看出它的属性与<select>元素的属性大部分相同，<insert>元素特有的属性与主键相关，在 MySQL、SQL Server 等数据表中主键的值一般设置为自动递增(例如上面例子中的数据表的 ID 号设置成主键，并且是自动递增)，在<insert>中可以定义主键，让主键的值自动回填。例如：

```
<!--添加教师-->
<insert id="addTeacher" parameterType="Teacher" keyProperty="tid" useGeneratedKeys="true">
    insert into teacher (tname,tno)values (#{tname},#{tno})
</insert>
```

或者：

```
<!--添加教师-->
<insert id="addTeacher" parameterType="Teacher">
    insert into teacher (tid,tname,tno)values (null,#{tname},#{tno})
</insert>
```

如果数据库不支持主键自动递增，或者取消了主键自动递增的规则时，可以使用 MyBatis 的<selectKey>元素来自定义生成主键，并且自动递增。

将上面例子中的数据表的 tid 设置成主键，取消自动递增，通过映射文件来实现自动递增，具体代码如下：

```
<!--添加教师-->
<insert id="addTeacher" parameterType="Teacher">
    <selectKey keyProperty="tid" resultType="Integer" order="BEFORE">
        select if(max(tid)is null,1,max(tid)+1)as newtid from teacher
        </selectKey>
    insert into teacher (tid,tname,tno)values (#{tid},#{tname},#{tno})
</insert>
```

<selectKey>元素的 keyProperty 指定了主键为 tid，order="BEFORE"表示先执行<selectKey>再执行后面的 insert 语句，还可以是 order="AFTER"，表示先执行 insert 语句，再执行<selectKey>。

3. <update>和<delete>元素

<update>和<delete>元素比较简单，它们的属性和<select>元素的属性差不多，用于映射更新和删除语句，执行后返回一个整数，表示影响了数据库的记录行数。例如：

```
<!--修改指定教师用户-->
<update id="updateTeacher" parameterType="Teacher">
    update teacher set tname = #{tname},tno = #{tno} where tid = #{tid}
</update>
<!--删除指定教师用户-->
<delete id="deleteTeacher" parameterType="Integer">
    delete from teacher where tid = #{tid}
</delete>
```

测试可以参考前面的实例 MyBatisDemo5_2 修改，代码比较简单，读者可以自行完成。

4. <SQL>元素

<SQL>元素可以定义一串 SQL 语句的组成部分，其他的语句可以通过引用来使用它。例如，有一条 SQL 需要对多个字段操作，而且会反复用到这些字段，反复书写这些字段就会显得比较麻烦，这时就可以用<SQL>元素来定义重复使用的字段，然后在需要的地方利用 include 元素的 refid 属性进行引用。例如：

```
<SQL id="rolColumns">tid,tname,tno</SQL>
<select id="selectTeacher" resultType="Teacher">
    select <include refid="rolColumns"/> from teacher
</select>
```

这里用<SQL>元素定义了 rolColumns，在后面使用<include>元素的 refid 属性进行引用，从而达到重用的功能，即实现一处定义多处引入，大大减少了工作量。

5. <resultMap>元素

<resultMap>元素用来建立 SQL 查询结果字段与实体属性的映射关系信息，即结果映射集，结果可以是 map 集合，也可以是 JavaBean 对象。它主要用来定义映射规则、级联的更新以及定义类型转化器等。

当针对多张表级联查询时，查询的结果可能没有一个具体的对象与其对应，这时可以通过 resultMap 将相互关联的字段查询结果放到一个集合中，然后把集合中的各个值设置到对象的对应属性，这在级联操作中广泛使用。

<resultMap>元素结构如下：

```
<resultMap type="" id="">
    <constructor><!--类在实例化时,用来注入结果到构造方法-->
        <idArg/><!--ID 参数,结果为 ID-->
        <arg/><!--注入构造方法的一个普通结果-->
    </constructor>
    <id/><!--用于表示哪个列是主键-->
    <result/><!--注入字段或 JavaBean 属性的普通结果-->
    <association property=""/><!--用于一对一关联-->
    <collection property=""/><!--用于一对多、多对多关联-->
    <discriminator javaType=""><!--使用结果值来决定使用哪个结果映射-->
        <case value=""/>  <!--基于某些值的结果映射-->
    </discriminator>
</resultMap>
```

属性说明：id 属性是 resultMap 的唯一标识，type 属性表示使用哪个类作为其映射的类，可以是别名。<constructor>元素表示类在实例化时，用来注入结果到构造方法。注意：其子元素顺序必须与参数列表顺序对应，idArg 子元素表示该注入的参数为主键，arg 子元素标记该注入的参数为普通字段（主键使用该子元素设置也可以）。<id>元素子元素 id

代表 resultMap 中的主键，而 result 代表实体类和数据表普通列的映射关系。子元素<association> 、<collection> 和<discriminator>用在级联的情况下，关于级联操作将在后续的章节介绍。

5.4.2 使用 Map 和 JavaBean 对象存储查询结果

所有 select 语句可以使用 Map 存储查询结果，也可以使用 JavaBean 对象存储查询结果。

【实例 5-4】 MyBatis 使用 Map 和 JavaBean 对象存储查询结果。

(1)复制 MyBatisDemo5_3 项目，粘贴到当前空间，命名为 MyBatisDemo5_4。

(2)打开 TeacherMapper. xml 文件，将上面的 id="selectTeacher"的<select>项修改为：

```
<!--查询所有教师信息存到对象中-->
    <select id="listall" resultType="Teacher" >
      select * from teacher order by tid asc
</select>
<!--查询所有教师信息存到 Map 中-->
<select id="selectAllUser" resultType="map">
    select * from teacher order by tid asc
</select>
```

(3)在对应的 TeacherMapper. java 接口文件，加入 selectAllUser 方法，例如：

```
……
//显示所有教师的记录
public List<Teacher> listall();
public List<Map<String,Object>> selectAllUser();
……
```

(4)打开 TeacherService. java 文件，在里面添加下列语句。

```
……
System.out.println("使用对象存储查询结果，所有数据表中的记录为：");
    List<Teacher> listall=teacherMapper.listall();
    for(Teacher aa:listall){
        System.out.println(aa);  }
    System.out.println("-----------------------------------");
System.out.println("使用 Map 存储查询结果，所有数据表中的记录为：");
    List<Map<String,Object>> alluser=teacherMapper.selectAllUser();
    for (Map<String,Object> bb:alluser){
       System.out.println(bb);       }
……
```

(5)运行测试类 Main. java，如图 5-10 所示，对照运行结果体会代码的运行过程。

因为 Map 不能很好地表示对象模型，因此大多数开发者更喜欢使用 JavaBean 对象存储查询结果。

```
添加成功！！Teacher [tid=35, tname=张珊5, tno=0013944]
---------------------------
使用对象存储查询结果，所有数据表中的记录为：
Teacher [tid=1, tname=陈小纯, tno=001295]
Teacher [tid=35, tname=张珊5, tno=0013944]
---------------------------
使用Map存储查询结果，所有数据表中的记录为：
{tno=001295, tname=陈小纯, tid=1}
{tno=0013944, tname=张珊5, tid=35}
```

图 5-10　MyBatisDemo5_4 运行结果

5.4.3　级联查询

级联关系是一种结构化的关系，指一种对象和另一种对象有联系。给定关联的 2 个类，可以从其中一个类的对象访问到另一个类的相关对象。常见有三种级联关系：一对一级联、一对多级联和多对多级联。

如果表 A 中有一个外键引用了表 B 的主键，A 表就是子表，B 表就是父表。当查询表 A 的数据时，通过表 A 的外键，也将表 B 的相关记录返回，这就是级联查询。例如，查询学生信息时，同时根据外键（班级 ID 号）也将他的班级信息返回。

1. 一对一级联查询

在 MyBatis 中，通过<resultMap>元素的子元素<association>处理一对一级联关系，在<association>中需要指定 column、property、javaType、jdbcType 等属性，格式如下：

```
<association property="javabean 字段" javaType="javabean 所在的类名">
    <id column="表字段" property="javabean 字段"/>
    <result column="表字段" property="javabean 字段"/>
</association>
```

其中，property：指定映射到实体类的对象属性；column：指定表中对应的字段（查询返回的列名）；javaType：指定映射到实体对象属性的类型。

例如：一对一级联操作时，定义如下语句，表示 User 类与 Classes 类通过 cid 进行关联。

```
<resultMap id="userResult" type="org.hnist.model.User">
    <id column="uid" jdbcType="INTEGER" property="uid" />
    <result column="username" jdbcType="VARCHAR" property="username" />
    <result column="userpass" jdbcType="VARCHAR" property="userpass" />
    <result column="usersex" jdbcType="VARCHAR" property="usersex" />
    <result column="userno" jdbcType="VARCHAR" property="userno" />
    <!--association 可以指定联合的 JavaBean 对象
        property="classname"指定关联查询的 Classes 类型的 classname 属性
        javaType:指定 classname 属性对象的类型-->
    <association property="classname" javaType="org.hnist.model.Classes">
        <id column="cid" property="cid"/>
        <result column="cname" property="cname"/>
```

```
        <result column="cdescript" property="cdescript"/>
    </association>
</resultMap>
```

下面以学生班级 ID 号与班级名称之间的关系为例，介绍一对一级联查询的处理过程。

【实例 5-5】 一对一级联查询实例。

(1)复制 MyBatisDemo5_4 项目，粘贴到当前空间，命名为 MyBatisDemo5_5。

(2)为了测试方便，建立一个数据库 teach，其中有数据表 user 和 classes，结构如图 5-11、图 5-12 所示。

uid	int	11	0	☐	🔑1
username	varchar	20	0	☐	
userpassword	varchar	20	0	☐	
usersex	varchar	6	0	☑	
userno	varchar	11	0	☑	
userdescript	varchar	30	0	☑	
class_id	int	11	0	☑	
upic	varchar	40	0	☑	
youxiuok	bit	1	0	☑	
checkedok	bit	1	0	☑	
classname	varchar	20	0	☑	

图 5-11　user 表结构

cid	int	11	0	☐	🔑1
cname	varchar	20	0	☐	
cdescript	varchar	500	0	☑	

图 5-12　classes 表结构

设置 User 表的 class_id 字段与 teach 数据库的 classes 表的 cid 字段进行关联，如图 5-13 所示。

栏位 | 索引 | 外键 | 触发器 | 选项 | 注释 | SQL 预览

名	栏位名	参考数据库	参考表	外栏位名	删除时	更新时
cid	class_id	teach	classes	cid	RESTRICT	RESTRICT

图 5-13　User 表的 class_id 字段与 teach 数据库的 classes 表的 cid 字段进行关联

(3)按照第 3 章的步骤创建实体类 User 和 Classes。例如：在 org. hnist. model 包中创建 User. java 实体类和 Classes 实体类，定义对象的属性及方法。

User 实体类：

```
public class User {
    private    Integer uid;              //学生 ID 号
    private    String username;          //学生用户名
    private    String userpassword;      //用户密码
    private    String usersex;           //用户性别
    private    String userno;            //学生学号
    private    String userdescript;      //学生简介
    private    String upic;              //学生照片
```

```
    private  Integer class_id;          //所属班级 ID
    private  boolean checkedok;         //是否通过审核
    private  boolean youxiuok;          //是否为优秀学生
    private  Classes classname;         //班级名称关联
    ……                                  //此处省略了相应的 get 和 set 方法及构造方法
//为了便于观察输出结果,创建如下方法,此处只显示几项关键信息
@Override
    public String toString(){
        return "User [uid="+uid+",username="+username
                +",usersex="+usersex
                +",classname="+classname+"]";  }
```

Classes 实体类:

```
package org.hnist.model;
public class Classes {
    private  Integer cid;               //班级 ID 号
    private  String cname;              //班级名
    private  String cdescript;          //班级简介
    ……                                  //此处省略了相应的 get 和 set 方法及构造方法
//为了便于观察输出结果,创建如下方法,只显示几项关键信息
@Override
public String toString(){
    return "Class [cid="+cid+",cname="+cname+  "]";  }
```

(4)创建 SQL 映射文件和 MyBatis 核心配置文件,在 src 目录下,创建一个名为 org.hnist.dao 的包,在该包中创建 MyBatis 的 SQL 映射文件 UserMapper.xml 和 ClassesMapper.xml,在 src/config 下创建 MyBatis 的核心配置文件 mybatis-config.xml,这个文件可以在 web.xml 文件中加载,也可以在 Spring 配置文件中加载。

UserMapper.xml 文件代码如下:

```
……
<!--org.hnist.dao.UserMapper 对应的接口-->
<mapper namespace="org.hnist.dao.UserMapper">
<resultMap id="userResult" type="org.hnist.model.User">
    <id column="uid" jdbcType="INTEGER" property="uid" />
    <result column="username" jdbcType="VARCHAR" property="username" />
    ……//将需要显示的数据都列出来
    <result column="usersex" jdbcType="VARCHAR" property="usersex" />
    <!--association 可以指定联合的 JavaBean 对象,property="classsname"指定关联查询的
Classes 类型的 classname 属性,javaType 指定 classname 属性对象的类型-->
    <association property="classname" javaType="org.hnist.model.Classes">
      <id column="cid" property="cid"/>
```

```
        <result column="cname" property="cname"/>
        <result column="cdescript" property="cdescript"/>
      </association>
    </resultMap>
    <!--根据 id 查询学生,包含了班级信息-->
    <select id="getUserById" resultMap="userResult" parameterType=" Integer">
        select uid,u.username,u.usersex,c.cid,c.cname,c.cdescript from user u,classes c where u.class
_id=c.cid and u.uid = #{uid}
    </select>
    <!--根据 id 查询学生-->
    <select id="listByUId" resultType="User" parameterType="Integer">
        select * from user where uid = #{uid}
    </select>
    ……
```

ClassesMapper.xml 文件代码如下：

```
<mapper namespace="org.hnist.dao.ClassesMapper">
<!--查询所有班级-->
<select id="listallC" resultType="Classes" >
    select * from classes order by cid
</select>
<!--根据 id 查询班级-->
<select id="listByCId" resultType="Classes" parameterType="Integer">
    select * from classes where cid = #{cid}
</select>
……
```

MyBatis 核心配置文件 mybatis-config.xml 代码如下：

```
<?xml version="1.0" encoding="UTF-8"?>
<!DOCTYPE configuration PUBLIC "-//mybatis.org//DTD Config 3.0//EN"
"http://mybatis.org/dtd/mybatis-3-config.dtd">
<configuration>
    <typeAliases>
        <typeAlias alias="Classes" type="org.hnist.model.Classes"/>
        <typeAlias alias="User" type="org.hnist.model.User"/>
    </typeAliases>
    <mappers>
        <mapper resource="org/hnist/dao/UserMapper.xml" />
        <mapper resource="org/hnist/dao/ClassesMapper.xml" />
    </mappers>
</configuration>
```

(5)在 src 目录下的 org.hnist.dao 的包中创建 UserMapper 接口文件 UserMapper.java,并将接口使用@Mapper 注解,Spring 将指定包中所有被@Mapper 注解标注的接口自动装配为 MyBatis 的映射接口,注意接口中的方法名称与 SQL 映射文件中的 id 对应。

```
……
@Repository("userMapper")
@Mapper
public interface UserMapper {
    //显示指定 ID 学生记录
    public User listByUId(Integer uid);
    //查询学生含有班级名称信息
    public User getUserById(Integer uid);
……
```

(6)创建一个名为 org.hnist.service 的包,在包中创建 UserService 类,在该类中调用数据访问接口中的方法。

```
……
@Service ("userService")
public class UserService {
@Autowired
private UserMapper userMapper;
public void test(){
    System.out.println("查询指定记录,不含班级信息:");
    User listall=userMapper.listByUId(63);//显示 ID 号为 63 的记录
    System.out.println(listall);
    System.out.println("****************************");
    System.out.println("查询指定记录,包含班级信息:");
    User alluser=userMapper.getUserById(63);
      System.out.println(alluser);
    System.out.println("--------------------------");  }  }
```

(7)将 MyBatis 与 Spring 的整合、MyBatis 的 SessionFactory 交由 Spring 来构建。构建时需要在 Spring 的配置文件中进行配置,例如把所有的配置文件放在 src 的 config 目录下,在 src 的 config 目录下创建 Spring 配置文件 applicationContext.xml。在配置文件中配置数据源、MyBatis 工厂以及 Mapper 代理开发等信息,具体代码如下:

```
……
<!--1.配置数据源-->
<bean id="dataSource" class="org.apache.commons.dbcp2.BasicDataSource">
<property name="driverClassName" value="com.mysql.jdbc.Driver" />
<property name="url" value="jdbc:mysql://localhost:3306/teach? characterEncoding=utf8" />
    <property name="username" value="root" />
    <property name="password" value="123456" />
</bean>
<!--2.配置 MyBatis 工厂,同时指定数据源 dataSource,加载指定 MyBatis 核心配置文件-->
<bean id="sqlSessionFactory" class="org.mybatis.spring.SqlSessionFactoryBean">
```

```
        <property name="dataSource" ref="dataSource"></property>
        <property name="configLocation" value="classpath:config/mybatis-config.xml" />
    </bean>
    <!--3.MyBatis 自动扫描加载 SQL 映射文件/接口,basePackage:指定 SQL 映射文件/接口所在的包(自动扫描)-->
    <!--Mapper 代理开发,使用 Spring 自动扫描 MyBatis 的接口并装配-->
    <bean class="org.mybatis.spring.mapper.MapperScannerConfigurer">
    <!--mybatis-Spring 组件的扫描器-->
    <property name="basePackage" value="org.hnist.dao"></property>
    <property name="sqlSessionFactory" ref="sqlSessionFactory"></property>
    </bean>
    <!--指定需要扫描的包(包括子包),使注解生效。dao 包在 mybatis-Spring 组件中已经扫描,这里不再需要扫描-->
        <context:annotation-config/>
        <context:component-Scan base-package="org.hnist.service"/>
    ……
```

(8)创建测试类,例如:在 test 包中创建 Main.java,具体代码如下:

```
……
public class Main {
public static void main(String[] args){
    ApplicationContext appCon = new ClassPathXmlApplicationContext("/config/applicationContext.xml");
    //从容器中,获取目标对象
    UserService testA=(UserService)appCon.getBean("userService");
    //执行方法
    testA.test();  }}
```

(9)运行这个测试类,结果如图 5-14 所示。

```
查询指定记录,不含班级信息:
User [uid=63, username=肖葵, usersex=女, classname=null]
****************************
查询指定记录,包含班级信息::
User [uid=63, username=肖葵, usersex=女, classname=Class [cid=5, cname=网工16-1BF]]
----------------------------
```

图 5-14　MyBatisDemo5_5 运行结果

一对一级联查询还可以有其他方法,UserMapper.xml 文件还可以增加如下代码:

```
<!---一对一 根据 id 查询个人信息:第二种方法(嵌套查询语句)-->
<resultMap id="userResult2" type="org.hnist.model.User">
    <id column="uid" jdbcType="INTEGER" property="uid" />
    <result column="username" jdbcType="VARCHAR" property="username" />
    <result column="usersex" jdbcType="VARCHAR" property="usersex" />
    <result column="class_id" jdbcType="INTEGER" property="class_id" />
    <!---一对一关联查询,注意 column=表示要传入的值,这里要写 class_id,不能是 cid-->
    <association property="classname" column="class_id" javaType="org.hnist.model.Classes"
      select="org.hnist.dao.ClassesMapper.listByCId"/>
```

```
</resultMap>
    <select id="getUserById2" resultMap="userResult2" parameterType="Integer">
          select * from user where uid = #{uid}
    </select>
<! ---一对一 根据 id 查询个人信息:第三种方法(连接查询语句,使用 POJO 存储结果 )-->
    <select id="getUserById3" parameterType="Integer" resultType="org.hnist.model.UserAnd-
Class">
<! --注意下面的 select 中一定要带上 u.classname,否则查不到对应的班级名称-->
    select u.*,c.cname
    from user u,classes c
    where  u.class_id=c.cid and u.uid = #{uid}
</select>
```

再增加一个 UserAndClass 实体类,代码如下:

```
public class UserAndClass {
    private  Integer uid;             //学生 ID 号
    private  String username;         //学生用户名
    private  String usersex;          //用户性别
    private  String userno;           //学生学号
    private  Integer class_id;        //所属班级 ID
    private  String classname;        //班级名称关联
    ......                            //此处省略了相应的 get 和 set 及构造方法
@Override
public String toString(){
    return "User [uid="+uid+",username="+username+",usersex="
            +usersex+",class_id="+class_id
            +",classname="+classname+"]";}}
```

2. 一对多级联查询

在实际生活中一对多级联关系有许多,例如一个班级可以有多个学生,而一个学生只属于一个班级。下面以班级和学生之间的关系为例,介绍一对多级联查询。

类似一对一级联查询,一对多级联查询也有三种实现方法,最容易理解的还是创建一个实体类来存储查询的结果。

【实例 5-6】 利用实体对象存储结果的一对多的级联查询办法,实现根据班级表的班级 ID 号信息查询班级所有学生信息功能。

(1)复制 MyBatisDemo5_5 项目,粘贴到当前空间,命名为 MyBatisDemo5_6。

(2)为了测试方便,建立一个数据库 teach,其中有数据表 user 和 classes,结构如图 5-11、图 5-12 所示。设置 User 表的 class_id 字段与 teach 数据库的 classes 表的 cid 字段进行关联,如图 5-13 所示。

(3)按照第 3 章的步骤创建实体类 User 和 Classes,具体代码与实例 MyBatisDemo5_5 项目一致。类似地创建 ClassAndUser 实体类。代码如下:

```
......
public class ClassAndUser {
```

```
private   Integer cid;              //班级 ID 号
private   String cname;             //班级名称
private   String username;          //学生用户名
private   String usersex;           //用户性别
private   String userno;            //学生学号
……                                  //此处省略了相应的 get 和 set 方法
@Override
public String toString(){
    return "ClassAndUser [cid="+cid+",cname="+cname  +",username="+username+",use-
rsex="+usersex+"]";  }
```

(4)创建 SQL 映射文件和 MyBatis 核心配置文件，在 src 目录下，创建一个名为 org. hnist. dao 的包，在该包中创建 MyBatis 的 SQL 映射文件 ClassesMapper. xml，在 src/config 下创建 MyBatis 的核心配置文件 mybatis-config. xml，这个文件可以在 web. xml 文件中加载，也可以在 Spring 配置文件中加载。

ClassesMapper. xml 文件代码如下：

```
<mapper namespace="org.hnist.dao.ClassesMapper">
……
<! ---一对多根据 cid 查询班级及其关联的学生信息，使用实体对象存储结果-->
<select id="selectUserById3" parameterType="Integer" resultType=" ClassAndUser">
    select c.cid,c.cname,u.username,u.usersex from classes c,user u where c.cid=u.class_id and
c.cid = #{cid}
</select>……
```

MyBatis 核心配置文件 mybatis-config. xml 代码不做修改。

(5)在 src 目录下的 org. hnist. dao 的包中创建 ClassesMapper 接口文件 ClassesMapper. java，并将接口使用@Mapper 注解，Spring 将指定包中所有被@Mapper 注解标注的接口自动装配为 MyBatis 的映射接口，注意接口中的方法名称与 SQL 映射文件中的 id 对应。

```
……
@Repository("classesMapper")
@Mapper
public interface ClassesMapper {
    //查找指定班级信息，包含学生信息
    public Classes listByCId(Integer id);
    //查找指定班级信息，包含学生信息
    public List<ClassAndUser> selectUserById3(Integer cid);     ……     }
```

(6)创建一个名为 org. hnist. service 的包，在包中创建 ClassService 类，在该类中调用数据访问接口中的方法。

```
……
@Service ("classService")
public class ClassService {
@Autowired
private ClassesMapper classMapper;
public void test(){
```

```
System.out.println("查询指定班级记录,不含学生信息:");
        Classes listall=classMapper.listByCId(1);
        System.out.println(listall);
        System.out.println("*****************************");
        System.out.println("查询指定班级记录,包含学生信息:");
        List<ClassAndUser> listall1=classMapper.selectUserById3(1);
        System.out.println(listall1);
        System.out.println("-----------------------------");
} }
```

(7)将 MyBatis 与 Spring 的整合,配置文件 applicationContext.xml 不做修改。

(8)创建测试类,例如:在 test 包中创建 Main.java,具体代码如下:

```
……
public class Main {
public static void main(String[] args){
     ApplicationContext appCon = new ClassPathXmlApplicationContext ("/config/applicationCon-
text.xml");
        //从容器中,获取目标对象
        ClassService testA=(ClassService)appCon.getBean("classService");
        //执行方法
        testA.test();}}
```

(9)运行这个测试类,会将指定班级的所有学生输出,结果如图 5-15 所示。

```
查询指定班级记录，不含学生信息：
Class [cid=1, cname=信息工程16-1BF]
****************************
查询指定班级记录，包含学生信息：
[ClassAndUser [cid=1, cname=信息工程16-1BF, username=何翼勤, usersex=男], ClassAndUser [cid=1, cname=
----------------------------
```

图 5-15 MyBatisDemo5_6 运行结果

这里给出的是依据班级表的班级 ID 号,查询学生表的学生信息,读者可以自己修改代码依据班级表的班级名称,查询学生表中该班级所有学生的信息。

3. 多对多级联查询

在 MyBatis 中没有具体的语句实现多对多级联查询,多对多级联可以通过两个一对多级联进行替换。例如,一个订单可以有多种商品,一种商品可以对应多个订单,订单与商品就是多对多的级联关系。使用一个中间订单记录表,就可以将多对多级联转换成两个一对多的关系。读者可以参考 MyBatisDemo5_6 实例学习。

5.5 动态 SQL

前面介绍了数据库的增、删、改、查基本操作,在 XML 映射文件中的 SQL 语句都比较简单,如果有比较复杂的业务,就需要写复杂的 SQL 语句,这时需要进行 SQL 语句的拼接。MyBatis 提供了动态 SQL,通过 if、choose、when、otherwise、trim、where、set、foreach 等标签,可组合成非常灵活的 SQL 语句,从而提高 SQL 语句的准确性,同时也极大地提高了开发效率。

1. <if>元素

动态 SQL 通常要做的事情是有条件地包含 where 子句的一部分。所以在 MyBatis 中,

<if>元素是最常用的元素之一。

根据 username 和 userno 来查询数据，如果 username 为空，那么只根据 userno 来查询，如果 userno 为空，那么只根据 userno 来查询，按照前面的学习知识，代码如下：

```
<select id="selectBynameAndno" resultType="user" parameterType="User">
    select * from user where username = #{username} and userno = #{userno}
</select>
```

上面的查询语句，发现如果 #{username}为空，那么查询结果也为空，显然不符合要求，如何解决这个问题呢？可以使用<if>元素来判断后再执行。

```
<!--使用<if>元素，根据条件动态查询用户信息-->
<select id="selectBynameAndno" resultType="User" parameterType="User">
    select * from user where 1=1
    <if test="username!=null and username!=''">
        and username = #{username}
    </if>
    <if test="userno!=null and userno!=''">
        and userno = #{userno}
    </if>
  </select>
```

测试代码比较简单，操作步骤与实例 5-6 类似，读者可以自行学习。

2. <choose>、<when>、<otherwise>元素

有些时候，不想用到所有的条件语句，而只想从中择其一二。针对这种情况，MyBatis 提供了<choose>元素，它与 Java 中的 switch 语句相似。

```
<!--使用<choose>、<when>、<otherwise>元素，根据条件动态查询用户信息-->
<select id="selectByChoose" resultType="User" parameterType="User">
    select * from user where 1=1
    <choose>
        <when test="username!=null and username!=''">
            and username like concat('%',#{username},'%')
        </when>
        <when test="userno!=null and userno!=''">
            and userno = #{userno}
        </when>
        <otherwise>
            and uid > 10
        </otherwise>
    </choose>
</select>
```

3. <trim>元素

<trim>元素的主要功能是可以在自己包含的内容前加上某些前缀，也可以在其后加上某些后缀，与之对应的属性是 prefix 和 suffix；可以把包含内容的首部某些内容覆盖，即忽略，也可以把尾部的某些内容覆盖，对应的属性是 prefixOverrides 和 suffixOverrides。正

因为<trim>元素有这样的功能，所以可以利用<trim>来代替<where>元素的功能。

```
<!--使用<trim>元素，根据条件动态查询用户信息-->
select id="selectByTrim" resultType="User" parameterType="User">
    select * from user
    <trim prefix="where" prefixOverrides="and |or">
        <if test="username! =null and username! =''">
            and username like concat('%',#{username},'%')
        </if>
        <if test="userno! =null and userno! =''">
            and userno = #{userno}
        </if>
    </trim>
</select>
```

4. <where>元素

<where>元素的作用是在写入<where>元素的地方输出一个 where 语句，还有一个优点是不需要考虑<where>元素里面的条件输出是什么方式的，MyBatis 将智能处理。如果所有的条件都不满足，那么 MyBatis 就会查出所有的记录，如果输出后是 and 开头的，MyBatis 会把第一个 and 忽略；如果是 or 开头的，MyBatis 也会把它忽略；此外，在<where>元素中不需要考虑空格的问题，MyBatis 将智能加上。

```
<!--使用<where>元素，根据条件动态查询用户信息-->
<select id="selectByWhere" resultType="User" parameterType="User">
    select * from user
    <where>
        <if test="username! =null and username! =''">
            and username like concat('%',#{username},'%')
        </if>
        <if test="userno! =null and userno! =''">
            and userno = #{userno}
        </if>
    </where>
</select>
```

5. <set>元素

在动态 update 语句中，可以使用<set>元素动态更新列。

```
<!--使用<set>元素，动态修改一个用户-->
<update id="updateBySet" parameterType="User">
    update user
    <set>
        <if test="username! =null">
            username = #{username},
        </if>
        <if test="userno! =null">
            userno = #{userno},
```

```
        </if>
    </set>
    where uid = #{uid}
</update>
```

6. <foreach>元素

<foreach>元素主要用在构建 in 条件中，它可以在 SQL 语句中进行迭代一个集合。<foreach>元素的属性主要有 item、index、collection、open、separator、close。其中，item 表示集合中每一个元素进行迭代时的别名；index 指定一个名字，用于表示在迭代过程中，每次迭代到的位置；open 表示该语句以什么开始；separator 表示在每次进行迭代时，之间以什么符号作为分隔符；close 表示以什么结束。在使用<foreach>元素时，最关键的也是最容易出错的是 collection 属性，该属性是必选的，但在不同情况下，该属性的值是不一样的，主要有以下 3 种情况：

(1)如果传入的是单参数且参数类型是一个 List 的时候，collection 属性值为 list。

(2)如果传入的是单参数且参数类型是一个 array 数组的时候，collection 的属性值为 array。

(3)如果传入的参数是多个时，需要把它们封装成一个 Map，当然单参数也可以封装成 Map。Map 的 key 是参数名，collection 属性值是传入的 List 或 array 对象在自己封装的 Map 中的 key。

```
<!--使用<foreach>元素，查询用户信息-->
<select id="selectByForeach" resultType="User" parameterType="List">
    select * from user where uid in
    <foreach item="item" index="index" collection="list" open="(" separator="," close=")">
        #{item}
    </foreach>
</select>
```

7. <bind>元素

在模糊查询时，如果使用“${}”拼接字符串，则无法防止 SQL 注入问题。如果使用字符串拼接函数或连接符号，不同数据库的拼接函数或连接符号不同，如 MySQL 的 concat 函数、Oracle 的连接符号“||”。这样，SQL 映射文件就需要根据不同的数据库提供不同的实现，显然比较麻烦，且不利于代码的移植。因此，MyBatis 提供了<bind>元素来解决这一问题。

```
<!--使用<bind>元素进行模糊查询-->
    <select id="selectByBind" resultType="User" parameterType="User">
    <!--bind 中 username 是 User 对象的属性-->
    <bind name="param_username" value="'%'+username+'%'"/>
        select * from user where username like #{param_username}
    </select>
```

【实例 5-7】　动态 SQL 语句使用实例。

(1)复制 MyBatisDemo5_6 项目，粘贴到当前空间，命名为 MyBatisDemo5_7。

(2)将 MyBatis 与 Spring 整合，MyBatis 的 SessionFactory 交由 Spring 来构建。构建

时需要在 Spring 的配置文件中进行配置，例如把所有的配置文件放在 src 的 config 目录下，在 src 的 config 目录下创建 Spring 配置文件 applicationContext. xml。在配置文件中配置数据源、MyBatis 工厂以及 Mapper 代理开发等信息，具体代码如下：

```
……
<!--1.配置数据源-->
<bean id="dataSource" class="org.apache.commons.dbcp2.BasicDataSource">
<property name="driverClassName" value="com.mysql.jdbc.Driver" />
<property name="url" value="jdbc:mysql://localhost:3306/test?characterEncoding=utf8" />
    <property name="username" value="root" />
    <property name="password" value="123456" />
</bean>
<!--2.配置 MyBatis 工厂，同时指定数据源 dataSource，加载指定 MyBatis 核心配置文件-->
<bean id="sqlSessionFactory" class="org.mybatis.spring.SqlSessionFactoryBean">
    <property name="dataSource" ref="dataSource"></property>
    <property name="configLocation" value="classpath:config/mybatis-config.xml" />
</bean>
<!--3.MyBatis 自动扫描加载 SQL 映射文件/接口，basePackage 指定 SQL 映射文件/接口所在的包(自动扫描)-->
<!--4.Mapper 代理开发，使用 Spring 自动扫描 MyBatis 的接口并装配-->
<bean class="org.mybatis.spring.mapper.MapperScannerConfigurer">
<!--mybatis-Spring 组件的扫描器-->
<property name="basePackage" value="org.hnist.dao"></property>
<property name="sqlSessionFactory" ref="sqlSessionFactory"></property>
</bean>
<!--指定需要扫描的包(包括子包)，使注解生效。dao 包在 mybatis-Spring 组件中已经扫描，这里不再需要扫描-->
    <context:annotation-config/>
    <context:component-Scan base-package="org.hnist.service"/>
……
```

(3)创建 SQL 映射文件和 MyBatis 核心配置文件，在 src 目录下，创建一个名为 org. hnist. dao 的包，在该包中创建 MyBatis 的 SQL 映射文件 UserMapper. xml，在 src/config 下创建 MyBatis 的核心配置文件 mybatis-config. xml，这个文件可以在 web. xml 文件中加载，也可以在 Spring 配置文件中加载。

UserMapper. xml 文件代码如下：

```
……
<!--删除多个指定学生-->
    <delete id="deleteUsers" parameterType="List">
    delete from user where uid in
    <foreach item="item" index="index" collection="list"
    open="(" separator="," close=")">
        #{item}
    </foreach>
```

```
</delete>
<!--修改指定学生-->
<update id="updateUserById" parameterType="User">
    update user
    <set>
        <if test="username != null">
            username=#{username},
        </if>
        <if test="userpassword !=null">
            userpassword=#{userpassword},
        </if>
        <if test="usersex !=null">
          usersex=#{usersex},
        </if>
        <if test="userno !=null">
            userno=#{userno},
        </if>
        <if test="userdescript !=null">
            userdescript=#{userdescript},
        </if>
        <if test="class_id !=null">
            class_id=#{class_id },
        </if>
        <if test="upic !=null">
            upic=#{upic},
        </if>
        <if test="uid !=null">
            uid=#{uid},
        </if>
    </set>
        where uid=#{uid}
    </update>……
```

MyBatis 核心配置文件 mybatis-config.xml 代码如下：

```
<?xml version="1.0" encoding="UTF-8"?>
<!DOCTYPE configuration PUBLIC "-//mybatis.org//DTD Config 3.0//EN"
"http://mybatis.org/dtd/mybatis-3-config.dtd">
<configuration>
    <typeAliases>
        <typeAlias alias="User" type="org.hnist.model.User"/>
    </typeAliases>
    <mappers>
        <mapper resource="org/hnist/dao/UserMapper.xml" />
```

```
    </mappers>
</configuration>
```

(4)在 src 目录下的 org. hnist. dao 的包中创建 UserMapper 接口文件 UserMapper. java,并将接口使用@Mapper 注解,Spring 将指定包中所有被@Mapper 注解标注的接口自动装配为 MyBatis 的映射接口,注意接口中的方法名称与 SQL 映射文件中的 id 对应。

```
……
@Repository("userMapper")
@Mapper
public interface UserMapper {
……
    //删除多个学生
    public int deleteUsers(List<Integer> ids);
    //更新学生信息
    public int updateUserById(User user); }
```

(5)创建一个名为 org. hnist. service 的包,在包中创建 UserService 类,在该类中调用数据访问接口中的方法。

```
……
@Service ("userService")
public class UserService {
@Autowired
private UserMapper userMapper;
public void test(){
    System. out. println("查询指定记录,修改姓名为　胡小琪");
    User listall1=userMapper. listByUId(63);
    listall1. setUsername("胡小琪");
    int listall4=userMapper. updateUserById(listall1);
    System. out. println(listall1);
    System. out. println("* * * * * * * * * * * * * *"); }  }
```

注意执行 listall1. setUsername("胡小琪")时并没有在数据表中修改成功,要执行 updateUserById 方法后才会将修改写到数据表中。

(6)创建测试类,例如:在 test 包中创建 Main. java,具体代码如下:

```
……
public class Main {
public static void main(String[] args){
    ApplicationContext appCon =new ClassPathXmlApplicationContext ("/config /applicationContext. xml");
    //从容器中,获取目标对象
    UserService testA=(UserService)appCon. getBean("userService");
    //执行方法
    testA. test();  }}
```

(7)运行这个测试类。

本章首先简要介绍了 MyBatis 基础知识及大致执行流程，然后介绍了 MyBatis 的核心配置文件以及它与 Spring 框架的整合开发的操作流程，再对 SQL 映射文件、MyBatis 的级联查询以及动态 SQL 语句进行介绍。

习题

1. 在 org. hnist. model 包中创建 User. java 实体类和 UserScore. java，与下面的数据表对应，按照教材中的项目 MyBatisDemo5_1 操作步骤，实现数据的增、删、改、查，并进行测试。

user 表：

名	类型	长度	小数点	允许空值 (	
uid	int	10	0	☐	🔑1
userno	int	11	0	☐	
username	varchar	20	0	☐	

userScore 表：

名	类型	长度	小数点	允许空值 (	
userid	int	11	0	☐	🔑1
yuwen	float	6	1	☐	
shuxue	float	6	1	☐	

2. 要求实现级联查询，输入学生的姓名，即可查询到该学生的学号、姓名、语文和数学成绩。

第 6 章 Spring MVC 框架基础

学习目标

- 了解 Spring MVC 的工作原理
- SSM 框架集成应用实例
- 了解 Controller 接收请求参数的方式
- 了解 Spring MVC 重定向和请求转发

MVC 作为 Web 项目开发的核心环节，将一个 Web 应用分成 Model(模型)、View(视图)、Controller(控制器)三部分，这三部分协同进行工作，从而提高 Web 应用的可扩充性和可维护性，Spring MVC 是 Spring 框架提供的构建 Web 应用程序的 MVC 模块。Spring MVC 已经全面超越了其他的 MVC 框架，伴随着 Spring 一路高唱猛进，可以预见 Spring MVC 在 MVC 市场上的吸引力将越来越大。

6.1 Spring MVC 框架简介

Spring MVC 是 Spring 框架提供的构建 Web 应用程序的全功能 MVC 模块，它基于 MVC 设计理念，采用了松散耦合、可插拔的组件结构，比其他 MVC 更具有可扩充性和灵活性。相对 Structs 而言，它不需要与 Spring 框架整合，它本身就是 Spring 框架的一部分，而且在扩展性和灵活性方面都有一定的优势，Spring MVC 已经全面超越了其他的 MVC 框架，随着 Spring 的使用越来越广泛，可以预见 Spring MVC 在 MVC 市场上的使用也会越来越广泛。

Spring MVC 框架并不知道用户使用的是什么视图技术，也不要求用户必须使用 JSP 技术。Spring MVC 分离了控制器、模型对象、分派器以及处理程序对象的角色，这种分离让它们更容易进行定制。

1. MVC 基础

MVC 是模型(Model)、视图(View)、控制器(Controller)的缩写，是一种软件设计典范，用一种业务逻辑、数据、界面显示分离的方法组织代码，将业务逻辑聚集到一个部件里面，在改进和个性化定制界面及用户交互的同时，不需要重新编写业务逻辑。

2. 基于 Servlet 的 MVC 模式

基于 Servlet 的 MVC 模式适合开发复杂的 Web 应用，在这种模式下，Servlet 负责处理用户请求(Controller)，JSP 页面负责数据显示(View)，JavaBean 负责封装数据(Model)。基于 Servlet 的 MVC 模式的执行流程如图 6-1 所示。

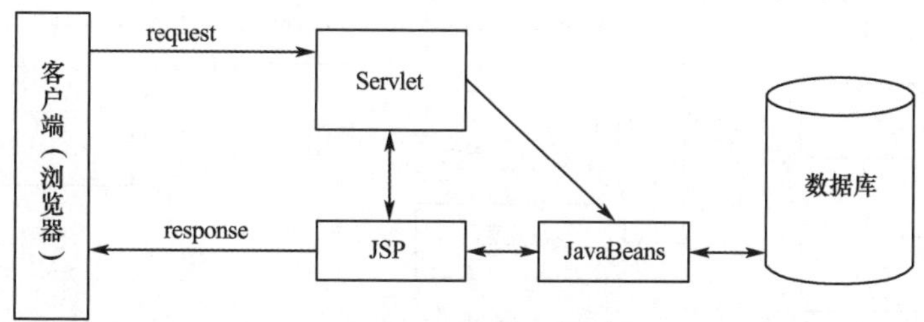

图 6-1　基于 Servlet 的 MVC 模式的执行流程

执行流程说明：

(1)客户端(浏览器)发送请求，请求提交到 Servlet；

(2)Servlet 根据请求调用配置信息，解析请求对应的 JavaBeans，及相应的业务处理。

(3)业务处理完成后返回结果由 Servlet 反馈给相应的 JSP 页面，显示在客户端的浏览器上。

基于 Servlet 的 MVC 模式具有耦合性低、重用性高、生命周期成本低、可维护性高、有利软件工程化管理等优点，但是缺点也很明显，例如：

(1)使用 MVC 需要精心的计划，对于 Servlet 的配置与管理比较复杂，同时由于模型和视图要严格分离，这样也给调试应用程序带来了一定的困难。

(2)视图与控制器表面上是相互分离的，但实际上却是联系紧密的部件，妨碍了它们的独立重用。

(3)对于简单的应用如果也严格遵循 MVC，使模型、视图与控制器分离，会增加结构的复杂性。

3. Spring MVC 工作原理简述

Spring MVC 框架是基于 Model2 技术实现的框架，它是高度可配置的，包含多种视图技术，例如：JSP、Velocity 等，它的核心是 DispatcherServlet，由 DispatcherServlet 负责截获用户请求，并分派给相应的处理器处理，其工作流程如图 6-2 所示。

执行流程说明：

(1)客户端(浏览器)发送请求，请求提交到 DispatcherServlet；

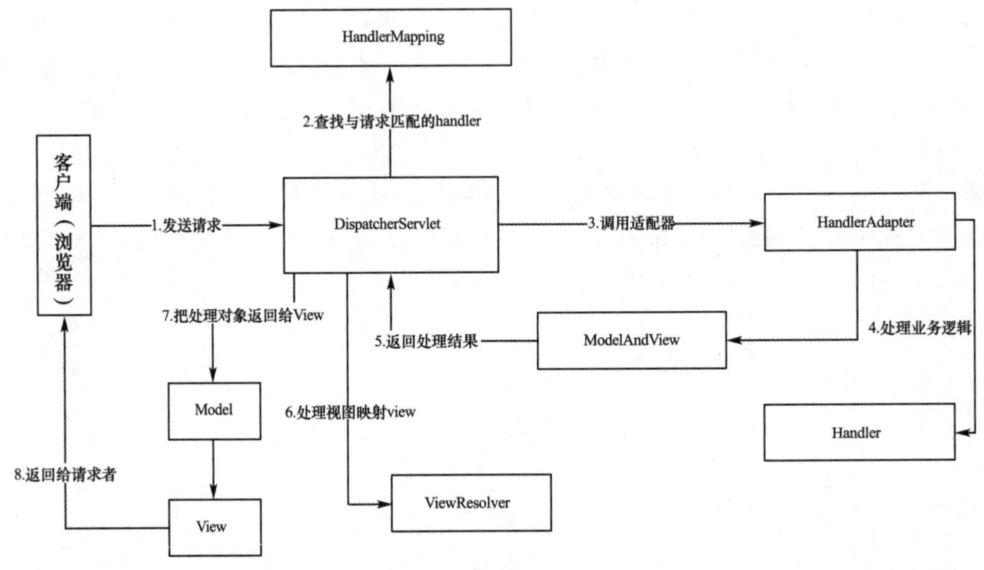

图 6-2　Spring MVC 的工作流程

(2)DispatcherServlet 根据请求信息调用 HandlerMapping，解析请求对应的 Handler。

(3)解析到对应的 Handler 后，开始由 HandlerAdapter 适配器处理。

(4)HandlerAdapter 会根据 Handler 调用真正的 Controller 处理器处理请求，并处理相应的业务逻辑。

(5)处理器处理完业务后，会返回一个 ModelAndView 对象，Model 是返回的数据对象，View 是逻辑上的 View。

(6)ViewResolver 会根据逻辑 View 查找实际的 View。

(7)DispaterServlet 把返回的 Model 传给 View。

(8)通过 View 返回给客户端(浏览器)。

先来认识 Spring MVC 的 4 个接口：DispatcherServlet、HandlerMapping、Controller (Handler)和 ViewResolver。

DispatcherServlet 是 Spring 提供的前端控制器，所有的请求都经过它来统一分发。在 DispatcherServlet 将请求分发给 Spring Controller 之前，需要借助于 Spring 提供的 HandlerMapping 定位到具体的 Controller。DispatcherServlet 的存在降低了组件之间的耦合性。

HandlerMapping 能够完成客户请求到 Controller 映射，Spring MVC 提供了不同的映射器实现不同的映射方式，例如：配置文件方式、实现接口方式、注解方式等。

Controller 需要为并发用户处理上述请求，因此实现 Controller 接口时，必须保证线程安全并且可重用。

ViewResolver 是 Spring 提供的视图解析器，在 Web 应用中查找 View 对象，将相应结果反馈给客户。

工作流程简单地描述就是：客户端请求提交到 DispatcherServlet，由 DispatcherServlet

控制器查询一个或多个 HandlerMapping，找到处理请求的 Controller，Controller 调用业务逻辑处理后，返回 ModelAndView，DispatcherServlet 查询一个或多个 ViewResolver 视图解析器，找到 ModelAndView 指定的视图，视图负责将结果显示到客户端。

再来看看怎么实现。首先 DispatcherServlet 由 Spring MVC 框架提供(不需要开发人员开发)，处理器映射器 HandlerMapping 由 Spring MVC 框架提供(不需要开发人员开发)，处理器 Handler 需要开发人员开发，视图解析器 View resolver 由 Spring MVC 框架提供(不需要开发人员开发)，视图 View 需要开发人员开发。

综上所述，需要开发人员做的工作只有处理器 Controller 和页面 View，其他工作都由框架来自动完成，因此相对于前面的 MVC 而言，开发量要少得多。

6.2 Spring MVC 框架的相关配置

6.2.1 DispatcherServlet 的配置

DispatcherServlet 是整个 Spring MVC 的核心，它负责接收 HTTP 请求，组织协调 Spring MVC 的各个组成部分。其主要工作有以下三项：截获符合特定格式的 URL 请求；初始化 DispatcherServlet 上下文对应的 WebApplicationContext，并将其与业务层、持久化层的 WebApplicationContext 建立关联；初始化 Spring MVC 的各个组件，并装配到 DispatcherServlet 中。

DispatcherServlet 必须在 web. xml 文件中配置后才能起作用，在 web. xml 中一般用 servlet-name 设置拦截器名称，load-on-Startup 设置容器初始化时启动拦截器的时机，url-pattern 设置拦截的路径。例如：

```
<! --配置 Spring MVC 核心控制器-->
<servlet>
    <servlet-name>springMVC</servlet-name>
    <servlet-class>org. springframework. web. servlet. DispatcherServlet
    </servlet-class>
    <! --表示容器在启动时立即加载 servlet,启动加载一次-->
    <load-on-Startup>1</load-on-Startup>
</servlet>
<! --为 DispatcherServlet 建立映射-->
<servlet-mapping>
    <servlet-name>springMVC</servlet-name>
    <! --此处可以配置成 * . do-->
    <url-pattern> * . do</url-pattern>
</servlet-mapping>
```

上述配置文件中，配置一个名字为 SpringMVC 的 Servlet，启动就加载 DispatcherServlet，配置所有后缀为. do 的请求都会被 DispatcherServlet 拦截并处理。

在实际开发中经常需要根据项目需要对 DispatcherServlet 的规则进行调整，此时可以通过设置一些配置参数，最常用的配置就是利用<init-param>标签设置 contextConfigLocation 参数，将指定的 Spring MVC 的 XML 文件加载到 Spring 容器，在上面的基础上加上如下代码：

```
<! ——配置 SpringMVC 核心控制器——>
<servlet>
        <servlet-name>springMVC</servlet-name>
        <servlet-class>org. springframework. web. servlet. DispatcherServlet
        </servlet-class>
    <init-param>
            <param-name>contextConfigLocation</param-name>
            <param-value>classpath * :config/spring-mvc. xml</param-value>
    </init-param>……
</servlet>
```

将在应用程序的 src 目录下 config 目录下查找一个名字为 spring-mvc. xml 的配置文件，将它加载到 Spring 容器。这个文件是 Spring MVC 的 XML 配置文件，这个文件的位置、名称都可以任意设置，加载的时候带上路径就可以了。

6.2.2 Spring MVC 的 XML 配置文件

Spring MVC 的 XML 配置文件中首部基本配置如下：

```
<xml version="1.0" encoding="UTF-8"? >
<beans xmlns="http://www.springframework.org/schema/beans"
    xmlns:xsi="http://www.w3.org/2001/XMLSchema-instance"
    xmlns:context="http://www.springframework.org/schema/context"
    xmlns:mvc="http://www.springframework.org/schema/mvc"
    xsi:schemaLocation=" http://www.springframework.org/schema/beans
    http://www.springframework.org/schema/beans/spring-beans.xsd
    http://www.springframework.org/schema/context
    http://www.springframework.org/schema/context/spring-context-4.0.xsd
    http://www.springframework.org/schema/mvc
    http://www.springframework.org/schema/mvc/spring-mvc-4.0.xsd">
```

Spring MVC 的 XML 配置文件中常用的配置如下所示：

```
<! ——注解扫描包，使 SpringMVC 认为包下用了@controller 注解的类是控制器——>
    <context:component-Scan base-package="org.hnist.controller" />
<! ——配置根视图——>
    <mvc:view-controller path="/" view-name="index"/>
<! ——激活基于注解的配置 @RequestMapping，@ExceptionHandler，@NumberFormat，@DateTimeFormat，@Controller，@Valid，@RequestBody，@ResponseBody 等 ——>
    <mvc:annotation-driven />
<! ——静态资源配置——>
    <mvc:resources location="/assets/" mapping="/assets/ * * "></mvc:resources>
```

```
<!--视图层配置,定义跳转的文件的前后缀-->
    <bean id="viewResolver" class="org.springframework.web.servlet.view.InternalResource-
ViewResolver">
<!--这里的配置是自动为 return 的字符串加上前后缀,变成一个可用的 url 地址-->
        <property name="prefix" value="/" />
        <property name="suffix" value=".jsp" />
    </bean>
<!--托管 MyExceptionHandler-->
    <bean class="exception.MyExceptionHandler"/>
<!--注册格式化转换器-->
    <bean id="conversionService" class="org.springframework.format.support.FormattingConve-
rsionServiceFactoryBean">
      <property name="formatters">
        <set><!--注册自定义格式化转换器--></set>
      </property>
    </bean>
<!--配置文件上传参数,如果没有使用文件上传,可以不用配置,注意要导入相应的 jar 包-
->
    <bean id="multipartResolver" class="org.springframework.web.multipart.commons.Com-
monsMultipartResolver">
        <!--默认编码-->
        <property name="defaultEncoding" value="utf-8" />
        <!--文件大小最大值-->
        <property name="maxUploadSize" value="5400000" />
          <!--内存中的最大值-->
          <property name="maxInMemorySize" value="40960" />
          <!--启用是为了推迟文件解析,以便捕获文件大小异常-->
          <property name="resolveLazily" value="true"/>
    </bean>
```

6.2.3　Spring MVC 的 Controller 文件

在 Spring MVC 中,控制器 Controller 负责处理由 DispatcherServlet 分发的请求,它把用户请求的数据经过业务处理层处理之后封装成一个 Model,然后再把该 Model 返回给对应的 View 进行展示。传统的 Spring MVC 中的 Controller 文件是一个接口类,不仅需要在 Spring MVC 配置文件中部署映射,而且要创建若干个处理方法,对开发人员而言工作量比较大。Spring 2.5 版本为 Spring MVC 引入了注解驱动功能,无须让 Controller 继承任何接口,无须在 XML 配置文件中定义请求和 Controller 的映射关系,仅仅使用注解就可以实现需要的功能,因此在实际开发时一般都使用基于注解的控制器。

在 Spring MVC 中,最常见的两个注解类型是@Controller 和@RequestMapping,使用基于注解的控制器,具有如下两个优点:

(1)在基于注解的控制器类中,可以编写多个处理方法,响应多个请求。允许将相关的操作编写在同一个控制器类中,从而减少控制器类的数量,方便以后的维护。

(2)基于注解的控制器不需要在配置文件中部署映射,仅需要使用 RequestMapping 注释类型注解一个方法进行请求处理。

1. @Controller 注解

在 Spring MVC 中,使用 org. springframework. stereotype. Controller 注解类型声明,某类的实例是一个控制器,例如:

```
package org. hnist. controller;
import org. springframework. beans. factory. annotation. Autowired;
import org. springframework. stereotype. Controller;
……
//classes 的 Controller 方法,@Controller 相当于@Controller("classesController ")
@Controller
public class ClassesController {
    @Autowired
    private ClassesService classesService;
    //处理请求的方法……}
```

在 Spring MVC 中,使用扫描机制找到应用中所有基于注解的控制器类。所以,为了让控制器类被 Spring MVC 框架扫描到,需要在 spring-mvc. xml 配置文件中声明 spring-context,并在配置文件中使用<context:component-Scan/>元素指定控制器类的包(注意要确保所有控制器类都在基本包及其子包下)。例如:

```
<! ——在 spring-mvc. xml 配置文件的首部中声明 spring-context——>
    <xml version="1. 0" encoding="UTF-8"? >
    <beans xmlns="http://www. springframework. org/schema/beans"
        xmlns:context="http://www. springframework. org/schema/context"
        ……
    xsi:schemaLocation=" http://www. springframework. org/schema/beans
        ……
        http://www. springframework. org/schema/context/spring-context—4. 0. xsd
        …… >
<! ——使用扫描机制,扫描控制器类,控制器类都在 org. hnist. controller 包及其子包下——>
<context:component-Scan base-package="org. hnist. controller"/>
```

2. @RequestMapping 注解

在基于注解的控制器类中,@Controller 只是定义了一个控制器类,@RequestMapping 注解的方法才是真正处理请求的处理器,它可以为每个请求编写对应的处理方法。用户提交的请求怎么与处理方法一一对应呢? Spring MVC 中使用@RequestMapping 注解将用户请求与处理方法一一对应,就可以处理对应的 URL 请求了。@RequestMapping 注解有两种级别的注解:方法级别的注解和类级别的注解。它们都是用来处理请求地址映射的注解,可用于类或方法上。用于类上,表示类中的所有响应请求的方法都是以该地址作为父路径。

(1)方法级别注解

```
@Controller
public class ClassesController {
@Autowired
/@RequestMapping(value="/jclass/classlist")
public String classlist(){
    /* *需要根据 Spring MVC 配置文件中定义的前缀和后缀找到对应的视图文件/jclass/class-
list.jsp 文件 */
        return "/jclass/classlist "; }
@RequestMapping(value="/jclass/classadd ")
public String classadd(){
    return "/jclass/classadd";  } }
```

(2)类级别注解

```
@Controller
@RequestMapping("/jclass ")
public class ClassesController {
@Autowired
@RequestMapping("/classlist")
public String classlist(){
    /* *需要根据 Spring MVC 配置文件中定义的前缀和后缀找到对应的视图文件/jclass/class-
list.jsp 文件   */
    return "/classlist "; }
@RequestMapping("classadd ")
public String classadd(){
    return "/classadd";  } }
```

从上面的例子可以看出使用类级别注解的形式更加简洁,因此在实际应用一般采用这种形式。

在实际开发中,Controller 层一般仅仅负责接收用户请求和将处理结果传给用户,至于如何处理接收的信息将交给业务层 Service,例如:

```
//classes 的 Controller 方法
@Controller
public class ClassesController {
@Autowired
private ClassesService classesService;
……
@RequestMapping("/classadd")
public String addClass(Classes classes,Model model,HttpSession session){
    return classesService.addClass(classes,model,session);  }……
```

上面的代码表示接收用户请求"classadd.do"后,将调用 classesService 中的 addClass()方法,classesService 中的相应的方法会有一个处理结果传给 Controller 层,然后再传给用户。例如:

```
……
@Service("ClassesService")
```

```
@Transactional
public class ClassesServiceImpl implements ClassesService{
    @Resource
    public ClassesMapper classesMapper;
//添加记录
@Override
public String addClass(Classes classes,Model model,HttpSession session){
    //调用 DAO 层的 addClass()方法
    classesMapper.addClass(classes);
    //直接返回到/jclass/success.jsp 页面
    //return "/jclass/success";
    //返回到 Controller 层 classlist 注释
      return "forward:/classlist.do";      }……
```

上面的代码会调用 DAO 层的"addClass()"方法，由前面 MyBatis 的学习，一般在 DAO 层是一个接口和 XML 配置文件，执行的是 SQL 语句。

6.3 与 SSM 框架整合应用实例

【实例 6-1】 将 SSM 框架整合，在第 3 章实例的基础上完成班级的添加操作。

(1)复制 MyLoginDemo 项目到当前空间，名字更改为 SpringMVCDemo6_1，导入相应的 JAR 包。

Spring MVC 程序所需要的 JAR 包，包括 Spring 的 4 个核心 JAR 包、commons-logging 的 JAR 包以及两个 Web 相关的 JAR 包(spring-web-5.1.2.RELEASE.jar 和 spring-webmvc-5.1.2.RELEASE.jar)。另外，在 Spring MVC 应用中使用注解时，还应该添加 spring-aop-5.1.2.RELEASE.jar 包。MyBatis 的核心包 mybatis-3.5.1.jar 以及依赖包 mybatis-Spring-1.3.1.jar，MySQL 数据库驱动包为 mysql-connector-java-5.1.45-bin.jar，整合时使用的是 DBCP 数据源(也可以是其他形式，例如：c3p0 等)，需要将 DBCP 的 JAR 包(commons-dbcp2-2.2.0.jar)和连接池 JAR 包(commons-pool2-2.5.0.jar)全部复制到/WEB-INF/lib 目录中。

(2)创建实现功能需要的页面，在 WebRoot 下创建 jclass 文件夹，创建 4 个页面文件，如图 6-3 所示。各页面的显示情况分别如图 6-4、图 6-5 所示，classedit.jsp 的显示情况与 classadd.jsp 类似，success.jsp 仅仅显示"操作成功"。

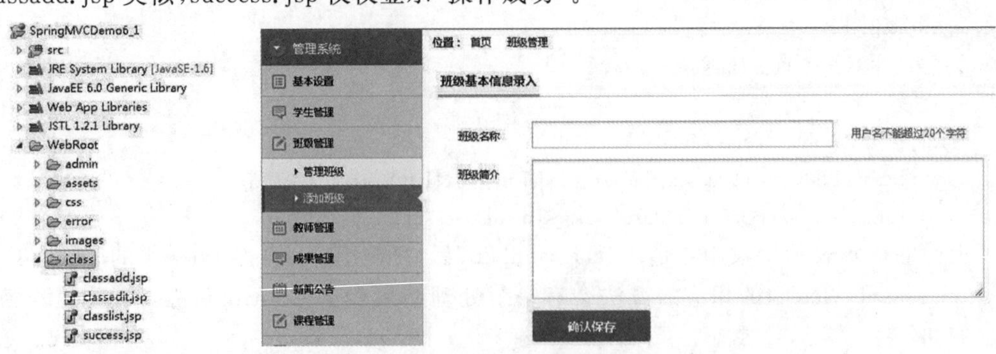

图 6-3 创建的页面文件　　　　图 6-4 添加班级页面 classadd.jsp

(3)数据库 teacher，其中有数据表 classes，结构如图 6-6 所示。

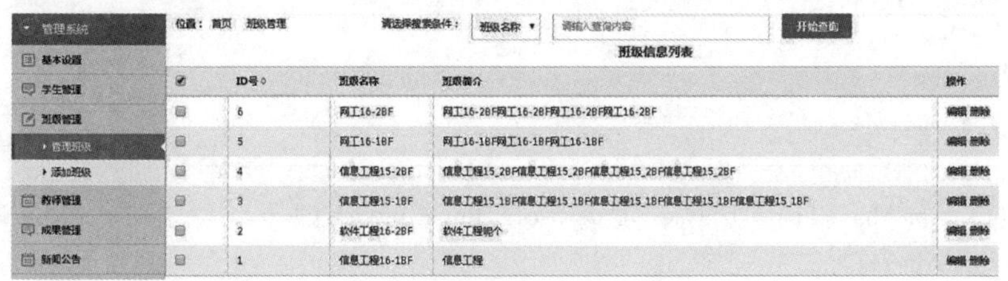

图 6-5　显示所有班级页面 classlist. jsp

名	类型	长度	小数点	允许空值(	
cid	int	11	0	☐	🔑1
cname	varchar	20	0	☐	
cdescript	varchar	500	0	☑	

图 6-6　classes 数据表结构

(4)按照第 3 章的步骤创建实体类 Classes，例如：在 org. hnist. model 包中创建 Classes. java 实体类，定义对象的属性及方法，具体代码如下：

```
public class Classes {
    private  Integer cid;                   //ID 号
    private  String cname;                  //班级名
    private  String cdescript;              //简介
    ……                                      //此处省略了相应的 get 和 set 方法以及构造方法
```

(5)创建 SQL 映射文件和 MyBatis 核心配置文件，在 src 目录下，创建一个名为 org. hnist. dao 的包，在该包中创建 MyBatis 的 SQL 映射文件 ClassesMapper. xml，在 src/config 下创建 MyBatis 的核心配置文件 mybatis-config. xml，这个文件可以在 web. xml 文件中加载，也可以在 Spring 配置文件中加载。

ClassesMapper. xml 文件代码如下：

```
……
<!--org. hnist. dao. ClassesMapper 对应的接口-->
<mapper namespace="org. hnist. dao. ClassesMapper">
<!--查询所有班级-->
<select id="listallC" resultType="Classes" >
    select * from classes order by cid
</select>
<!--根据班级名称查询班级-->
<select id="listByCName" resultType="Classes" parameterType="String">
    select * from classes where cname like concat('%',#{cname},'%')
</select>
<!--添加班级-->
<insert id="addClass" parameterType="Classes">
    Insert into classes (cid,cname,cdescript)values (null,#{cname},#{cdescript})
</insert>
……
</mapper>
```

MyBatis 核心配置文件 mybatis-config. xml 代码如下：

```
……
<configuration>
    <typeAliases>
        <typeAlias alias="Teacher" type="org.hnist.model.Teacher"/>
        <typeAlias alias="Classes" type="org.hnist.model.Classes"/>
    </typeAliases>
    <mappers>
        <mapper resource="org/hnist/dao/TeacherMapper.xml" />
        <mapper resource="org/hnist/dao/ClassesMapper.xml" />
    </mappers>
</configuration>
```

(6)在 src 目录下的 org. hnist. dao 包中创建 ClassesMapper 接口文件 ClassesMapper. java，并将接口使用@Mapper 注解，Spring 将指定包中所有被@Mapper 注解标注的接口自动装配为 MyBatis 的映射接口，注意接口中的方法名称与 SQL 映射文件中的 id 对应。

```
……
@Repository("classesMapper")
@Mapper
public interface ClassesMapper {
    //显示所有的记录
    public List<Classes> listallC();
    //分页显示所有的记录
    public List<Classes> listallCByPage(Map<String,Object> map);
    //增加班级记录
    public int addClass(Classes classes);
……}
```

(7)在 org. hnist. service 包中创建 ClassesService 类，在该类中调用数据访问接口中的方法。

```
……
public interface ClassesService {
    public String listallC(HttpSession session);
    public String toaddClass();//跳转到 classadd.jsp 页面
    public String addClass(Classes classes,Model model,HttpSession session);
……}
```

(8)在 org. hnist. service 包中创建 ClassesService 类的实现类 ClassesServiceImpl. java。

```
……
@Service("ClassesService")
@Transactional
public class ClassesServiceImpl implements ClassesService{
@Resource
public ClassesMapper classesMapper;
//显示所有记录
@Override
public String listallC(HttpSession session){
```

```
if(classesMapper. listallC()! =null && classesMapper. listallC(). size()> 0){
        //调用 classesMapper. listallC()方法查找所有记录
        List<Classes> listall=classesMapper. listallC();
        session. setAttribute("allclasss",listall);
        return "/jclass/classlist";  }
    return "/jclass/classlist";  }
//跳转到添加页面
@Override
public String toaddClass(){
    return "/jclass/classadd";}
//添加记录
@Override
public String addClass(Classes classes,Model model,HttpSession session){
    System. out. println("输入的班级信息是:"+classes);
    classesMapper. addClass(classes);
    //跳转到操作成功页面
    return "/jclass/success";}
    //跳转到班级显示页面(使用的时候要将上面的 return 前面注释,下面的注释删除)
    //return "forward:/classlist. do";     }  ……
```

代码分析:ClassesServiceImpl. java 是 ClassesService 类的实现类,其中 listallC()方法是实现查找所有记录,从代码中可以看出会调用 classesMapper. listallC()方法,classesMapper. listallC()方法是一个映射接口中的方法,这个映射的接口方法会执行配置文件 ClassesMapper. xml 中 id 为 listallC 的 SQL 语句:select * from classes order by cid;,然后将结果反馈给 listall,因为这些数据要显示在指定页面上,这里通过 Session 对象来保存这些数据,因此 listallC(HttpSession session)中有 session 参数。语句 return "/jclass/classlist";是指将跳转到/jclass/classlist. jsp 页面(加上了定义的前后缀)。addClass()方法,类似地会执行配置文件 ClassesMapper. xml 中 id 为 addClass 的 SQL 语句:insert into classes (cid,cname,cdescript) values (null,#{cname},#{cdescript}),然后返回到/jclass/success. jsp 页面,如果要直接跳到/jclass/classlist. jsp 页面并将新添加的数据显示出来,可以使用语句 return "forward:/classlist. do";,toaddClass()方法就是直接跳转到/jclass/classadd. jsp 页面。

(9)将 MyBatis 与 Spring 整合,MyBatis 的 SessionFactory 交由 Spring 来构建。构建时需要在 Spring 的配置文件中进行配置,例如把所有的配置文件放在 src 的 config 目录下,在 src 的 config 目录下创建 Spring 配置文件 applicationContext. xml。在配置文件中配置数据源、MyBatis 工厂以及 Mapper 代理开发等信息,具体代码如下:

```
……
<! --1. 配置数据源-->
<bean id="dataSource" class="org. apache. commons. dbcp2. BasicDataSource">
<property name="driverClassName" value="com. mysql. jdbc. Driver" />
    <property name="url" value="jdbc: mysql://localhost: 3306/teach? characterEncoding =
utf8&amp;useSSL=false " />
    <property name="username" value="root" />
```

```
<property name="password" value="123456" />
</bean>
<!--2.配置 MyBatis 工厂,同时指定数据源 dataSource,加载指定 MyBatis 核心配置文件-->
<bean id="sqlSessionFactory" class="org.mybatis.spring.SqlSessionFactoryBean">
        <property name="dataSource" ref="dataSource"></property>
        <property name="configLocation" value="classpath:config/mybatis-config.xml" />
</bean>
<!--3.MyBatis 自动扫描加载 SQL 映射文件/接口,basePackage:指定 SQL 映射文件/接口所在
的包(自动扫描)-->
<!--Mapper 代理开发,使用 Spring 自动扫描 MyBatis 的接口并装配-->
<bean class="org.mybatis.spring.mapper.MapperScannerConfigurer">
<!--mybatis-Spring 组件的扫描器-->
<property name="basePackage" value="org.hnist.dao"></property>
<property name="sqlSessionFactory" ref="sqlSessionFactory"></property>
</bean>
<!--指定需要扫描的包(包括子包),使注解生效。dao 包在 mybatis-Spring 组件中已经扫描,这
里不再需要扫描-->
    <context:annotation-config/>
    <context:component-Scan base-package="org.hnist.service"/>
<!--4.添加事务管理,dataSource:引用上面定义的数据源   -->
    <bean class="org.springframework.jdbc.datasource.DataSourceTransaction Manager" id="tx-
Manager"  >
        <property name="dataSource" ref="dataSource"></property>
    </bean>
<!--5.开启事务注解,使用声明式事务引用上面定义的事务管理器-->
    <tx:annotation-driven transaction-manager="txManager" />
```

(10)在 web.xml 配置 Spring 容器,在启动 web 工程时,自动创建实例化 Spring 容器。同时,在 web.xml 中指定 Spring 的配置文件,在启动 web 工程时,自动关联到 Spring 容器,并对 Bean 实施管理。

web.xml 文件内容如下:

```
……
<!--加载欢迎页面-->
<welcome-file-list>
    <welcome-file>index.jsp</welcome-file>
</welcome-file-list>
<!--设置 Spring 容器加载 src 目录下的 applicationContext.xml 文件-->
<context-param>
    <param-name>contextConfigLocation</param-name>
      <param-value>classpath*:config/applicationContext.xml</param-value>
</context-param>
<!--加载 Spring 容器配置,指定以 ContextLoaderListener 方式启动 Spring 容器-->
<listener>
<listener-class>org.springframework.web.context.ContextLoaderListener
```

```
</listener-class>
</listener>
<!--配置 SpringMVC 核心控制器-->
<servlet>
    <servlet-name>springMVC</servlet-name>
<servlet-class>org.springframework.web.servlet.DispatcherServlet
</servlet-class>
    <init-param>
            <param-name>contextConfigLocation</param-name>
          <param-value>classpath*:config/spring-mvc.xml</param-value>
    </init-param>
<!--表示容器在启动时立即加载 servlet,启动加载一次-->
      <load-on-Startup>1</load-on-Startup>
</servlet>
<!--为 DispatcherServlet 建立映射-->
<servlet-mapping>
      <servlet-name>springMVC</servlet-name>
      <!--配置拦截所有的.do-->
      <url-pattern>*.do</url-pattern>
</servlet-mapping>……
```

(11)修改 JSP 页面以适应程序，具体操作如下：

①打开 WebRoot/admin 目录下的 left.jsp 文件，找到与班级管理相关的代码，修改如下：

```
……
<dd>
    <div class="title">
    <span><img src="${pageContext.request.contextPath}/admin/images/leftico03.png"/>
</span>班级管理</div>
    <ul class="menuson">
        <li><cite></cite><a href="${pageContext.request.contextPath}/classlist.do" tar-
get="rightFrame">管理班级</a><i></i></li>
        <li><cite></cite><a href="${pageContext.request.contextPath}/toaddclass.do"
target="rightFrame">添加班级</a><i></i></li>
    </ul>
</dd> ……
```

代码分析：在“班级管理”和“添加班级”上增加了 2 个超级链接，分别链接到了 classlist.do 和 toaddclass.do，因为在 web.xml 文件中做了拦截设置，所有的.do 文件都会被拦截，也就是说会在 Controller 层中查找对应的 classlist 和 toaddclass 字符串，因此需要在 Controller 层定义这些字符串，${pageContext.request.contextPath}表示取出部署的应用程序名，这样不管如何部署，保证所用路径都是正确的，target 表示显示的结果在 rightFrame 中。

②打开 WebRoot/jclass 目录下的 classlist.jsp 文件，找到与班级显示相关的代码，修改

如下：

```
……
<tbody>
<c:forEach items="${allclasss}" var="classes">
    <tr>
        <td><input name="check" type="checkbox" value="" /></td>
        <td width="40">${classes.cid }</td>
        <td width="40">${classes.cname }</td>
        <td width="200">${classes.cdescript}</td>
        <td width="80">
            <a href="toeditclass.do? cid=${classes.cid}">编辑 </a>
            <ahref="javascript:checkDel(${classes.cid})">删除</a></td>
    </tr>
</c:forEach>
</tbody>
```

代码分析：ClassesServiceImpl 的 listallC()方法会将所有查询结果赋值给 listall 对象，为了将这个查询结果在页面上显示，用了 session. setAttribute("allclasss",listall)；语句，通过 session. setAttribute 方法将查询的结果赋值给 allclasss，代码中的<c:forEach items="${allclasss}" var="classes">将逐个显示 allclasss 的数据。

③打开 WebRoot/jclass 目录下的 classadd. jsp 文件，添加与班级相关的代码，修改如下：

```
<form:form modelAttribute="classes" id="form1" method="post" action="classadd.do">
    <div class="formbody">
    <div class="formtitle"><span>班级基本信息录入</span></div>
        <ul class="forminfo">
            <li><label>班级名称</label>
            <form:input path="cname" cssClass="dfinput"/><i>用户名不能超过 20 个字符
</i></li>
            <li><label>班级简介</label>
            <form:textarea path="cdescript" cssClass="textinput"/></li>
            <li><label> </label><input name="" type="submit" class="btn" value
="确认保存"/></li>
        </ul>
    </div>
</form:form>
```

代码分析：这里采用了表单标签库进行提交，单击“确认保存”会交给 classadd. do 进行处理。表单标签库会在后续的部分进行介绍，这里用普通的表单也是可以的。

(12)在 org. hnist. controller 包中创建 ClassesController 类，在该类中调用 classesService 中的方法。

```
……
@Controller
public class ClassesController {
```

```
    @Autowired
    private ClassesService classesService;
@RequestMapping("/classlist")
public String listallByPage(Model model,Integer pageCur,String act){
    return classesService.listallCByPage(model,pageCur,act);   }
@RequestMapping("/toaddclass")
public String toaddclass(Model model){
    model.addAttribute("classes",new Classes());
    return classesService.toaddClass();   }
@RequestMapping("/classadd")
public String addClass(Classes classes,Model model,HttpSession session){
    return classesService.addClass(classes,model,session);   }
……}
```

代码分析：在页面中使用到的.do 都应该定义，例如：toaddclass，classadd，classlist。这里采用的是@RequestMapping("…")注解来定义的。

(13)Spring-mvc.xml 文件配置，代码如下：

```
……
<!--注解扫描包,使 SpringMVC 认为包下用了@controller 注解的类是控制器-->
<context:component-Scan base-package="org.hnist.controller" />
<!--开启注解-->
<mvc:annotation-driven />
<!--定义跳转的文件的前后缀,视图模式配置-->
<bean class="org.springframework.web.servlet.view.InternalResourceViewResolver" id="viewResolver" >
<!--这里的配置是自动为 return 的字符串加上前缀和后缀,变成一个可用的 url 地址-->
    <property name="prefix" value="/" />
    <property name="suffix" value=".jsp" />
</bean>……
```

(14)项目文件结构如图 6-7 所示，运行这个项目，正常登录进入后台，单击左面板的“班级管理”选项，选择其中的“添加班级”，如图 6-8 所示，确认保存后跳转到 classlist.jsp 页面，如图 6-9 所示。

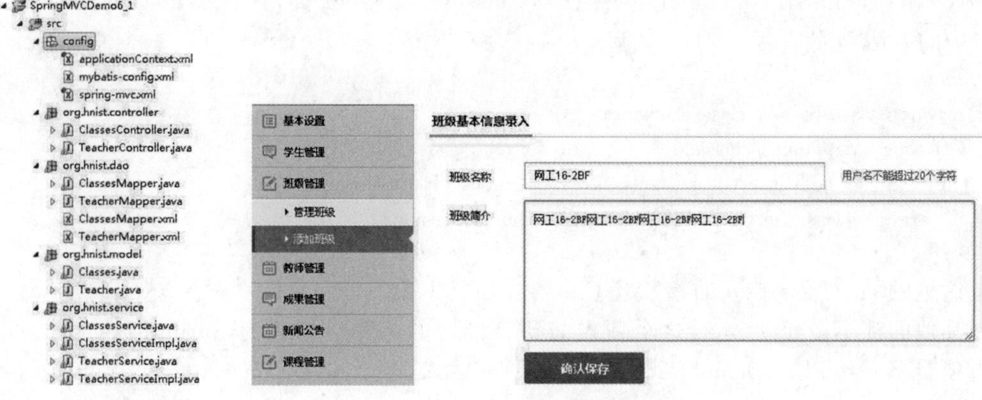

图 6-7　项目文件结构图　　　　图 6-8　添加班级页面

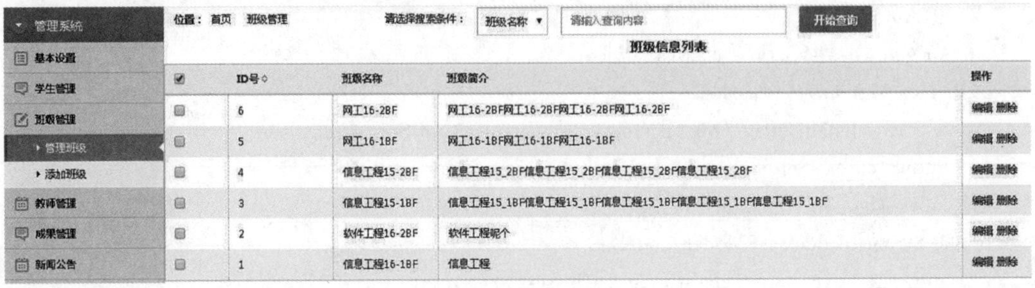

图 6-9　显示所有班级页面

可以发现，指定的数据已经添加到数据库对应表中，并且可以显示在网页上，后面的编辑和删除以及查找功能的实现，读者可以在 SpringMVCDemo6_1 基础上完成。

6.4 Controller 接收请求参数处理

用户发送过来的请求携带的参数多种多样，SpringMVC 提供了诸多注解来解析参数。目的就是把控制器从复杂的 Servlet API 中剥离开来，解耦合，这样就可以在非 Web 容器环境中重用控制器，也方便测试。Controller 接收请求参数的方式有如下几种情况。

1. 通过实体 Bean 接收请求参数

通过一个实体 Bean 来接收请求参数，适用于 get 和 post 提交请求方式。需要注意的是，Bean 的属性名称必须与请求参数名称相同。

【实例 6-2】　通过实体 Bean 接收请求参数。

(1)复制 SpringMVCDemo6_1 项目到当前空间，名字更改为 SpringMVCDemo6_2。

(2)创建实现功能需要的页面，在 WebRoot 下创建 jclass 文件夹，创建 4 个页面文件。classadd. jsp 代码如下：

```
<form action="classadd.do" method="post">
    班级名称 :<input type="text" name="cname"> <br/><br/>
    班级描述:<input type="text" name="cdescript"> <br/><br/>
          <input type="submit" value="确定"/>
</form>
```

注意这里的 Bean 的属性名称为 cname，cdescript 必须与请求参数名称相同，否则会出错。

(3)在 org. hnist. controller 包中创建 ClassesController 类，在该类中调用 classesService 中的方法。

```
……
private ClassesService classesService;
@RequestMapping("/classadd")
public String addClass(Classes classes,Model model,HttpSession session){
    return classesService.addClass(classes,model,session);   }
……}
```

这里的 addClass 传入的参数是 Classes 实体对象。

其他的都不做变动，运行这个项目前要将部署的名称也修改为 SpringMVCDemo6_2，右击项目 SpringMVCDemo6_2→Properties→输入 Web，选择 Web→修改 Web Context-root 栏目为 SpringMVCDemo6_2，如图 6-10 所示。

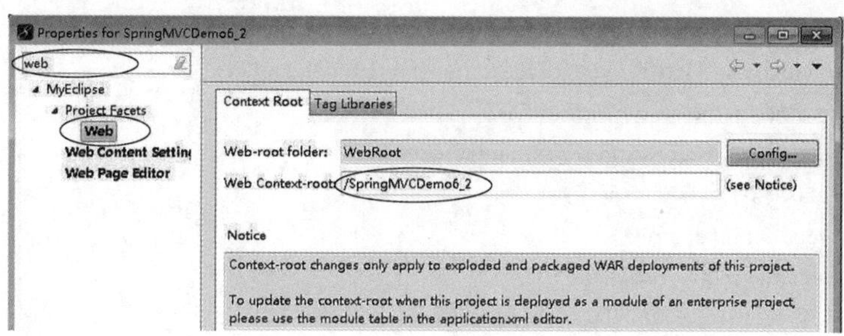

图 6-10　修改部署名称

运行这个项目，发现数据也能顺利添加到对应的数据表。

2. 通过处理方法的形参接收请求参数

通过处理方法的形参接收请求参数，也就是直接把表单参数写在控制器类相应方法的形参中，即形参名称与请求参数名称完全相同。该接收参数方式适用于 get 和 post 提交请求方式。

【实例 6-3】　通过处理方法的形参接收请求参数。

(1)复制 SpringMVCDemo6_2 项目到当前空间，名字更改为 SpringMVCDemo6_3。

(2)创建实现功能需要的页面，在 WebRoot 下创建 jclass 文件夹，创建 4 个页面文件。classadd.jsp 代码如下：

```
<form action="classadd.do" method="post">
    班级名称:<input type="text" name="cname"> <br/><br/>
    班级描述:<input type="text" name="cdescript"> <br/><br/>
            <input type="submit" value="确定"/>
</form>
```

(3)在 org.hnist.controller 包中创建 ClassesController 类，在该类中调用 classesService 中的方法。

```
……
@RequestMapping("/classadd")
public String addClass(String cname,String cdescript,Model model,HttpSession session){
//将接收的数据赋值给对象
    Classes classes=new Classes();
    classes.setCname(cname);
    classes.setCdescript(cdescript);
    return classesService.addClass(classes,model,session);  ……
```

这里 ClassesController 的 addClass 传入的参数是表单参数 cname 和 cdescript，ClassesController 将接收的数据传给对象，其他代码不做变动，运行这个项目，发现数据也能顺利添加到对应的数据表。

3. 通过 HttpServletRequest 接收请求参数

通过 HttpServletRequest 接收请求参数，适用于 get 和 post 提交请求方式。

(1)复制 SpringMVCDemo6_2 项目到当前空间，名字更改为 SpringMVCDemo6_4。

(2)在 org.hnist.controller 包中创建 ClassesController 类，在该类中调用 classesService 中的方法。

```
import javax.servlet.http.HttpServletRequest;//导入 HttpServletRequest 类
……
```

```
@RequestMapping("/classadd")
public String addClass(HttpServletRequest request,Model model){
    String cname=request.getParameter("cname");
    String cdescript=request.getParameter("cdescript");
    Classes classes=new Classes();
    classes.setCname(cname);
    classes.setCdescript(cdescript);
    return classesService.addClass(classes,model);……}
```

这里 ClassesController 的 addClass 传入的参数是 HttpServletRequest，接收的时候要通过 request. getParameter ()接收，ClassesController 将接收的数据传给对象，其他代码的不做变动，运行这个项目，发现数据也能顺利添加到对应的数据表。

4. 通过@PathVariable 接收 URL 中的请求参数

通过 @PathVariable 可以将 URL 中占位符参数绑定到控制器处理方法的参数中：URL 中的 {xxx} 占位符可以通过@PathVariable("xxx")绑定到操作方法的参数中，必须有 method 属性，通过@PathVariable 获取 URL 中的参数。

(1)复制 SpringMVCDemo6_2 项目到当前空间，名字更改为 SpringMVCDemo6_5。

(2)修改 classadd. jsp 代码如下：

```
<body>
    <a href="http://localhost:8080/SpringMVCDemo6_5/classadd/软工 18_1BF/class…">班级添加</a>
</body>
```

(3)在 org. hnist. controller 包中创建 ClassesController 类，在该类中调用 classesService 中的方法。

```
……
@RequestMapping(value="/classadd/{cname}/{cdescript}",method=RequestMethod.GET)
public String classadd(@PathVariable String cname,@PathVariable String cdescript,Model model){
    Classes classes=new Classes();
    classes.setCname(cname);
    classes.setCdescript(cdescript);
    System.out.println("输入的信息是:"+classes);
    return classesService.addClass(classes,model);……}
```

(4)注意要将 web. xml 文件的 *. do 拦截修改为所有，修改部分如下：

```
……
<servlet-mapping>
        <servlet-name>springMVC</servlet-name>
        <!--此处可以可以配置成*.do-->
        <url-pattern>/</url-pattern>
    </servlet-mapping>……
```

这里的参数是通过 URL 来传递的，接收的时候要通过@PathVariable 注解到同名参数上，ClassesController 将接收的数据传给对象，其他代码不做变动，运行这个项目，单击 classadd. jsp 中的链接“班级添加”，或者在地址栏输入 http://localhost:8080/SpringMVCDemo6_5/classadd/rjgc16/软工 16，发现数据也能顺利添加到对应的数据表。

5. 通过@RequestParam 接收请求参数

通过@RequestParam 接收请求参数，适用于 get 和 post 提交请求方式。

(1)复制 SpringMVCDemo6_2 项目到当前空间,名字更改为 SpringMVCDemo6_6。

(2)在 org. hnist. controller 包中创建 ClassesController 类,在该类中调用 classesService 中的方法。

```
……
@RequestMapping("/classadd")
public String addClass(@RequestParam String cname,@RequestParam String cdescript,Model model,HttpSession session){
        Classes classes=new Classes();
        classes.setCname(cname);
        classes.setCdescript(cdescript);
        return classesService.addClass(classes,model,session);   }   ……
```

通过@RequestParam 接收请求参数与"通过处理方法的形参接收请求参数"的区别是:当请求参数与接收参数名不一致时,"通过处理方法的形参接收请求参数"不会报 404 错误,而"通过@RequestParam 接收请求参数"会报 404 错误。

其他代码不做变动,运行这个项目,发现数据也能顺利添加到对应的数据表。

6. 通过@ModelAttribute 接收请求参数

@ModelAttribute 注解放在处理方法的形参上时,用于将多个请求参数封装到一个实体对象,从而简化数据绑定流程,而且自动暴露为模型数据用于视图页面展示时使用。而"通过实体 Bean 接收请求参数"只是将多个请求参数封装到一个实体对象,并不能暴露为模型数据(需要使用 model. addAttribute 语句才能暴露为模型数据,数据绑定与模型数据展示)。

通过@ModelAttribute 注解接收请求参数,适用于 get 和 post 提交请求方式。

(1)复制 SpringMVCDemo6_2 项目到当前空间,名字更改为 SpringMVCDemo6_7。

(2)在 org. hnist. controller 包中创建 ClassesController 类,在该类中调用 classesService 中的方法。

```
import org.springframework.web.bind.annotation.ModelAttribute;
……
@RequestMapping("/classadd")
public String addClass(@ModelAttribute("classes") Classes classes, Model model, HttpSession session){
        return classesService.addClass(classes,model,session);   }   ……
```

其他代码不做变动,运行这个项目,发现数据也能顺利添加到对应的数据表。

在实际开发中,读者可以根据自己的情况采用合适的形式。

6.5 Spring MVC 框架重定向和请求转发

在 Spring MVC 框架中,在 ClassesService 业务层使用 return 语句来实现转发到一个视图文件(例如:return "/jclass/classlist"),有的时候要转发的可能不是一个视图文件,或者要重定向,在 Spring MVC 框架可以利用 forward 实现请求转发,redirect 实现重定向。

重定向和转发有一个重要的不同:当使用转发时,JSP 容器将使用一个内部的方法来调用目标页面,新的页面继续处理同一个请求,而浏览器将不会知道这个过程。与之相反,重定向方式的含义是第一个页面通知浏览器发送一个新的页面请求。因为，当用户使用重定向时，浏览器中所显示的 URL 会变成新页面的 URL，而当使用转发时，该 URL 会保持不变。重定向的速度比转发慢，因为浏览器还得发出一个新的请求。

两者不同的适用场景：请求转发只需要请求一次服务器，可以提高访问速度。重定向可以跳转到任意服务器，可以用在系统间的跳转。例如：

```
//添加记录
public String addClass(Classes classes,Model model,HttpSession session){
    System.out.println("输入的班级信息是："+classes);
    classesMapper.addClass(classes);
    //转发到 classlist 方法
    return "forward:/classlist.do";   }
//获得指定 ID 记录，跳转到更新页面，否则重定向到记录显示页面
public String toeditClass(Integer cid,Classes classes,Model model){
    if(classesMapper.listByCId(cid)!=null){
        Classes class1=classesMapper.listByCId(cid);
        model.addAttribute("classes",class1);
        //转发到 jclass/classedit.jsp 页面
        return "/jclass/classedit";}
    else{
        //重定向到 classlist 方法
        return "redirect:/classlist.do";  }  }
```

转发和重定向的选择：重定向的速度比转发慢，如果在使用转发和重定向都可以的时候建议使用转发。因为转发只能访问当前 Web 的应用程序，所以不同 Web 应用程序之间的访问，特别是要访问到另外一个 Web 站点上的资源的情况，这个时候就只能使用重定向了。

本章小结

本章首先简要介绍了 Spring MVC 的工作原理，其次通过一个实例来介绍 SSM 框架集成的基本步骤，最后对 Controller 接收请求参数的方式、SpringMVC 重定向和请求转发进行了介绍。

习题

利用 SSM 框架实现学生的增、删、改、查操作，并进行测试。

第 7 章 SSM 框架中的类型转换与数据绑定

学习目标

- 了解类型转换的基本概念
- 掌握类型转换的实现
- 了解数据绑定的基本概念
- 掌握表单标签库的使用
- 实例：利用表单标签库进行数据绑定

7.1 类型转换

在 Spring MVC 中，用户向服务器提交数据的时候会有一些请求参数，这些参数提交后都是字符串类型，这些参数一般会与应用程序中的实体模型有关系。例如：添加数据的时候，从表单输入数据，这些数据会与某个实体对象的属性对应，但是实体对象的属性不一定都是字符串类型，这就意味着开发者需要自己进行类型转换，并将其封装成对象，如果这些类型转换操作全部手工完成将异常烦琐。

Spring MVC 框架可以自动将请求参数转换成对象类里各属性对应的数据类型，这就减少了开发者的工作量，提高了开发效率。

7.1.1 类型转换的实现

Spring MVC 框架提供了 Converter<S,T>和 Formatter<T>，是可以将一种数据类型转换成另一种数据类型的接口，这里 S 表示源类型，T 表示目标类型。Formatter<T>的源数据类型必须是 String 类型，而 Converter<S,T>的源数据类型是任意类型。

在 Web 应用中，由 HTTP 发送的请求数据到控制器中都是以 String 类型来接收的，因此,在 Web 应用程序中使用 Formatter<T>比使用 Converter<S,T>更加方便。

Spring MVC 提供了几个内置的格式化转换器,具体如下:

NumberFormatter:实现 Number 与 String 之间的解析与格式化。

CurrencyFormatter:实现带货币符号的 Number 与 String 之间的解析与格式化。

PercentFormatter:实现带百分数符号的 Number 与 String 之间的解析与格式化。

DateFormatter:实现 Date 与 String 之间的解析与格式化。

在 Controller 层实现类型转换,要定义一个自定义格式化转换器,实际上就是编写一个实现 org. springframework. format. Formatter 接口的 Java 类。该接口声明:public interface Formatter<T> ,这里的 T 表示由字符串转换的目标数据类型。该接口有 parse 和 print 两个接口方法,自定义格式化转换器类必须覆盖它们。例如:将字符串转换的目标日期类型。

```
public class MyFormatter implements Formatter<Date>{
    SimpleDateFormat dateFormat=new SimpleDateFormat("yyyy-mm-dd");
    public String print(Date object,Locale arg1){
        return dateFormat.format(object);  }
    public Date parse(String source,Locale arg1)throws ParseException {
        return dateFormat.parse(source); }}
```

这里 parse 方法的功能是利用指定的 Locale 将一个 String 类型转换成日期类型,print 方法与之相反,返回目标对象的字符串表示。

还应该在 Spring-mvc. xml 文件配置中注册格式化转换器,并开启类型转换,例如:

```
……
<!--注册格式化转换器 MyFormatter-->
<bean id="conversionService" class="org.springframework.format.support.FormattingConversion-
ServiceFactoryBean" >
    <property name="formatters">
        <set>
            <!--这里应该是转换器类 MyFormatter 的全路径-->
            <bean class="org.hnist.controller.MyFormatter"/>
        </set>
    </property>
    </bean>
    <!--开启类型转换-->
    <mvc:annotation-driven conversion-Service="conversionService"/>……
```

7.1.2 类型转换的应用实例

【实例 7-1】 在第 6 章实现了对班级记录的添加,班级的属性都是字符串类型,因此没有涉及类型的转换,现在对教师记录实现添加操作,教师的属性包括日期类型,具体结构如下图 7-1 所示。

(1)复制 SpringMVCDemo6_7 项目到当前空间,名字更改为 SSMDemo7_1。

(2)创建实现功能需要的页面,在 WebRoot 下创建 jteacher 文件夹,创建 4 个页面文

名	类型	长度	小数点	允许空值(	
tid	int	11	0	☐	1
tname	varchar	20	0	☐	
tpassword	varchar	10	0	☐	
tdate	date	0	0	☑	
tpic	varchar	30	0	☑	
tdescript	varchar	200	0	☑	
tno	varchar	16	0	☑	

图 7-1　teacher 数据表结构

件，如图 7-2 所示。各页面的显示情况分别如图 7-3、图 7-4 所示，teacheredit. jsp 的显示情况与 teacheradd. jsp 类似，success. jsp 就仅仅显示“操作成功”。

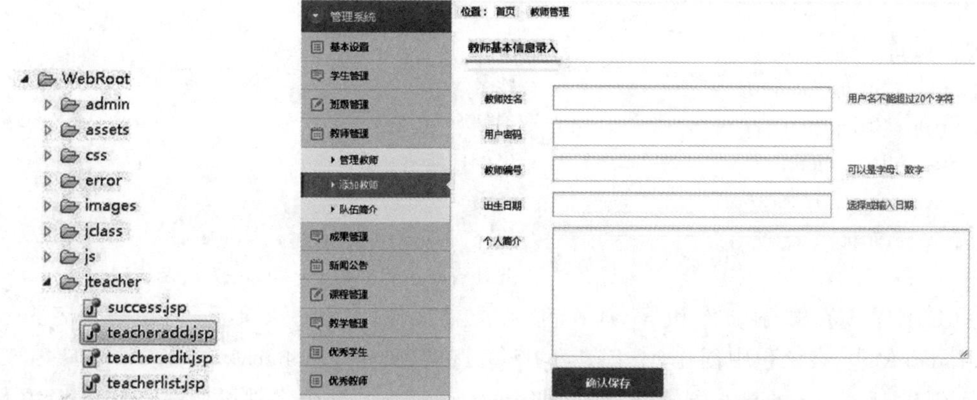

图 7-2　创建的页面文件　　　　图 7-3　添加教师页面 teacheradd. jsp

图 7-4　显示所有教师页面 teacherlist. jsp

teacheradd. jsp 主要代码如下：

```
……
<form action="teacheradd.do" method="post">
    <div class="formbody">
    <div class="formtitle"><span>教师基本信息录入</span></div>
        <ul class="forminfo">
            <li><label>教师姓名</label> <input type="text" name="tname" class="dfinput"/><i>用户名不能超过 20 个字符</i></li>
            <li><label>教师密码</label> <input type="password" name="tpassword"Class="dfinput"/></li>
            <li><label>教师编号</label> <input type="text" name="tno" class="dfinput"/><i>可以是字母、数字</i></li>
            <li><label>出生日期</label> <input type="text" name="tdate" cssClass="laydate-icon" id="demo1" class="dfinput" /><i>选择或输入日期</i></li>
```

```
            <li><label>个人简介</label> <textarea name="tdescript" class="textinput"></
textarea></li>
            <li><label> </label><input type="submit" class="btn" value="确认保
存"/></li>
         </ul>
      </div>
   </form>……
```

(3)按照第 3 章的步骤创建实体类 Teacher,例如:在 org. hnist. model 包中创建 Teacher. java 实体类,定义对象的属性及方法,具体代码如下:

```
……
public class Teacher {
private Integer tid;                         //ID 号
private String tname;                        //姓名
private String tno;                          //编号
private Date tdate;                          //出生日期
private String tpassword;                    //密码
private String tdescript;                    //简介
  ……                                         //此处省略了相应的 get 和 set 方法及构造方法
```

(4)创建 SQL 映射文件和 MyBatis 核心配置文件,在 src 目录下,创建一个名为 org. hnist. dao 的包,在该包中创建 MyBatis 的 SQL 映射文件 TeacherMapper. xml,在 src/config 下创建 MyBatis 的核心配置文件 mybatis-config. xml,这个文件可以在 web. xml 文件中加载,也可以在 Spring 配置文件中加载。

TeacherMapper. xml 文件代码如下:

```
……
<mapper namespace="org. hnist. dao. TeacherMapper">
    <! --判断是否存在指定教师-->
    <select id="login" parameterType="Teacher" resultType="Teacher">
        select * from teacher WHERE tname = #{tname} and tpassword = #{tpassword}
    </select>
    <! --查询所有教师-->
    <select id="listall" resultType="Teacher" >
      select * from teacher order by tid asc
    </select>
<! --添加教师-->
    <insert id="addTeacher" parameterType="Teacher">
      insert into teacher (tid, tname, tpassword, tno, tdate, tdescript) values (null, #{tname}, #
{tpassword}, #{tno}, #{tdate}, #{tdescript})
    </insert>……
```

MyBatis 核心配置文件 mybatis-config. xml 代码如下:

```
……
<configuration>
    <typeAliases>
```

```
        <typeAlias alias="Teacher" type="org.hnist.model.Teacher"/>
        <typeAlias alias="Classes" type="org.hnist.model.Classes"/>
    </typeAliases>
    <mappers>
        <mapper resource="org/hnist/dao/TeacherMapper.xml" />
        <mapper resource="org/hnist/dao/ClassesMapper.xml" />
    </mappers>
</configuration>
```

(5)在 src 目录下的 org. hnist. dao 包中创建 TeacherMapper 接口文件 TeacherMapper. java,并将接口使用@Mapper 注解,Spring 将指定包中所有被@Mapper 注解标注的接口自动装配为 MyBatis 的映射接口,注意接口中的方法名称与 SQL 映射文件中的 id 对应。

```
……
@Repository("teacherMapper")
@Mapper
public interface TeacherMapper {
    //登录验证,注意这里的方法名称 login 与 TeacherMapper.xml 定义的要一致
    public List<Teacher> login(Teacher teacher);
    //显示所有的记录
    public List<Teacher> listall();
    //增加教师记录
    public int addTeacher(Teacher teacher);  ……
```

(6)在 org. hnist. service 包中创建 TeacherService 类,在该类中调用数据访问接口中的方法。

```
……
public interface TeacherService {
    public String tologin();
    public String login(Teacher teacher,Model model,HttpSession session);
    public String listall(HttpSession session);
    public String toaddTeacher();
    public String addTeacher(Teacher teacher,Model model,HttpSession session);  ……}
```

(7)在 org. hnist. service 包中创建 TeacherService 类的实现类 TeacherServiceImpl. java。

```
……
//添加记录
@Override
public String addTeacher(Teacher teacher,Model model,HttpSession session){
    System.out.println("输入的教师信息:"+teacher);
    teacherMapper.addTeacher(teacher);
        return "forward:/teacherlist.do";   }  ……
```

代码分析:TeacherServiceImpl. java 是 TeacherService 类的实现类,其中 addTeacher ()方法会执行配置文件 TeacherMapper. xml 中 id 为 addTeacher 的 SQL 语句:insert into teacher ……,然后返回/jteacher/teacherlist. jsp 页面,并将新添加的数据显示出来。

(8)将 MyBatis 与 Spring 整合，MyBatis 的 SessionFactory 交由 Spring 来构建。构建时需要在 Spring 的配置文件中进行配置，例如把所有的配置文件放在 src 的 config 目录下，在 src 的 config 目录下创建 Spring 配置文件 applicationContext. xml。在配置文件中配置数据源、MyBatis 工厂以及 Mapper 代理开发等信息，具体代码如下：

```
……
<!--1.配置数据源-->
<bean id="dataSource" class="org.apache.commons.dbcp2.BasicDataSource">
<property name="driverClassName" value="com.mysql.jdbc.Driver" />
<property name="url" value="jdbc:mysql://localhost:3306/teach?characterEncoding=utf8&amp;useSSL=false" />
    <property name="username" value="root" />
    <property name="password" value="123456" />
</bean>
<!--2.配置 MyBatis 工厂，同时指定数据源 dataSource，加载指定 MyBatis 核心配置文件-->
<bean class="org.mybatis.spring.SqlSessionFactoryBean" id="sqlSessionFactory" >
        <property name="dataSource" ref="dataSource"></property>
        <property name="configLocation" value="classpath:config/mybatis-config.xml" />
</bean>
<!--3.MyBatis 自动扫描加载 SQL 映射文件/接口，basePackage：指定 SQL 映射文件/接口所在的包(自动扫描)-->
<!--Mapper 代理开发，使用 Spring 自动扫描 MyBatis 的接口并装配-->
<bean class="org.mybatis.spring.mapper.MapperScannerConfigurer">
<!--mybatis-Spring 组件的扫描器-->
<property name="basePackage" value="org.hnist.dao"></property>
<property name="sqlSessionFactory" ref="sqlSessionFactory"></property>
</bean>
<!--指定需要扫描的包(包括子包)，使注解生效。dao 包在 mybatis-Spring 组件中已经扫描，这里不再需要扫描-->
    <context:annotation-config/>
    <context:component-Scan base-package="org.hnist.service"/>
<!--4.添加事务管理，dataSource：引用上面定义的数据源   -->
    <bean class="org.springframework.jdbc.datasource.DataSourceTransaction Manager" id="txManager" >
        <property name="dataSource" ref="dataSource"></property>
    </bean>
<!--5.开启事务注解，使用声明式事务引用上面定义的事务管理器-->
    <tx:annotation-driven transaction-manager="txManager" />
```

(9)在 web. xml 中配置 Spring 容器，在启动 Web 工程时，自动创建实例化 Spring 容器。同时，在 web. xml 中指定 Spring 的配置文件，在启动 Web 工程时，自动关联到 Spring 容器，并对 Bean 实施管理。

web. xml 文件内容如下：

……

```
<!--加载欢迎页面-->
<welcome-file-list>
    <welcome-file>index.jsp</welcome-file>
</welcome-file-list>
<!--设置 Spring 容器加载 src 目录下的 applicationContext.xml 文件-->
<context-param>
    <param-name>contextConfigLocation</param-name>
    <param-value>classpath*:config/applicationContext.xml</param-value>
</context-param>
<!--加载 Spring 容器配置,指定以 ContextLoaderListener 方式启动 Spring 容器-->
<listener>
    <listener-class>org.springframework.web.context.ContextLoaderListener
    </listener-class>
</listener>
<!--配置 SpringMVC 核心控制器-->
<servlet>
    <servlet-name>springMVC</servlet-name>
<servlet-class>org.springframework.web.servlet.DispatcherServlet
</servlet-class>
    <init-param>
        <param-name>contextConfigLocation</param-name>
        <param-value>classpath*:config/spring-mvc.xml</param-value>
    </init-param>
<!--表示容器在启动时立即加载 servlet,启动加载一次-->
    <load-on-Startup>1</load-on-Startup>
</servlet>
<!--为 DispatcherServlet 建立映射-->
<servlet-mapping>
    <servlet-name>springMVC</servlet-name>
    <!--配置拦截所有的.do-->
    <url-pattern>*.do</url-pattern>
</servlet-mapping>……
```

(10)修改 JSP 页面以适应程序,具体操作如下:

打开 WebRoot/admin 目录下的 left.jsp 文件,找到与教师管理相关的代码,修改如下:

```
……
<dd>
    <div class="title">
    <span><img src="${pageContext.request.contextPath}/admin/images/leftico03.png"/>
</span>教师管理</div>
    <ul class="menuson">
        <li><cite></cite><a href="${pageContext.request.contextPath}/teacherlist.do"
target="rightFrame">管理教师</a><i></i></li>
        <li><cite></cite><a href="${pageContext.request.contextPath}/toaddteacher.do"
```

```
target="rightFrame">添加教师</a><i></i></li>
        </ul>
    </dd> ……
```

代码分析：在“教师管理”和“添加教师”上增加了 2 个超级链接，分别链接到了 teacherlist. do 和 toaddteacher. do，因为在 web. xml 文件中做了拦截设置，所有的. do 文件都会被拦截，也就是说会在 Controller 层中查找对应的 teacherlist 和 toaddteacher 字符串，因此需要在 Controller 层定义这些字符串，${pageContext. request. contextPath}表示取出部署的应用程序名，这样不管如何部署，保证所用路径都是正确的，target 表示显示的结果在 rightFrame 中。

(11)在 org. hnist. controller 包中创建 teacherController 类，在该类中调用 teacherService 中的方法。

```
……
@RequestMapping("/toaddteacher")
public String toaddteacher(Model model){
    model. addAttribute("teacher",new Teacher());
    return teacherService. toaddTeacher();  }
@RequestMapping("/teacheradd")
public String addTeacher(Teacher teacher,Model model,HttpSession session){  return teacherService. addTeacher(teacher,model,session); }  ……}
```

代码分析：在页面中使用到的. do 这里都应该定义，例如：toaddteacher，teacheradd，teacherlist。这里采用的是@RequestMapping("…")注解来定义的。

(12)在 org. hnist. controller 包中创建 MyFormatter 类，在该类中调用实现日期类型的转换。

```
……
public class MyFormatter implements Formatter<Date>{
SimpleDateFormat dateFormat=new SimpleDateFormat("yyyy-mm-dd");
@Override
public String print(Date object,Locale arg1){
    return dateFormat. format(object);  }
@Override
public Date parse(String source,Locale arg1)throws ParseException {
    return dateFormat. parse(source);//Formatter 只能对字符串转换  }}
```

(13)Spring-mvc. xml 文件配置，代码如下：

```
……
    <!--注解扫描包，使 Spring MVC 认为包下用了@controller 注解的类是控制器-->
    <context:component-Scan base-package="org. hnist. controller" />
        <!--注册格式化转换器 MyFormatter-->
    <bean class="org. springframework. format. support. FormattingConversionServiceFactoryBean" id="conversionService" >
    <property name="formatters">
            <set>
```

```
            <!--这里应该是转换器类的路径 org.hnist.controller.MyFormatter-->
            <bean class="org.hnist.controller.MyFormatter"/>
        </set>
    </property>
</bean>
<!--开启格式转换-->
<mvc:annotation-driven conversion-Service="conversionService"/>
<!--定义跳转的文件的前后缀,视图模式配置-->
<bean class="org.springframework.web.servlet.view.InternalResourceViewResolver" id="viewResolver">
<!--这里的配置是自动为 return 的字符串加上前缀和后缀,变成一个可用的 url 地址-->
    <property name="prefix" value="/" />
    <property name="suffix" value=".jsp" />
</bean>
```

可以测试一下,如果不进行转换,看信息是否能够添加到数据表中。转换以后,可以发现指定的数据已经添加到数据库对应表中,并且可以显示在网页上,后面教师记录的编辑和删除以及查找功能的实现,读者可以自行完成。

7.2 数据绑定

7.2.1 数据绑定的基本概念

在 Spring MVC 中会将来自 Web 页面的请求和响应数据与 Controller 中对应的处理方法的参数进行绑定,即数据绑定。在 Spring MVC 框架中,数据绑定有这样几层含义:绑定请求参数输入值到实体模型、模型数据到视图的绑定、模型数据到表单元素的绑定。

在 Spring MVC 框架中,Controller 层和 View 参数数据传递中所有的请求参数类型都是字符串,如果实体模型要求的类型为数字类型就要手动进行转换,否则程序会报错。前面介绍了类型转换可以自动转换,有了数据绑定后,也可以不用手动进行转换,系统会自动转换,这样可以提高编程效率。数据绑定的另一个好处是:当输入验证失败时,会重新生成一个 HTML 表单,手工编写 HTML 代码时,必须记住用户新的输入,重新填充输入字段,有了 Spring MVC 的数据绑定和表单标签库后,会帮助完成这些工作。在 Spring MVC 中,一般采用数据标签库来实现数据绑定。

7.2.2 表单标签库

表单标签库中包含了可以用在 JSP 页面中渲染 HTML 元素的标签。JSP 页面使用 Spring 表单标签库时,必须在 JSP 页面开头处声明 taglib 指令,指令代码如下:

```
<%@ taglib prefix="form" uri="http://www.springframework.org/tags/form" %>
```

表单标签库中有 form、input、password、hidden、textarea、checkbox、checkboxes、radiobutton、radiobuttons、select、option、options、errors。

1. 表单标签

表单标签,语法格式如下:

```
<form:form commandName="xxx" action="xxx" method="post">
……
</form:form>
```

表单标签除了具有 HTML 表单元素属性以外，还有如下表 7-1 所示的属性。

表 7-1　　表单标签常用属性介绍

属性值	说明
commandName	暴露表单对象之模型属性的名称，默认是 command
acceptCharset	定义服务器接收的字符编码列表
modelAttribute	暴露 form backing object 的模型属性名称，默认为 command
cssClass	定义要应用到被渲染 form 元素的 css 类
cssStyle	定义要应用到被渲染 form 元素的 css 样式
htmlEscape	接收 true 或 false，表示被渲染的值是否应该进行 HTML 转义

commandName 和 modelAttribute 属性的功能基本一致，属性值绑定一个 JavaBean 对象。

所以上面的代码也可以写成：

```
<form:form modelAttribute="xxx" method="post" action="xxx">
……
</form:form>
```

注意：如果在页面中的表单标签有 modelAttribute="teacher"属性，那么在 Controller 层定义接收方法时要有对应的参数说明，例如：@ModelAttribute Teacher teacher，否则在页面就会抛出异常，因为表单标签无法找到在 modelAttribute 属性中指定的表单支持对象。

例如：在添加页面有如下语句：

```
<form:form modelAttribute="teacher" id="form1" method="post" action="teacheradd.do">
```

那么在 Controller 层定义对应的方法时要有@ModelAttribute Teacher teacher 接收，否则会报错。

```
@RequestMapping("/teacheradd")
public String addTeacher(@ModelAttribute Teacher teacher,Model model,HttpSession session){
    return teacherService.addTeacher(teacher,model,session);  }
```

2. input 标签

input 标签渲染<input type="text"/>元素，语法格式为：

```
<form:input path="xxx"/>
```

该标签具有的属性有 cssClass、cssStyle、htmlEscape（见表 7-1 描述）以及 path 和 showPassword 属性。path 属性将文本框输入值绑定到 form backing object 的一个属性，showPassword 表示应该显示或遮盖，默认值是 false 表示显示。例如：

```
<form:form modelAttribute="teacher" method="post" action="teacheradd.do">
<form:input path="tname" cssClass="dfinput"/><i>用户名不能超过 20 个字符</i>
```

上述代码，将输入值绑定到 Teacher 对象的 tname 属性，这个文本框的显示格式为定义好的 dfinput。

3. password 标签

password 标签渲染<input type="password"/>元素。语法格式为：

<form: password path="xxx"/>

password 标签与 input 标签相似。例如：

<form:input path="tpassword" cssClass="dfinput" />

上述代码，将输入值绑定到 Teacher 对象的 tpassword 属性，这个文本框的显示格式为定义好的 dfinput，密文显示。

4. hidden 标签

hidden 标签渲染<input type="hidden"/>元素。语法格式为：

<form: hidden path="xxx"/>

它不显示指定的元素，因为不显示所以不支持 cssClass、cssStyle 属性，其余用法与 input 标签一致。

5. textarea 标签

textarea 标签渲染<textarea……></textarea>元素。语法格式为：

<form:textarea path="xxx"/>

它是一个支持多行输入的 input 元素，用法与 input 标签一致。

6. checkbox 标签

checkbox 标签渲染<input type="checkbox"/>元素，语法格式为：

<form:checkbox path="xxx" value="xxx"/>

多个 path 相同的 checkbox 标签是一个选项组，允许多选。选项值绑定到一个数组属性。例如：

<form:checkbox path="hobby" value="电影"/>电影

<form:checkbox path="hobby " value="阅读"/>阅读

<form:checkbox path="hobby " value="音乐"/>音乐

上述示例代码中复选框的值绑定到一个字符串数组属性 hobby(String[] hobbys)中。

7. checkboxs 标签

checkboxes 标签渲染多个复选框<input type="checkbox"/>元素。语法格式为：

<form:checkboxes path=" xxx " items=" xxx1 " itemValue=" xxx2 " itemLabel=" xxx3 " />

它与多个 path 相同的 checkbox 标签是等同的，checkbox 标签有 3 个非常重要的属性：items、itemLabel 和 itemValue。

items：用于生成 input 元素的 Collection、Map 或 Array。

itemLabel：items 属性中指定的集合对象的属性，为每个 input 元素提供 label。

itemValue：items 属性中指定的集合对象的属性，为每个 input 元素提供 value。

例如：<form:checkboxes path="hobby" items="${hobbys}" />

上述示例代码，是将 model 属性 hobbys 的内容（集合元素）渲染为复选框。itemLabel 和 itemValue 缺省情况下，如果集合是数组，复选框的 label 和 value 相同；如果是 Map 集合，复选框的 label 是 Map 的值(value)，复选框的 value 是 Map 的关键字(key)。

8. radiobutton 标签

radiobutton 标签渲染<input type="radio"/>元素，语法格式为：

<form:radiobutton path="xxx" value="xxx"/>

多个 path 相同的 radiobutton 标签，它们是一个选项组，只允许单选。例如：

<li><label>教师性别 </label>

```
<form:radiobutton path="tsex" value="男" />男
<form:radiobutton path="tsex" value="女" />女</li>
```

9. radiobuttons 标签

radiobuttons 标签渲染多个<input type="radio"/>元素，是一个选项组，等价于多个 path 相同的 radiobutton 标签。radiobuttons 标签，语法格式为：

```
<form:radiobuttons path="xxx" items="xxx"/>
```

该标签的 itemLabel 和 itemValue 属性与 checkboxes 标签的 itemLabel 和 itemValue 属性完全一样，但只允许单选。

例如：<form:radiobuttons path="hobby" items="${hobbys}"/>

10. select 标签

select 标签渲染一个 HTML 的 select 元素。select 标签的选项可能来自其属性 items 指定的集合，或者来自一个嵌套的 option 标签或 options 标签。语法格式为：

```
<form:select path="xxx" items="xxx" /> 或
<form:select path="xxx" items="xxx" >        <form:option s items="xxx"/>
    <option value="xxx">xxx</option>                                      或

<form:select path="xxx">
</ form:select>        </form:select>
```

该标签的 itemLabel 和 itemValue 属性与 checkboxes 标签的 itemLabel 和 itemValue 属性完全一样。例如：

```
<li><label>所属班级</label>
<form:select path="class_id" cssClass="dfinput">
    ……
</form:select> </li>
```

11. option 标签

option 标签渲染一个 select 标签的选项，一般与 select 元素配合使用，例如：

```
<li><label>所属班级</label>
<form:select path="class_id" cssClass="dfinput">
        <form:option value="0"/>选择学生所在班级
        <form:option value="1">信息工程 17-1BF</option>
        <form:option value="2">信息工程 17-2BF</option>
        <form:option value="3">信息工程 17-3BF</option>
</form:select> </li>
```

12. options 标签

options 标签渲染一个 select 标签的选项列表，一般与 select 元素配合使用，根据绑定的值，它会恰当地设置"selected"属性，例如：

```
<li><label>所属班级</label>
<form:select path="class_id" cssClass="dfinput">
        <form:option value="0"/>选择学生所在班级
        <form:options items="${classes}" itemValue="cid" itemLabel="cname"/>
</form:select> </li>
```

13. errors 标签

errors 标签渲染一个或者多个 span 元素，每个 span 元素包含一个错误消息。它可以用于显示一个特定的错误消息，也可以显示所有错误消息。语法格式为：

<form:errors path="*"/> 或<form:errors path="xxx"/>

其中，"*"表示显示所有错误消息；"xxx"表示显示由"xxx"属性指定的特定错误消息。例如：

<form:errors path="*"/> 或者 <form:errors path="tname"/>

7.2.3 数据绑定的应用实例

【实例 7-2】 在实例 7-1 中教师的属性包括日期类型，通过类型转换实现了对教师记录的添加操作，修改一下，用表单标签来实现对教师记录的添加操作。

(1)复制 SSMDemo7_1 项目到当前空间，名字更改为 SSMDemo7_2。

(2)创建实现功能需要的页面，与 SSMDemo7_1 的页面类似，不过 teacheradd.jsp 的代码用表单标签来实现，主要代码如下：

```
……
<form:form modelAttribute="teacher" id="form1" method="post" action="teacheradd.do">
    <div class="formbody">
    <div class="formtitle"><span>教师基本信息录入</span></div>
        <ul class="forminfo">
            <li><label>教师姓名</label>
                <form:input path="tname" cssClass="dfinput"/><i>用户名不能超过 20 个字
符</i></li>
            <li><label>用户密码</label>
            <form:password path="tpassword" showPassword="true" cssClass="dfinput" /><i>可
以是字母、数字</i></li>
            <li><label>教师编号</label>
            <form:input path="tno" cssClass="dfinput" /><i>可以是字母、数字</i></li>
            <li><label>出生日期</label>
            <form:input path="tdate" cssClass="laydate-icon" id="demo1" class="dfinput" /><i>
选择或输入日期</i></li>
            <li><label>个人简介</label>
            <form:textarea path="tdescript" cssClass="textinput"/></li>
            <li><label> </label><input name="" type="submit" class="btn" value
="确认保存"/></li>
        </ul>
    </div>
</form:form>……
```

(3)按照第 3 章的步骤创建实体类 Teacher，例如：在 org.hnist.model 包中创建 Teacher.java 实体类，定义对象的属性及方法，具体代码如下：

```
……
public class Teacher {
```

```
    private Integer tid;                    //ID 号
    private String tname;                   //姓名
    private String tno;                     //编号
    //日期格式化
    @DateTimeFormat(pattern="yyyy-mm-dd")
    private Date tdate;                     //出生日期
    private String tpassword;               //密码
    private String tdescript;               //简介
    ……                                      //此处省略了相应的 get 和 set 方法及构造方法
```

(4)创建 SQL 映射文件和 MyBatis 核心配置文件，接口文件 TeacherMapper. java 与 TeacherMapper. xml 配置文件，与 SSMDemo7_1 的文件一致。

(5)在 org. hnist. service 包中创建 TeacherService 类以及实现类 TeacherServiceImpl. java，与 SSMDemo7_1 的文件一致。

(6)Spring 配置文件 applicationContext. xml，与 SSMDemo7_1 的文件一致。

(7)web. xml，与 SSMDemo7_1 的文件一致。

(8)修改 WebRoot/admin 目录下的 left. jsp 文件，与 SSMDemo7_1 的文件一致。

(9)在 org. hnist. controller 包中创建 teacherController 类，与 SSMDemo7_1 的文件一致。

(10)在 org. hnist. controller 包中创建 MyFormatter 类，这里就不需要了，会自动转换，删除文件。

(11)Spring-mvc. xml 文件配置，就可以不需要注册类型转换了，代码如下：

```
……
    <!--注解扫描包，使 Spring MVC 认为包下用了@controller 注解的类是控制器-->
    <context:component-Scan base-package="org. hnist. controller" />
    <!--开启注解-->
    <mvc:annotation-driven/>
……
```

测试一下，可以发现指定的数据已经添加到数据库对应表中，并且可以显示在网页上，这两种形式都可以实现，在实际应用中建议采用表单标签的形式，可以减少开发量，提高编程效率。

本章小结

本章首先简要介绍了类型转换的基本概念和实现步骤，然后通过一个实例来进行验证，接着着重介绍了数据绑定的基本概念和实现步骤，并通过一个实例来进行验证。

习题

修改前面的实例页面，利用表单标签修改学生信息的增、删、改、查，比较一下利用表单标签和没有利用表单标签哪个更便捷。

第8章 SSM框架实用开发技术

学习目标

- 数据验证
- 分页显示技术
- 在线编辑器的使用
- 文件的上传和下载
- 拦截器
- 数据的导入和导出

在很多Web应用程序中都存在着一些通用的模块，如：数据验证、信息分页浏览、拦截器和过滤器、文件的上传和下载、信息的分页浏览、在线编辑器的使用等。本章介绍这些通用的模块涉及的一些实用开发技术。

8.1 数据验证

8.1.1 数据验证概述

数据验证分为客户端验证和服务器端验证，客户端的数据验证是用于防止客户的误操作，为客户操作提供比较简要的提示性说明以提高工作效率和减少服务器负载压力，主要通过JavaScript来实现。服务器端验证对于系统的安全性、完整性、健壮性起到了至关重要的作用，是整个应用阻止非法数据的最后防线，主要通过在应用中编程实现。

1. 客户端验证

客户端验证最简单的做法是当用户提交表单时触发JavaScript定义的函数进行判断验证，关键语句：<input type="Button" value="确认提交" onClick="validate()"/>

客户端验证的另一种做法是利用表单验证组件。编写 HTML 注册表单，需要验证的字段可能有很多，也可能有多个表单需要验证，反复地编写 JavaScript 验证函数可能会比较麻烦，可以使用一些开源的 JavaScript 验证程序，例如：validate.js。

【实例 8-1】 判断输入的信息是否符合要求：用户名不能为空，且以字母开头，后面跟字母、数字或下划线，密码长度必须大于等于 3，且两次密码必须一致。

```
<html>
  <head> <title>注册页面</title>
    <script language="javascript">
      function validate(){
        var name=document.forms[0].userName.value;
        var pwd=document.forms[0].userPwd.value;
        var pwd1=document.forms[0].userPwd1.value;
        var regl=/[a-zA-Z]\w*/;
        var reg2=/\w+([-+.']\w+)*@\w+([-.]\w+)*.\w+([-.]\w+)*/;
        if(name.length<=0)alert("用户名不能为空!");
        else if(! regl.test(name))alert("用户名格式不正确!");
        else if(pwd.length<3)alert("密码长度要大于等于 3!");
        else if(pwd! =pwd1)alert("两次密码不一致!");
        else document.forms[0].submit();}
    </script>
    </head>
    <body>
    <form action="">
      <table border="0" align="center" width="600">
        <tr> <td colspan="3" align="center" height="40" >用户信息填写</td></tr>
        <tr> <td align="right">用户名：</td>
          <td><input type="text" name="userName"/></td>
          <td>字母开头，后面跟字母、数字或下划线</td>
        </tr>
        <tr> <td align="right">密码：</td>
          <td><input type="password" name="userPwd"/></td>
          <td>设置密码，至少 3 位! </td>
        </tr>
        <tr> <td align="right">确认密码：*</td>
          <td><input type="password" name="userPwd1"/></td>
          <td>再次输入密码! </td>
        </tr>
        <tr><td colspan="3" align="center" height="40">
          <input type="Button" value="确认提交" onClick="validate()"/></td>
        </tr>
      </table>
```

```
    </form>
  </body>
</html>
```

客户端验证可以过滤用户的误操作，是第一道防线，但是仅有客户端验证还是不够的。攻击者还可以绕过客户端验证直接进行非法输入，这样可能会引起系统异常，为了确保数据的合法性，防止用户通过非正常手段提交信息，就要使用服务器端验证。

2. 服务器端验证

在 Spring MVC 框架中，可以利用 Spring 自带的验证框架验证数据，也可以利用 JSR 303 进行数据验证。可能一些比较老的 Spring MVC 项目还在使用 Spring 自带的验证框架进行数据验证，对于新的项目，建议使用 JSR 303 进行数据验证。

对于 JSR 303 验证有两个形式实现，一个是 Hibernate Validator，一个是 Apache BVal。本教材采用的是 Hibernate Validator。Hibernate Validator 方便之处就在于不需要编写验证器，其本身就是一个 Validator 验证框架，但是要利用注解类型加入约束，这些注解大都是 javax. validation 包下的类，用注解给类或者类的属性加上约束条件，在运行时就会自动检查属性值是否符合要求了。

8.1.2　服务器端数据验证的实现

1. 下载 Hibernate Validator

可以通过网络下载 Hibernate Validator，本书选择的是 hibernate-validator-6. 0. 17. Final-dist. zip 版本。

解压压缩包，将\hibernate-validator-6. 0. 17. Final\dist 目录下的 hibernate-validator-6. 0. 17. Final. jar 和\hibernate-validator-6. 0. 17. Final\dist\lib\required 目录下的 classmate-1. 3. 4. jar、javax. el-3. 0. 1-b09. jar、jboss-logging-3. 3. 2. Final. jar、validation-api-2. 1. 0. Final. jar，如图 8-1、图 8-2、图 8-3 所示，都拷贝到 Web 项目的\WEB-INF\lib 目录下。

名称	修改日期
dist	2019-06-13 13:27
docs	2019-06-13 13:27
project	2019-06-13 13:24
changelog.txt	2019-06-13 13:24
CONTRIBUTING.md	2019-06-13 13:24
copyright.txt	2019-06-13 13:24
license.txt	2019-06-13 13:24
README.md	2019-06-13 13:24

图 8-1　\hibernate-validator-6. 0. 17. Final 目录

名称	修改日期
lib	2019-06-13 13:27
hibernate-validator-6.0.17.Final.jar	2019-06-13 13:25
hibernate-validator-annotation-proce...	2019-06-13 13:25
hibernate-validator-cdi-6.0.17.Final.jar	2019-06-13 13:25

图 8-2　\hibernate-validator-6. 0. 17. Final\dist 目录

名称	修改日期
classmate-1.3.4.jar	2019-06-13 13:25
javax.el-3.0.1-b09.jar	2019-06-13 13:25
jboss-logging-3.3.2.Final.jar	2019-06-13 13:25
validation-api-2.0.1.Final.jar	2019-06-13 13:25

图 8-3　\hibernate-validator-6. 0. 17. Final\dist\lib\required 目录

2. 在类或类的属性中加上约束条件

用注解在类或类的属性中加上约束条件，注解及其说明如表 8-1 所示。

表 8-1　　Hibernate Validator 注解及说明

注解	说明
@Null	验证对象是否为 null
@NotNull	验证对象是否为 null，无法查检长度为 0 的字符串。建议使用@NotEmpty
@NotEmpty	检查约束元素是否为 null 或者是 empty
@NotBlank	检查约束字符串是不是 null，还有被 trim 后的长度是否大于 0
@AssertTrue	应用于 boolean 属性，该属性必须为 true
@AssertFalse	验证 boolean 属性是否为 false
@Size(min=，max=)	验证对象（Array，Collection，Map，String）长度是否在给定的范围之内
@Length(min=，max=)	验证字符串长度是否在给定的范围之内
@Past	验证 Date 和 Calendar 对象是否在当前时间之前
@Future	验证 Date 和 Calendar 对象是否在当前时间之后
@Pattern	验证 String 对象是否符合正则表达式的规则
@Min	验证 Number 和 String 对象是否大于等于指定的值
@Max	验证 Number 和 String 对象是否小于等于指定的值
@DecimalMax	被标注的值必须不大于约束中指定的最大值，这个约束的参数用一个通过 BigDecimal 定义的最大值的字符串表示，小数存在精度
@DecimalMin	被标注的值必须不小于约束中指定的最小值，这个约束的参数用一个通过 BigDecimal 定义的最小值的字符串表示，小数存在精度
@Digits	验证 Number 和 String 的构成是否合法
@Digits(integer=，fraction=)	验证字符串是否符合指定格式的数字，interger 指定整数精度，fraction 指定小数精度
@Range(min=，max=)	检查数字是否介于 min 和 max 之间
@Valid	对关联对象进行校验，如果关联对象是个集合或者数组，那么对其中的元素进行校验，如果是一个 map，则对其中的值部分进行校验
@CreditCardNumber	信用卡验证
@Email	验证是否是邮件地址，如果为 null，不进行验证，直接通过验证

例如：教师姓名和教师密码不能为空，且密码长度为 6～20，出生日期不能在系统日期之后。

```
public class Teacher {
    private Integer tid;                         //ID 号
    @NotEmpty(message="{教师姓名必填！}")
    private String tname;                        //姓名
    private String tno;                          //编号
    @DateTimeFormat(pattern="yyyy-mm-dd")  //日期格式化
    @Past(message="{日期不能为系统日期之后！}")
    private Date tdate;                          //出生日期
```

```
@Length(min=6,max=20,message="{密码长度无效!}")
private String tpassword;                    //密码
private String tdescript;                    //简介
```

3. 在 Controller 层添加注释,并判断输入有误如何处理

在 Controller 层添加注释@Valid,将输入情况与验证条件对照,并判断输入有误如何处理。例如:

```
@RequestMapping("/teacheradd")
public String addTeacher(@Valid @ModelAttribute Teacher teacher, BindingResult result, Model
model, HttpSession session){
    if(result.hasErrors()){//如果有验证发现错误,则跳转到添加页面
        return "/jteacher/teacheradd";}
    return teacherService.addTeacher(teacher, model, session);  }
```

4. 配置属性文件与验证器

如果将验证错误消息放在属性文件中,那么需要在配置文件 spring-mvc.xml 中配置属性文件,并将属性文件与 Hibernate Validator 关联,具体配置代码如下:

```
<!--配置消息属性文件-->
    <bean id="messageSource" class="org.springframework.context.support.ReloadableResource-
BundleMessageSource" >
    <!--资源文件编码格式-->
    <property name="fileEncodings" value="utf-8" />
    </bean>
    <!--注册校验器-->
    <bean id="validator" class="org.springframework.validation.beanvalidation.LocalValidator-
FactoryBean">
    <!--hibernate 校验器-->
    <property name="providerClass" value="org.hibernate.validator.HibernateValidator" />
    </bean>
    <!--开启 spring 的 Valid 功能-->
    <mvc:annotation-driven validator="validator"/>
```

8.1.3 服务器端数据验证的应用实例

【实例 8-2】 在第 7 章实现了对教师记录的添加操作,在添加前进行数据验证,验证要求如下:教师姓名和教师密码不能为空,且密码长度为 6～20,出生日期不能在系统日期之后。

(1)复制 SSMDemo7_2 到当前空间,名字更改为 SSMDemo8_2,将需要的 jar 包复制到 Web 项目的\WEB-INF\lib 目录下。将页面文件、实体模型类、控制器类和 Spring MVC 的核心配置文件 spring-mvc.xml 做相应的修改,其他文件不做任何修改。

(2)修改 org.hnist.model 包中的 Teacher.java 实体类,具体代码如下:

```
……
public class Teacher {
  private Integer tid;                    //ID 号
```

```
    @NotEmpty(message="{教师姓名必填!}")
    private String tname;                    //姓名
    private String tno;                      //编号
    @DateTimeFormat(pattern="yyyy-mm-dd")  //日期格式化
    @Past(message="{日期不能为系统日期之后!}")
    private Date tdate;                      //出生日期
    @Length(min=6,max=20,message="{密码长度无效!}")
    private String tpassword;                //密码
    private String tdescript;                //简介
……  //此处省略了相应的 get 和 set 方法及构造方法
```

(3)在 org. hnist. controller 包中创建 teacherController 类,在该类中调用 teacherService 中的方法。

```
……
@RequestMapping("/teacheradd")
public String addTeacher(@Valid @ModelAttribute Teacher teacher, BindingResult result, Model
model, HttpSession session){
    if(result. hasErrors()){//如果有验证发现错误,则跳转到添加页面
      return "/jteacher/teacheradd";}
    return teacherService. addTeacher(teacher, model, session);  }
……
```

代码分析:注意这里要在参数中加上@Valid 注解,增加判断,如果有验证发现错误,则跳转到添加页面进行操作。

(4)Spring-mvc. xml 文件配置,代码如下:

```
……
    <! --注解扫描包,使 Spring MVC 认为包下用了@controller 注解的类是控制器-->
    <context:component-Scan base-package="org. hnist. controller" />
    <! --注册格式化转换器 MyFormatter-->
    <bean class="org. springframework. format. support. FormattingConversionServiceFactoryBean"
id="conversionService" >
        <property name="formatters">
            <set>
                <! --这里应该是转换器类的路径 org. hnist. controller. MyFormatter-->
                <bean class="org. hnist. controller. MyFormatter"/>
            </set>
        </property>
    </bean>
    <! --开启格式转换-->
    <mvc:annotation-driven conversion-Service="conversionService"/>
    <! --定义跳转的文件的前后缀,视图模式配置-->
    <bean class="org. springframework. web. servlet. view. InternalResourceViewResolver" id="
viewResolver" >
```

```
<!--这里的配置是自动为 return 的字符串加上前缀和后缀，变成一个可用的 url 地址-->
        <property name="prefix" value="/" />
        <property name=″suffix″ value=".jsp" />
    </bean>……
```

(5)对页面显示文件 teacheradd.jsp 稍作修改，要将数据验证错误信息显示出来，主要代码如下：

```
……
<form:form modelAttribute="teacher" id="form1" method="post" action="teacheradd.do">
    <div class="formbody">
    <div class="formtitle"><span>教师基本信息录入</span></div>
        <!--取出所有验证错误-->
        <form:errors path="*" class="formerror"/>
        <ul class="forminfo">
        <li><label>教师姓名</label>
        <form:input path="tname" cssClass="dfinput"/><i>用户名不能超过 20 个字符</i></li>
        <li><label>用户密码</label>
        <form:password path="tpassword" showPassword="true" cssClass="dfinput" /><i>可以是字母、数字</i></li>
        <li><label>教师编号</label>
        <form:input path="tno" cssClass="dfinput" /><i>可以是字母、数字</i></li>
        <li><label>出生日期</label>
        <form:input path="tdate" cssClass="laydate-icon" id="demo1" class="dfinput" /><i>选择或输入日期</i></li>
        <li><label>个人简介</label>
        <form:textarea path="tdescript" cssClass="textinput"/></li>
        <li><label> </label><input name="" type="submit" class="btn" value="确认保存"/></li>
        </ul>
    </div>
</form:form>……
```

(6)运行项目，发现数据验证已经生效了，与验证不匹配的信息会显示在网页上，只有验证无误的数据才会写到数据表中。如图 8-4 所示。

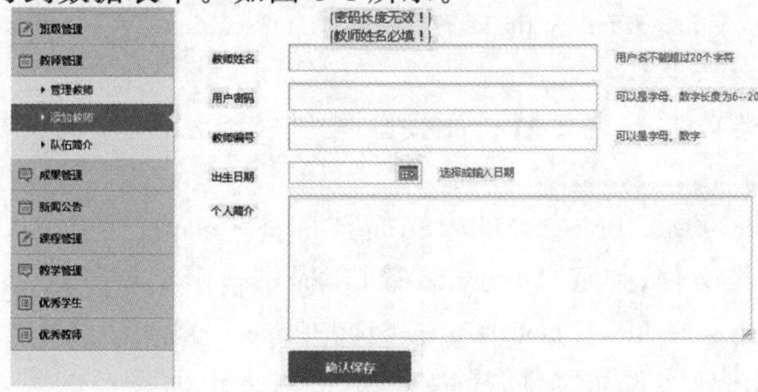

图 8-4　实例 SSMDemo8_2 运行结果

8.2 信息分页显示

8.2.1 信息分页显示概述

分页是 Web 项目常用的功能，在设计信息浏览页面时，如果要显示的记录很多，就经常需要分页显示信息，本节将介绍分页技术的设计思想和具体实现。按照"表示层-控制层-DAO 层-数据库"的分层设计思想实现：首先在 DAO 对象中提供分页查询的方法，在控制层调用该方法查到指定页的数据，然后在表示层将该页数据显示出来。

8.2.2 信息分页显示的实现

我们先来了解一下分页功能的核心技术点：首先设置每一页显示多少条记录，这样才能计算总共有多少页，然后再从数据库中提取相关数量的记录，将这些提取出来的记录显示在页面上。

实现的思路：

(1)创建 mapper. xml 文件，提供带分页的查询语句和获取总数的 SQL 语句。

(2)创建 Mapper 类文件，并定义 Mapper 接口，提供一个支持分页的查询方法。

(3)创建 Service 类文件，并定义 Service 接口，提供一个支持分页的查询方法。

(4)创建 ServiceImpl 实现类文件，提供实现 Service 上面接口的类。

(5)创建 Controller 类文件，定义分页显示的方法。

(6)修改显示页面文件，以适应分页显示记录。

8.2.3 信息分页显示的应用实例

【实例 8-3】 显示所有教师信息的时候要求分页显示。

(1)复制 SSMDemo8_2 到当前空间，名字更改为 SSMDemo8_3，修改 DAO 层的 XML 文件和接口文件、Controller 层对应的文件、Service 层对应的文件以及页面文件，其他文件不做任何修改。

(2)创建 mapper. xml 文件，提供带分页的查询语句和获取总数的 SQL 语句。例如：

```
<! --分页查询所有教师-->
<select id="listallByPage" resultType="Teacher" parameterType="map">
    select * from teacher order by tid DESC limit #{startIndex},#{perPageSize}
</select>
```

(3)创建 Mapper 类文件，并定义 Mapper 接口，提供一个支持分页的查询方法。例如：

```
//分页显示所有的记录
public List<Teacher> listallByPage(Map<String,Object> map);
```

(4)创建 Service 类文件，并定义 Service 接口，提供一个支持分页的查询方法。例如：

```
public String listallByPage(Model model,Integer pageCur);
```

(5)创建 ServiceImpl 实现类文件，提供实现 Service 上面接口的类，注意这里要将一些参数传递到页面，一般采用 model. addAttribute 来保存信息。例如：

```
……
//分页显示教师信息
@Override
public String listallByPage(Model model,Integer pageCur){
    List<Teacher> allteachers=teacherMapper.listall();
    int temp=allteachers.size();
    model.addAttribute("totalCount",temp);
    int totalPage=0;
    if (temp==0){
        totalPage=0;
    } else {
    //获得总的页数
    totalPage=(int)Math.ceil((double)temp /10);  }
    if (pageCur==null){
        pageCur=1;  }
    if ((pageCur-1) * 10 > temp){
        pageCur=pageCur-1;  }
    //定义开始页面和每页显示的记录条数
    Map<String,Object> map=new HashMap<String,Object>();
    map.put("startIndex",(pageCur-1) * 10);//定义开始页面
    map.put("perPageSize",10);//定义每页显示的记录条数
    allteachers=teacherMapper.listallByPage(map);
    model.addAttribute("allteachers",allteachers);
    model.addAttribute("totalPage",totalPage);
    model.addAttribute("pageCur",pageCur);
    model.addAttribute("PageSize",10);
    return "jteacher/teacherlist";  }……
```

(6)创建 Controller 类文件,定义分页显示的方法,例如:

```
……
@RequestMapping("/teacherlist")
public String listallByPage(Model model,Integer pageCur){
return teacherService.listallByPage(model,pageCur);  ……
```

(7)修改显示页面文件,以适应分页显示记录,关键代码如下:

```
……
<div class="message">第  <i class="blue"> ${pageCur}  </i>页  ,
 共  <i class="blue"> ${totalPage}  </i>页  , 总记录数  
<i class="blue"> ${totalCount}  </i>条  , 每页显示  <i class="blue">
${PageSize}  </i>条</div>
    <ul class="paginList">
        <c:url var="url_pre" value="/teacherlist.do">
            <c:param name="pageCur" value="${pageCur-1 }"/>
        </c:url>
        <c:url var="url_next" value="/teacherlist.do">
```

```
        <c:param name="pageCur" value="${pageCur+1 }"/>
    </c:url>
    <c:url var="url_first" value="/teacherlist.do">
        <c:param name="pageCur" value="${1}"/>
    </c:url>
    <c:url var="url_end" value="/teacherlist.do">
        <c:param name="pageCur" value="${totalPage}"/>
    </c:url>
    <!--第一页没有上一页-->
    <c:if test="${pageCur != 1 }">
        <li class="paginItem"><a href="${url_first}">首页</a></li>
        <li class="paginItem"><a href="${url_pre}">上一页</a></li>
    </c:if>
    <!--最后一页,没有下一页-->
    <c:if test="${pageCur != totalPage && totalPage != 0}">
      <li class="paginItem"><a href="${url_next}">下一页</a></li>
        <li class="paginItem"><a href="${url_end}">尾页</a></li>
    </c:if>
</ul>……
```

(8)运行项目,分页显示已经实现,如图 8-5 底部位置所示。

图 8-5　实例 SSMDemo8_3 运行结果

8.3 在线编辑器

8.3.1 在线编辑器概述

前面学习表单的时候有一个<textarea>标签可以输入多行文本,但是在实现诸如留言簿、论坛、新闻发布等 Web 模块时,这个标签的功能就显得弱了些,这个时候可以用在线编辑器,它可以像 Word 一样在线编辑留言或新闻内容,对某段文字设置字体、字号、插入链接或图片等。

在线编辑器是一种通过浏览器等来对文字、图片等内容进行在线编辑修改的工具，让用户在网站上获得“所见即所得”效果。在线编辑器一般具有如下基本功能：文字的编辑，文字格式(如字体、大小、颜色)的设置，表格的插入和编辑，图片、音频、视频等多媒体的上传、导入和样式修改等。

常见的在线编辑器有：FreeTextBox、CKEditor、KindEditor、UEditor、eWebEditor、Rich Text Editor、NicEdit 等。下面以 UEditor 为例介绍在线编辑器的使用。

8.3.2　在线编辑器的实现

1. 下载 UEditor 编辑器

可以通过网络下载 UEditor 编辑器，本书选择的是 ueditor1_4_3_3-utf8-jsp 版本。

2. 将 UEditor 编辑器导入项目

(1)将文件进行解压，解压后得到如图 8-6 所示的目录结构。

dialogs	2016-08-10 11:06	文件夹
jsp	2016-08-10 11:06	文件夹
lang	2016-08-10 11:06	文件夹
themes	2016-08-10 11:06	文件夹
third-party	2016-08-10 11:06	文件夹
index.html	2016-08-10 11:06	360 se
ueditor.all.js	2016-08-10 11:06	JS 文件
ueditor.all.min.js	2016-08-10 11:06	JS 文件
ueditor.config.js	2016-08-10 11:06	JS 文件
ueditor.parse.js	2016-08-10 11:06	JS 文件
ueditor.parse.min.js	2016-08-10 11:06	JS 文件

图 8-6　UEditor 目录结构

dialogs：弹出对话框对应的资源和 JS 文件夹。

jsp：包含 jar 文件的 lib 文件夹和配置文件 config. json。

lang：编辑器国际化显示的文件夹。

themes：样式图片和样式文件夹。

third-party：第三方插件(包括代码高亮，源码编辑等组件)文件夹。

ueditor. all. js：开发版代码合并的结果，目录下所有文件的打包文件。

ueditor. all. min. js：ueditor. all. js 文件的压缩版，建议在正式部署时采用。

ueditor. config. js：编辑器的配置文件，建议和编辑器实例化页面置于同一目录。

ueditor. parse. js：编辑的内容显示页面引用，会自动加载表格、列表、代码高亮等样式。

ueditor. parse. min. js：文件的压缩版，建议在内容展示页正式部署时采用。

index. html：示例文件，包含许多功能与方法，可以直接复制使用。

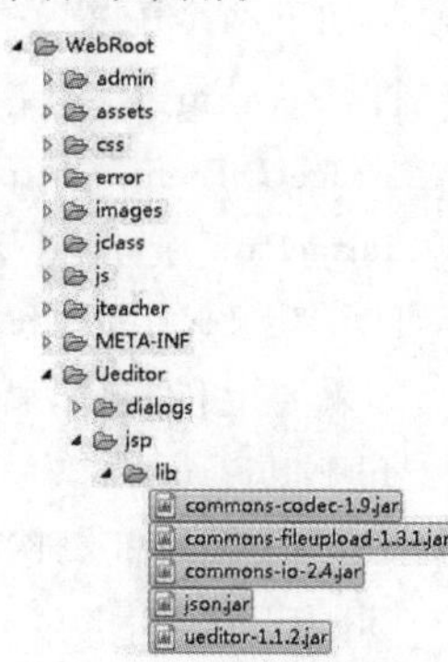

图 8-7　要复制的 jar 文件

(2)将此文件夹复制到项目的 WebRoot 中，然后将如图 8-7 所示 ueditor/jsp/lib 目录下的所有 jar 包都复制到\WEB-INF\lib 中，此时 ueditor 插件就已经导入项目中了。

3. UEditor 编辑器的使用

(1)在需要用到 UEditor 编辑器的页面中引入资源文件，UEditor 编辑器要加入如下 3 个 js 文件，注意 src 后面跟的路径会根据用户复制到 WebRoot 下的位置而不同，这里是复制到 WebRoot 目录下，这里的 ${ pageContext. request. contextPath}表示项目的根目录。

```
<script type="text/javascript" charset="utf-8" src="${pageContext.request.contextPath}/ueditor/ueditor.config.js"></script>
<script type="text/javascript" charset="utf-8" src="${pageContext.request.contextPath}/ueditor/ueditor.all.min.js"> </script>
<script type="text/javascript" charset="utf-8" src="${pageContext.request.contextPath}/ueditor/lang/zh-cn/zh-cn.js"></script>
```

(2)在 UEditor 编辑器放置的区加入 id=" myEditor"，然后添加 js 代码：

```
<script type="text/javascript">
    var ue=UE.getEditor('myEditor');
</script>
```

(3)此时 UEditor 编辑器将出现在页面上了，如图 8-8 所示。

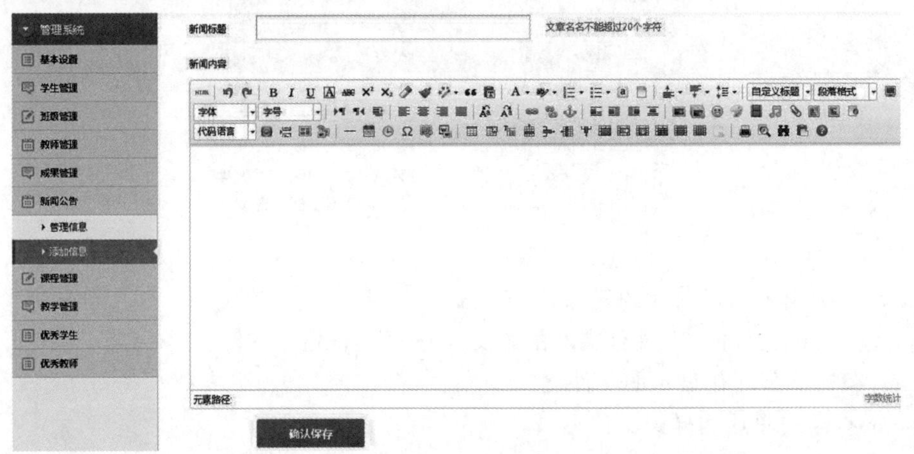

图 8-8 UEditor 编辑器显示

注意这里虽然显示了编辑器，但是要想正常上传图片和文件还要进行一些必要的配置，主要是如下两个配置文件：ueditor. config. js 和 config. json。

打开 config. json 文件，如果要上传图片，就要修改上传图片的配置项，例如：

```
"imageUrlPrefix":"http://127.0.0.1:8080/SSMDemo8_3",/* 图片访问路径前缀 */
"imagePathFormat":"/../temp/upload/image/{yyyy}{mm}{dd}/{time}{rand:6}",/* 上传保存路径,可以自定义保存路径和文件名格式 */
```

如果要上传文件，就要修改上传文件的配置项，例如：

```
"filePathFormat": "/../temp/upload/file/{yyyy}{mm}{dd}/{time}{rand:6}",/* 上传保存路径,可以自定义保存路径和文件名格式 */
"fileUrlPrefix": "http://127.0.0.1:8080/SSMDemo8_3",/* 文件访问路径前缀 */
```

注意这里的 http://127.0.0.1:8080/SSMDemo8_3 是指服务器的 IP 地址端口号以及项目名称，如果要上传视频文件，类似地也要进行相应的设置。

打开 ueditor. config. js 文件，编辑器资源文件根路径，例如：

```
var URL＝window. UEDITOR_HOME_URL ‖ "/SSMDemo8_3/ueditor/"
```

8.3.3　在线编辑器的应用实例

【实例 8-4】　利用 UEditor 编辑器进行新闻信息的增、删、改、查操作。

(1)复制 SSMDemo8_3 项目到当前空间，名字更改为 SSMDemo8_4，导入相应的 jar 包。将解压缩的 ueditor 文件夹复制到项目 WebRoot 中，将 ueditor/jsp/lib 目录下的所有 jar 包都复制到\WEB-INF\lib 中。

(2)创建实现功能需要的页面，在 WebRoot 下创建 jnews 文件夹，创建 3 个页面文件，如图 8-9 所示。各页面的显示情况分别如图 8-10、图 8-11 所示，newsedit. jsp 的显示情况与 newsadd. jsp 类似。注意要想正常上传图片和文件，还要对 ueditor. config. js 和 config. json 这两个文件进行修改。

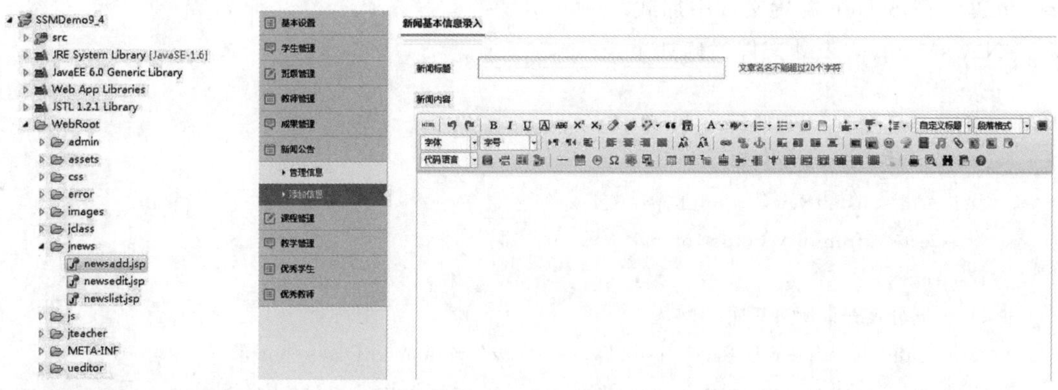

图 8-9　创建的页面文件　　　　图 8-10　添加新闻页面 newsadd. jsp

管理系统 | 位置：首页 新闻管理 | 请选择搜索条件：新闻标题 | t | 开始查询

新闻信息列表

ID号	新闻标题	添加时间	新闻简介	操作
21	计划魏几个回家规划	2019-07-26	钢结构积分房管局房管局鼓风机的房管局鼓风机鼓风机	编辑 删除
20	tut很好的返回	2019-07-26	返回防火防盗返回防火防盗地方规划防火防盗的返回防火防盗地方还是有人nvcn	编辑 删除
18	换分	2019-07-25	防火防盗和返回风格发个活动等很反感发过火防火防盗和发过火防火防盗和荒郊风地	编辑 删除
16	fhfhfg234234	2019-07-25	25352352353gdgdfgdfgddfgsgdsgdgdfgfdg	编辑 删除
15	nfghfgh	2019-07-25	fghfghfghfghfg	编辑 删除
14	ddddddd	2019-07-25	gdgdgdfggjhgjhgjhbbbbbbbbbbbbbbbbbbbb	编辑 删除
13	aaaaaaaa	2019-05-02	aaaaaaaaaaaaaaaaaaaghghjghjgjhghjgjhg	编辑 删除
12	vccvcvcvcvcvcv	2019-05-02	vxvxvhjghjghjgjhgjhghjgjhg	编辑 删除
11	fdfd	2019-05-01	fdfdfdfd	编辑 删除
10	asasasa	2019-05-02	asasasasaaaaasda	编辑 删除

第 1 页，共 2 页，总记录数 16 条，每页显示 10 条　　下一页　尾页

图 8-11　显示所有新闻页面 newslist. jsp

(3)数据库 teach，其中有数据表 news，结构如图 8-12 所示。

(4)按照第 3 章的步骤创建实体类 News，例如：在 org. hnist. model 包中创建 News. java 实体类，定义对象的属性及方法，具体代码如下：

```
public class News {
    private Integer nid;                //新闻 ID 号
    private String newstitle;           //新闻标题
```

名	类型	长度	小数点	允许空值(	
nid	int	11	0	☐	1
newstitle	varchar	60	0	☐	
newscontent	varchar	5000	0	☑	
newsdate	date	0	0	☐	

图 8-12　news 数据表结构

```
    private String newscontent;          //新闻内容
    @DateTimeFormat(pattern="yyyy-mm-dd")
    private Date newsdate;               //新闻添加时间
    ……                                   //此处省略了相应的 get 和 set 方法及构造方法
```

(5)创建 SQL 映射文件和 MyBatis 核心配置文件,在 src 目录下,创建一个名为 org.hnist.dao 的包,在该包中创建 MyBatis 的 SQL 映射文件 NewsMapper.xml,在 src/config 下创建 MyBatis 的核心配置文件 mybatis-config.xml,这个文件可以在 web.xml 文件中加载,也可以在 Spring 配置文件中加载。

NewsMapper.xml 文件代码如下:

```
……
<mapper namespace="org.hnist.dao.NewsMapper">
<!--查询所有新闻-->
<select id="listallNews" resultType="News" >
    select * from news order by nid
</select>
<!--分页查询所有新闻-->
<select id="listallNewsByPage" resultType="News" parameterType="map">
    select * from news order by nid DESC limit #{startIndex},#{perPageSize}
</select>
<!--根据 ID 查询新闻-->
<select id="listByNewsId" resultType="News" parameterType="Integer">
    select * from news where nid = #{nid}
</select>
<!--根据标题查询新闻-->
<select id="listByNewsTitle" resultType="News" parameterType="String">
    select * from news where newstitle like concat('%',#{newstitle},'%')
</select>
<!--根据内容查询新闻-->
<select id="listByNewsContent" resultType="News" parameterType="String">
    select * from news where newscontent like concat('%',#{newscontent},'%')
</select>
<!--添加新闻-->
<insert id="addNews" parameterType="News">
    insert into news (nid,newstitle,newscontent,newsdate)values (null,#{newstitle},#{newscon-
tent},#{newsdate})
</insert>
<!--删除多个指定的新闻-->
```

```
<delete id="deleteNews" parameterType="List">
    delete from news where nid in <foreach item="item" index="index" collection="list" open="("
separator="," close=")"> #{item} </foreach>
</delete>
<! --删除一个指定的新闻-->
<delete id="deleteNew" parameterType="Integer" >
    delete from news where nid = #{nid}
</delete>
<! --修改指定的新闻-->
<update id="updateNewsById" parameterType="News"> update news
    <set>
        <if test="newstitle ! =null">
            newstitle = #{newstitle},
        </if>
            <if test="newscontent ! =null">
          newscontent = #{newscontent},
        </if>
        <if test="nid ! =null">
          nid = #{nid},
        </if>
      </set>
        where nid = #{nid}
    </update>
</mapper>……
```

MyBatis 核心配置文件 mybatis-config.xml 代码如下：

```
……
    <typeAliases>
        <typeAlias alias="Teacher" type="org.hnist.model.Teacher"/>
        <typeAlias alias="Classes" type="org.hnist.model.Classes"/>
        <typeAlias alias="News" type="org.hnist.model.News"/>
    </typeAliases>
    <mappers>
        <mapper resource="org/hnist/dao/TeacherMapper.xml" />
        <mapper resource="org/hnist/dao/ClassesMapper.xml" />
        <mapper resource="org/hnist/dao/NewsMapper.xml" />
    </mappers>……
```

(6)在 src 目录下的 org.hnist.dao 的包中创建 NewsMapper 接口文件 NewsMapper.java，并将接口使用@Mapper 注解，Spring 将指定包中所有被@Mapper 注解标注的接口自动装配为 MyBatis 的映射接口，注意接口中的方法名称与 SQL 映射文件中的 id 对应。

```
……
@Repository("newsMapper")
    @Mapper
```

```
public interface NewsMapper {
    //显示所有的记录
    public List<News> listallNews();
    //分页显示所有的记录
    public List<News> listallNewsByPage(Map<String,Object> map);
    //显示指定新闻名称记录
    public News listByNewsId(Integer nid);
    //增加新闻记录
    public int addNews(News news);
    //删除多个新闻
    public int deleteNews(List<Integer> ids);
    //删除指定的 ID 新闻
    public int deleteNew(Integer nid);
    //更新新闻信息
    public int updateNewsById(News news);   ……}
```

(7)在 org. hnist. service 包中创建 NewsService 类,在该类中调用数据访问接口中的方法。

```
……
public interface NewsService {
    public String listallNews(HttpSession session);
    public String listByNewsId(Integer nid,Model model,HttpSession session);
    public String listallNewsByPage(Model model,Integer pageCur);
    public String toaddNews();//跳转到 newsadd. jsp 页面
    public String addNews(News news,Model model,HttpSession session);
    public String deleteNew(Integer nid,Model model);
    public String toeditNews(Integer nid,News news,Model model);
    public String editNews(News news);
    ……}
```

(8)在 org. hnist. service 包中创建 NewsService 类的实现类 NewsServiceImpl. java。

```
……
@Service("newsService")
@Transactional
public class NewsServiceImpl implements NewsService{
    @Resource
    public NewsMapper newsMapper;
//显示所有记录
@Override
public String listallNews(HttpSession session){
if(newsMapper. listallNews()! =null && newsMapper. listallNews(). size()> 0){
        //调用 newsMapper. listallNews()方法,查找所有记录
        List<News> listall=newsMapper. listallNews();
        session. setAttribute("allnews",listall);
```

```
            return "/jnews/newslist";  }
        return "/jnews/newslist";  }
    //跳转到添加页面
    @Override
    public String toaddNews(){
        return "/jnews/newsadd";}
    //添加记录
    @Override
    public String addNews(News news,Model model,HttpSession session){
        Date day=new Date();
        SimpleDateFormat df=new SimpleDateFormat("yyyy-MM-dd HH:mm:ss");
        System.out.println(df.format(day));
        news.setNewsdate(day);
        System.out.println("输入的新闻信息是:"+news);
        newsMapper.addNews(news);
        return "forward:/newslist.do";     }
    //删除指定记录
    @Override
    public String deleteNew(Integer nid,Model model){
        newsMapper.deleteNew(nid);
        model.addAttribute("msg","删除成功!");
        return "redirect:/newslist.do";  }    ……
```

(9)修改 JSP 页面以适应程序，具体操作如下：

①打开 WebRoot/admin 目录下的 left.jsp 文件，找到与新闻管理相关的代码，修改如下：

```
    ……
    <dd>
        <div class="title"><span><img src="${pageContext.request.contextPath}/admin/images/leftico04.png" /></span>新闻公告</div>
            <ul class="menuson">
                <li><a href="${pageContext.request.contextPath}/newslist.do" target="rightFrame">管理信息</a></li>
                <li><a href="${pageContext.request.contextPath}/toaddnews.do" target="rightFrame">添加信息</a></li>
            </ul>
    </dd>   ……
```

②打开 WebRoot/jnews 目录下的 newslist.jsp 文件，找到与新闻显示相关的代码，修改如下：

```
    ……
    <tbody>
        <c:forEach items="${allnews }" var="news">
            <tr>
```

```
            <td><input name="check" type="checkbox" value="" /></td>
            <td width="20"> ${news. nid }</td>
            <td width="40"> ${f:substring(news. newstitle,0,15)}</td>
        <%--按照指定的格式输出日期--%>
            <td width="40"><fmt:formatDate value=" ${news. newsdate}"  pattern="yyyy-
mm-dd"/></td>
            <td width="160"> ${f:substring(news. newscontent,0,40)}</td>
            <td width="60">
                <a href="toeditnews. do? nid= ${news. nid}">编辑 </a>
                <a href="javascript:checkDel( ${news. nid})">删除</a></td>
        </tr>
    </c:forEach>
</tbody>……
```

③打开 WebRoot/jnews 目录下的 newsadd. jsp 文件，找到与新闻添加相关的代码，修改如下：

```
……
<script type="text/javascript" charset="utf-8" src=" ${pageContext. request. contextPath}/uedi-
tor/ueditor. config. js"></script>
<script type="text/javascript" charset="utf-8" src=" ${pageContext. request. contextPath}/uedi-
tor/ueditor. all. min. js"> </script>
<script type="text/javascript" charset="utf-8" src=" ${pageContext. request. contextPath}/uedi-
tor/lang/zh-cn/zh-cn. js"></script>
……
<form id="form1" method="post" action="newsadd. do" >
<div class="formbody">
    <div class="formtitle"><span>新闻基本信息录入</span></div>
    <ul class="forminfo">
        <li><label>新闻标题</label>
            <input name="newstitle" class="dfinput" /><i>新闻标题不能超过 20 个字符</i
></li>
        <li><label>新闻内容</label></li>
        <li><textarea name="newscontent" id="myEditor" style="padding-top:2px; width:
900px; height:300px;"></textarea>
        </li>
        <li><label> </label><input name="" type="submit" class="btn" value="确
认保存"/></li>
      </ul>
</div>
</form>
<script type="text/javascript">
//实例化编辑器
var ue=UE. getEditor('myEditor');
</script>……
```

(10)在 org. hnist. controller 包中创建 NewsController 类，在该类中调用 newsService 中的方法。

```
……
@Controller
public class NewsController {
@Autowired
private NewsService newsService;
@RequestMapping("/newslist")
public String listallNewsByPage(Model model,Integer pageCur,String act){
    return newsService. listallNewsByPage(model,pageCur,act);  }
@RequestMapping("/toaddnews")
public String toaddNews(Model model){
    model. addAttribute("news",new News());
    return newsService. toaddNews();  }
@RequestMapping("/newsadd")
public String addNews(@ModelAttribute("news")News news,Model model,HttpSession session){
    return newsService. addNews(news,model,session);  }
@RequestMapping("/newsdel")
public String deleteNew(Integer nid,Model model){
    System. out. print(nid);
    return newsService. deleteNew(nid,model);  }
@RequestMapping("/toeditnews")
 public String toeditNews(Integer nid,News news,Model model){
    return newsService. toeditNews(nid,news,model);  }
@RequestMapping("/newsedit")
public String updateNewsById(Integer nid,News news,Model model){
    return newsService. editNews(news);}  ……}
```

(11)Spring-mvc. xml、applicationContext. xml 以及 web. xml 文件不做修改。

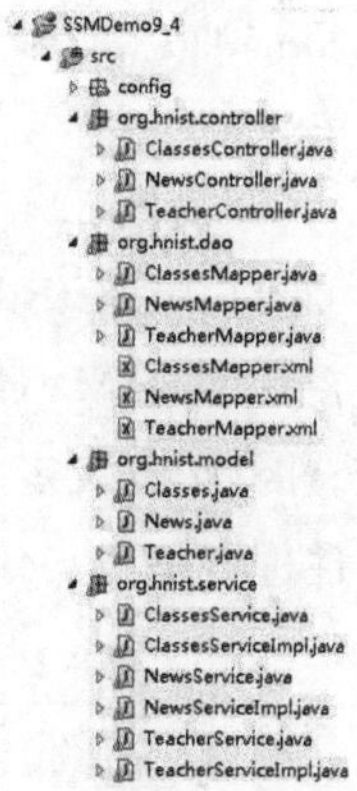

(12)项目文件结构如图 8-13 所示，运行这个项目，正常登录进入后台，单击图 8-10 左面板的“新闻公告”选项，选择其中的“添加信息”，确认保存后会跳转到 newslist. jsp 页面。

可以发现，指定的数据已经添加到数据库对应表中了，并且可以显示在网页上。

图 8-13　项目文件结构

8.4　文件的上传与下载

8.4.1　文件的上传与下载概述

将本地文件保存到服务器上的过程，叫作文件上传；文件下载是指从服务器端获取的数据以附件的形式保存到本地。文件的上传与下载是 Web 应用程序的常见模块，通过文件上传可将个人资源传到服务器上保存或供大家共享；通过文件下载可将网络上的资源保存到本地离线查看。

使用 Java 技术实现文件上传下载，需要借助输入输出流类实现，比较复杂。而借助一些上传下载组件来实现则非常简单，而且效率比较高。Spring MVC 框架的文件上传是基于 commons-fileupload 组件的文件上传，Spring MVC 框架在原有文件上传组件上做了进一步封装，提供了 MultipartFile 对象实现文件上传，简化了文件上传的代码实现，取消了不同上传组件上的编程差异。

1. 文件的上传

(1)表单上传的设置

表单的 enctype 属性指定的是表单数据的编码方式，该属性有如下三个值：

application/x-www-form-urlencoded：这是默认的编码方式，它只处理表单域里的 value 属性值。

multipart/form-data：该编码方式以二进制流的方式来处理表单数据，并将文件域指定文件的内容封装到请求参数里。

text/plain：该编码方式当表单的 action 属性为 mailto：URL 的形式时才使用，主要适用于直接通过表单发送邮件的方式。

基于表单的文件上传，一定要使用 enctype 属性，并将它的属性值设置为 multipart/form-data。同时，表单的提交方式设置为 post。例如：

```
<form:form modelAttribute="teacher" method="post" action="teacheradd.do" enctype="multipart/form-data">
……
</form:form>
```

(2)MultipartFile 接口配置

在 Spring MVC 框架中，上传文件时，将文件相关信息及操作封装到 MultipartFile 对象中。因此，开发者只需要使用 MultipartFile 类型声明模型类的一个属性，即可以对被上传文件进行操作。该接口具有如下表 8-2 所示的方法。

表 8-2　　**MultipartFile 接口方法**

方法名	说明
byte[] getBytes()	以字节数组的形式返回文件的内容
String getContentType()	返回文件的内容类型
InputStream getInputStream()	返回一个 InputStream，从中读取文件的内容
String getName()	返回请求参数的名称
String getOriginalFilename()	返回客户端提交的原始文件名称
long getSize()	返回文件的大小，单位为字节
boolean isEmpty()	判断被上传文件是否为空
void transferTo(File destination)	将上传文件保存到目标目录下

上传文件时，需要在 spring-mvc. xml 配置文件中配置 MultipartResolver 用于文件上传，一般使用 Spring 的 org. springframework. web. multipart. commons. CommonsMultipartResolver 类进行配置。

2. 文件的下载

文件下载的方法比较常见的有两种：一种是利用超链接实现下载，另一种是编写代码实现下载。利用超链接实现下载是最简单的方式，但是暴露了文件的位置，存在安全隐患，因此在实际开发中一般采用编写代码这种形式实现文件下载。

利用编写代码的方式实现下载需要设置两个报头：

(1)Web 服务器需要告诉浏览器其所输出内容的类型不是普通文本文件或 HTML 文件，而是一个要保存到本地的下载文件。设置 Content-Type 的值为：application/x-ms-download。

(2)Web 服务器希望浏览器不直接处理相应的实体内容，而是由用户选择将相应的实体内容保存到一个文件中，这需要设置 Content-Disposition 报头。该报头指定了接收程序处理数据内容的方式，在 HTTP 应用中只有 attachment 是标准方式，attachment 表示要求用户干预。在 attachment 后面还可以指定 filename 参数，该参数是服务器建议浏览器将实体内容保存到文件中的文件名称。

例如：

```
response. setHeader("Content-Type","application/x-msdownload" );
response. setHeader("Content-Disposition","attachment; filename="+filename);
```

8.4.2　文件的上传与下载的实现

1. 下载需要的 jar 包文件

Spring MVC 框架的文件上传是基于 commons-fileupload 组件的文件上传，因此需要将 commons-fileupload 包及其依赖包复制到项目的 WEB-INF/lib 目录下。

commons-fileupload 组件可以从网络上下载，本书采用的版本是 1. 4。下载它的 Binaries 压缩包(commons-fileupload-1. 4-bin. zip)，解压后将 jar 文件复制到项目的 WEB-INF/lib 目录下，该文件是 commons-fileupload 组件的类库。site 目录中是 commons-fileupload 组件的文档，也包括 API 文档。

commons-fileupload 组件依赖于 commons-io 包，本书采用 2. 6 版本。下载它的 Binaries 压缩包(commons-io-2. 6-bin. zip)，解压缩后将 commons-io-2. 6. jar 复制到项目的 WEB-INF/lib 目录下。

2. SSM 框架中各层代码的编写

(1)修改 jsp 界面，注意设置 enctype 属性为 multipart/form-data。

例如：

```
<form:form modelAttribute="teacher" method="post" action="teacheradd. do" enctype="multi-
part/form-data">
……
```

```
<li><label>上传照片</label>
    <input type="file" name="myfile" value="请选择图片" /></li>……
</form:form>
```

(2)创建实体类,注意这里要有一个 MultipartFile 属性,例如:

```
public class Teacher {
……
private String tpic;      //照片文件名
private MultipartFile myfile;  //实际照片文件
  ……                      //此处省略了相应的 get 和 set 方法及构造方法
```

(3)在 Controller 层,对接收数据做适当的修改,Dao 层、Service 层、ServiceImpl 层可以不做修改。

```
@RequestMapping("/teacheradd")
public String addTeacher(@Valid @ModelAttribute Teacher teacher,BindingResult result,Model model,HttpSession session,HttpServletRequest request,MultipartFile myfile){
    if(result.hasErrors()){
        return "/jteacher/teacheradd";  }
    //得到上传图片的地址字符串
    String tpic;
    try {
          tpic=MyUtil.upload(request,myfile);
          if (tpic != null){
          //将上传图片的地址字符串封装到实体类中
            teacher.setTpic(tpic);
            System.out.println("－－－－－－－－－－－－－－－图片上传成功!");
          }else{ System.out.println("－－－－－－－－－－－－－－－图片上传失败!"); }
              } catch (IOException e){
                  //TODO Auto-generated catch block
                  e.printStackTrace();
                  System.out.println("－－－－－－－－－－－－－－－图片上传失败!");  }
return teacherService.addTeacher(teacher,model,session);  }
```

3. 编写工具类

因为想实现上传的位置不仅仅是某一个对象,因此最好将实现上传和下载的方法封装在某个类中,需要的时候直接调用即可。例如:

```
public static String upload(HttpServletRequest request,MultipartFile myfile)throws IOException {
    String tpic=null;//装配后的图片地址字符串
    //上传图片
    if(myfile!=null&&!myfile.isEmpty()){
        //使用 UUID 给图片重命名,并去掉四个"－"
```

```
        String name=UUID.randomUUID().toString().replaceAll("-","");
        //获取文件的扩展名
        String ext=FilenameUtils.getExtension(myfile.getOriginalFilename());
        //设置图片上传路径
        String url=request.getSession().getServletContext().getRealPath("/upload");
        //检验文件夹是否存在
        isFolderExists(url);
        //以绝对路径保存重命名后的图片
        myfile.transferTo(new File(url+"/"+name+"."+ext));
        //形成图片地址字符串
        tpic="upload/"+name+"."+ext;  }
    return tpic;  }
```

4. MultipartFile 接口配置

修改 spirngmvc.xml 文件，定义文件上传解析器。例如：

```
……
<!-- 配置文件上传，如果没有使用文件上传可以不用配置 -->
    <bean id="multipartResolver" class="org.springframework.web.multipart.commons.CommonsMultipartResolver">
        <!--默认编码-->
        <property name="defaultEncoding" value="utf-8" />
        <!--文件大小最大值-->
        <property name="maxUploadSize" value="5400000" />
        <!--内存中的最大值-->
        <property name="maxInMemorySize" value="40960" />
        <!--启用是为了推迟文件解析，以便捕获文件大小异常-->
        <property name="resolveLazily" value="true"/>
    </bean> ……
```

5. 图片的显示

在 jsp 页面显示图片的<img>标签，通过 EL 表达式动态为 src 赋值，例如：

```
<td><img src="${pageContext.request.contextPath}/${teacher.tpic}"/></td>
```

8.4.3　文件上传的应用实例

【实例 8-5】　前面介绍了教师表的增、删、改、查操作，现在利用文件的上传功能为每位教师增加一张照片。

(1)复制 SSMDemo8_4 项目到当前空间，名字更改为 SSMDemo8_5，导入上传文件需要的 JAR 包，这里将 commons-fileupload-1.3.1.jar 和 commons-io-2.4.jar 文件复制到项目的\WEB-INF\lib 中。

(2)创建实现功能需要的页面，在 WebRoot 下 jteacher 文件夹中有 3 个页面文件，teacheradd.jsp 中增加一行添加图片，如图 8-14 所示，teacherlist.jsp 中增加一列显示照片，如图 8-15 所示，teacheredit.jsp 的显示情况与 teacheradd.jsp 类似。

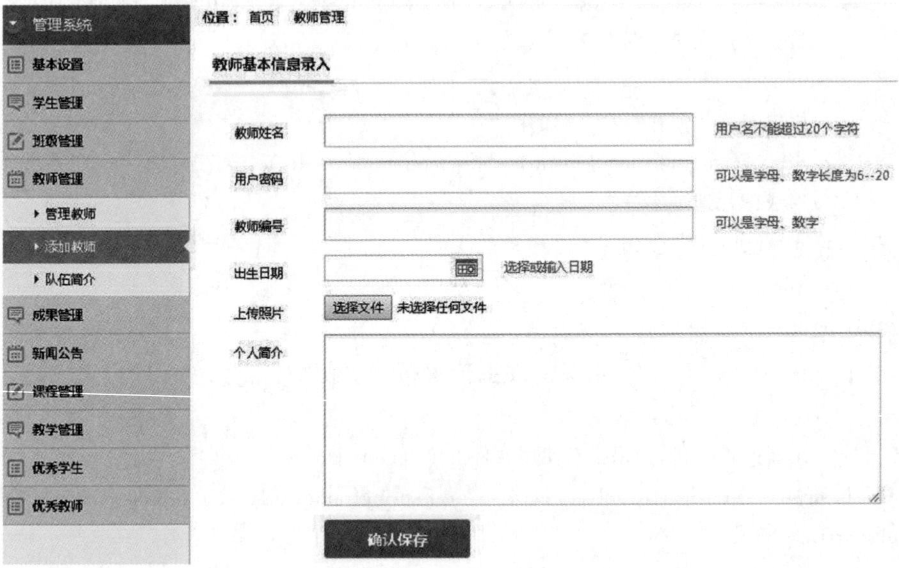

图 8-14　添加教师页面 teacheradd.jsp

图 8-15　显示所有教师页面 teacherlist.jsp

(3)数据库 teach，其中数据表 teacher 增加了一个字段 tpic，类型为字符串。

(4)修改 org.hnist.model 包中的 Teacher.java 实体类，具体代码如下：

```
public class Teacher {
    private Integer tid;                    //ID 号
    @NotEmpty(message="{教师姓名必填!}")//
```

```
    private String tname;                    //姓名
    private String tno;                      //编号
    @DateTimeFormat(pattern="yyyy-mm-dd")  //日期格式化
    @Past(message="{日期不能为系统日期之后!}")
    private Date tdate;                      //出生日期
    @Length(min=6,max=20,message="{密码长度无效!}")
    private String tpassword;//密码
    private String tdescript;//简介
    private String tpic;//照片
    private MultipartFile myfile;//照片文件
  ……                                         //此处省略了相应的 get 和 set 方法及构造方法
```

(5)修改 DAO 层的 SQL 映射文件 TeacherMapper. xml,代码如下:

```
……
<!--添加教师-->
<insert id="addTeacher" parameterType="Teacher">
    insert into teacher (tid,tname,tpassword,tno,tdate,tpic,tdescript) values (null,#{tname},#{tpassword},#{tno},#{tdate},#{tpic},#{tdescript})
</insert>……
```

(6)修改 JSP 页面以适应程序,具体操作如下:

①打开 WebRoot/jteacher 目录下的 teacheradd. jsp 文件,修改如下:

```
……
<form:form modelAttribute="teacher" method="post" action="teacheradd.do" enctype="multipart/form-data">
    <div class="formbody">
    <div class="formtitle"><span>教师基本信息录入</span></div>
        <!--取出所有验证错误-->
            <form:errors path="*" class="formerror"/>
        <ul class="forminfo">
            <li><label>教师姓名</label>
            ……
            <li><label>上传照片</label>
            <input type="file" name="myfile" value="请选择图片" /></li>
    </form:form>……
```

②打开 WebRoot/jteacher 目录下的 teacherlist. jsp 文件,修改如下:

```
……
<tbody>
    <c:forEach items="${allteachers }" var="teacher">
        <tr>
            <td><input name="check" type="checkbox" value="" /></td>
```

```
                <td width="40">${teacher.tid }</td>
                <td width="40">${teacher.tname }</td>
                <td width="30">${teacher.tpassword }</td>
                <td width="40">${teacher.tno }</td>
                <td width="80"><fmt:formatDate value="${teacher.tdate}" pattern="yyyy-MM-dd"/></td>
                <td width="200">${teacher.tdescript }</td>
                <td width="60" align="justify"><img src="${pageContext.request.contextPath}/${teacher.tpic}" width="55"/></td>
                <td width="80">
                <a href="toeditteacher.do? tid=${teacher.tid}">编辑 </a>
                <a href="javascript:checkDel(${teacher.tid})">删除</a></td>
            </tr>
        </c:forEach>
    </tbody>……
```

③打开 WebRoot/jteacher 目录下的 teacheredit.jsp 文件，修改如下：

```
    ……
    <form:form modelAttribute="teacher" method="post" action="teacheredit.do" enctype="multipart/form-data">
        <div class="formbody">
        <div class="formtitle"><span>修改教师基本信息</span></div>
            <ul class="forminfo">
                <li> <form:hidden path="tid" cssClass="dfinput"/></li>
                <li><label>教师姓名</label>
                ……
                <li><label>上传照片</label>
                <form:input path="tpic" cssClass="dfinput" />
                <input type="file" name="myfile" /></li>
                <img src="${pageContext.request.contextPath}/${teacher.tpic}" height="100" width="80"/>    ……
    </form:form>……
```

(7)在项目中创建工具类 com.util.MyUtil，代码如下：

```
    ……
    public class MyUtil {
    ……
    /**
     * 上传图片 * @param request * @param teacher * @param myfile
     * @throws IOException  */
    public static String upload(HttpServletRequest request,MultipartFile myfile)throws IOException {
```

```
        String tpic=null;//装配后的图片地址
        //上传图片
        if(myfile! =null&&! myfile.isEmpty()){
            //使用 UUID 为图片重命名,并去掉四个"-"
            String name=UUID.randomUUID().toString().replaceAll("-","");
            //获取文件的扩展名
            String ext=FilenameUtils.getExtension(myfile.getOriginalFilename());
            //设置图片上传路径
            String url=request.getSession().getServletContext().getRealPath("/upload");
            //检验文件夹是否存在
            isFolderExists(url);
            //以绝对路径保存重命名后的图片
            myfile.transferTo(new File(url+"/"+name+"."+ext));
            //装配图片地址
            tpic="upload/"+name+"."+ext;  }
            return tpic;  }……
```

(8)在 org.hnist.controller 包中修改 TeacherController 类,代码如下:

```
……
@RequestMapping("/teacheradd")
public String addTeacher(@Valid @ModelAttribute Teacher teacher,BindingResult result,Model
model,HttpSession session,HttpServletRequest request,MultipartFile myfile){
    if(result.hasErrors()){
        return "/jteacher/teacheradd";  }
    //得到上传图片的地址字符串
    String tpic;
    try {
            tpic=MyUtil.upload(request,myfile);
            if (tpic ! =null){
            //将上传图片的地址字符串封装到实体类中
              teacher.setTpic(tpic);
              System.out.println("----------------图片上传成功!");
            }else{ System.out.println("----------------图片上传失败!"); }
                } catch (IOException e){
                    //TODO Auto-generated catch block
                    e.printStackTrace();
                    System.out.println("------------图片上传失败!");  }
return teacherService.addTeacher(teacher,model,session);  }
……}
```

(9)在 Spring-mvc.xml 中对 MultipartFile 接口进行配置,代码如下:

```
<!--  配置文件上传,如果没有使用文件上传可以不用配置  -->
```

```
<bean id="multipartResolver" class="org.springframework.web.multipart.commons.CommonsMultipartResolver">
    <!--默认编码-->
    <property name="defaultEncoding" value="utf-8" />
    <!--文件大小最大值-->
    <property name="maxUploadSize" value="5400000" />
    <!--内存中的最大值-->
    <property name="maxInMemorySize" value="40960" />
    <!--启用是为了推迟文件解析,以便捕获文件大小异常-->
    <property name="resolveLazily" value="true"/>
</bean> ……
```

(10)运行这个项目,正常登录进入后台,进行教师信息添加,可以实现对教师增加图片的功能,并且指定的数据已经添加到数据库对应表中,图片保存在指定的 upload 文件夹中。

文件的上传和下载还可以通过 UEditor 编辑器来实现,例如教学内容的上传和下载,具体操作参考 SSMDemo8_5 实例。

8.4.4 文件下载的应用实例

【实例 8-6】 前面的例子不仅仅可以上传图片文件也可以上传其他类型的文件,文件上传后如果要实现文件的下载如何操作呢?现在利用文件的上传和下载功能实现实验教学内容的上传和下载。

(1)复制 SSMDemo8_5 项目到当前空间,名字更改为 SSMDemo8_6。

(2)创建实现功能需要的页面,在 WebRoot 下 jexperiment 文件夹中有 3 个页面文件,experimentadd.jsp 中增加一行添加图片,如图 8-16 所示,experimentlist.jsp 中增加一列显示照片,如图 8-17 所示,experimentedit.jsp 的显示情况与 experimentadd.jsp 类似。

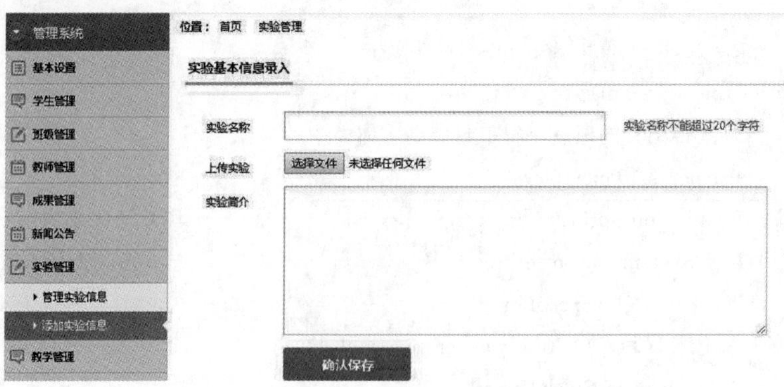

图 8-16 添加实验页面 experimentadd.jsp

(3)在数据库 teach 中增加数据表 experiment,数据表结构如图 8-18 所示。

(4)在 org.hnist.model 包中创建 Experiment.java 实体类,具体代码如下:

```
public class Experiment {
    private Integer eid;                    //实验 ID 号
```

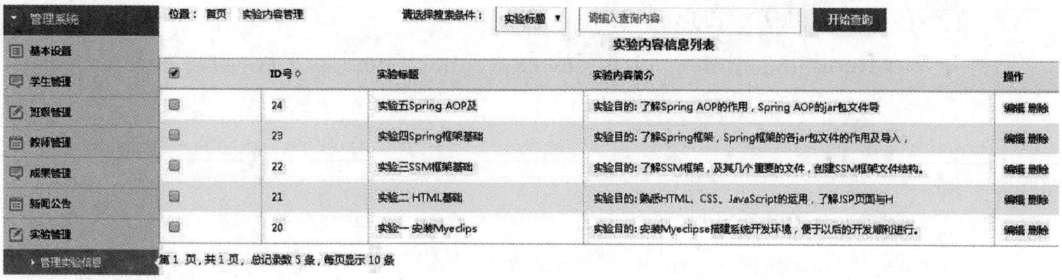

位置：首页　实验内容管理　　请选择搜索条件：实验标题　请输入查询内容　开始查询

实验内容信息列表

☑	ID号	实验标题	实验内容简介	操作
☐	24	实验五Spring AOP及	实验目的：了解Spring AOP的作用，Spring AOP的jar包文件导	编辑 删除
☐	23	实验四Spring框架基础	实验目的：了解Spring框架，Spring框架的各jar包文件的作用及导入，	编辑 删除
☐	22	实验三SSM框架基础	实验目的：了解SSM框架，及其几个重要的文件，创建SSM框架文件结构。	编辑 删除
☐	21	实验二 HTML基础	实验目的：熟悉HTML、CSS、JavaScript的运用，了解JSP页面与H	编辑 删除
☐	20	实验一 安装Myeclips	实验目的：安装Myeclipse搭建系统开发环境，便于以后的开发顺利进行。	编辑 删除

第 1 页，共 1 页，总记录数 5 条，每页显示 10 条

图 8-17　显示所有实验页面 experimentlist. jsp

名	类型	长度	小数点	允许空值 (	
eid	int	11	0	☐	🔑1
etitle	varchar	40	0	☐	
econtent	varchar	1000	0	☑	
efile	varchar	50	0	☑	

图 8-18　experiment 数据表结构

```
    private String etitle;                  //实验标题
    private String econtent;                //实验描述
    private String efile;                   //文件名称
    private MultipartFile myfile;           //实际文件
    ……                                      //此处省略了相应的 get 和 set 方法及构造方法
```

(5)在 DAO 层创建 SQL 映射文件 ExperimentMapper. xml，代码如下：

```
……
<mapper namespace="org. hnist. dao. ExperimentMapper">
<! --查询所有记录-->
<select id="listallExperiment" resultType="Experiment" >
    select * from experiment order by eid
</select>
<! --添加实验-->
<insert id="addExperiment" parameterType="Experiment">
    insert into experiment (eid,etitle,econtent,efile)values (null,#{etitle},#{econtent},#{efile})
</insert>
……
```

在 DAO 层创建映射接口文件 ExperimentMapper. java，代码如下：

```
……
@Repository("experimentMapper")
@Mapper
public interface ExperimentMapper {
    //显示所有的记录
    public List<Experiment> listallExperiment();
    //增加实验记录
    public int addExperiment(Experiment experiment);
    ……}
```

(6)修改 JSP 页面以适应程序,具体操作如下:

①打开 WebRoot/jexperiment 目录下的 experimentadd.jsp 文件,修改如下:

```
……
<form:form modelAttribute="experiment" action="experimentadd.do" method="post" enctype="multipart/form-data">
<div class="formbody">
    <div class="formtitle"><span>实验基本信息录入</span></div>
    <ul class="forminfo">
        <li><label>实验名称</label>
            <form:input path="etitle" cssClass="dfinput"/><i>实验名称不能超过 20 个字符</i></li>
        <li><label>上传实验</label>
            <input type="file" name="myfile" value="请选择实验文件" /></li> <li><label>实验简介</label>
        <form:textarea path="econtent" cssClass="textinput"/></li>
        <li><label> </label><input name="" type="submit" class="btn" value="确认保存"/></li>
    </ul>
</div>
</form:form> ……
```

②打开 WebRoot/jexperiment 目录下的 experimentlist.jsp 文件,修改如下:

```
……
<tbody>
    <c:forEach items="${allExperiment}" var="experiment">
        <tr>
            <td width="10"><input name="check" type="checkbox"/></td>
            <td width="15">${experiment.eid }</td>
            <td width="40">${fn:substring(experiment.etitle,0,15)}</td>
            <td width="100">${fn:substring(experiment.econtent,0,80)}</td>
            <td width="40">
            <a href="toeditexperiment.do? eid=${experiment.eid}">编辑 </a>
            <a href="javascript:checkDel(${experiment.eid})">删除</a></td>
        </tr>
    </c:forEach>
</tbody>……
```

③打开 WebRoot/jexperiment 目录下的 experimentedit.jsp 文件,修改如下:

```
……
<form:form modelAttribute="experiment" action="experimentedit.do" method="post" enctype="multipart/form-data">
    <div class="formbody">
    <div class="formtitle"><span>修改实验基本信息</span></div>
        <ul class="forminfo">
```

```
            <li> <form:hidden path="eid" cssClass="dfinput"/></li>
            <li><label>实验名称</label>
                <form:input path="etitle" cssClass="dfinput"/><i>实验名称不能超过 20 个
字符</i></li>
            <li><label>上传文件</label>
                <form:input path="efile" cssClass="dfinput"  />
                <input type="file" name="myfile" /> </li>
            <li><label>实验内容</label>
                <form:textarea path="econtent" cssClass="textinput"/></li>
            <li><label> </label><input name="" type="submit" class="btn" value
="确认保存"/></li>
        </ul>
    </div>
</form:form>……
```

(7)在项目中的工具类 com. util. MyUtil 中增加下载功能的代码如下：

```
    ……
    public class MyUtil {
    ……
public static String download(@RequestParam String efile,HttpServletRequest request,HttpServle-
tResponse response){
        String aFilePath=null; //要下载的文件路径
        FileInputStream in=null; //输入流
        ServletOutputStream out=null; //输出流
        try {
            //指定下载路径
            aFilePath=request.getServletContext().getRealPath("");
            //设置下载文件使用的报头
            response.setHeader("Content-Type","application/x-msdownload");
            response.setHeader("Content-Disposition","attachment; filename="+toUTF8String
(efile));
            //读入文件
            in=new FileInputStream(aFilePath+"\\"+efile);
            //得到响应对象的输出流,用于向客户端输出二进制数据
            out=response.getOutputStream();
            out.flush();
            int aRead=0;
            byte b[]=new byte[1024];
            while ((aRead=in.read(b))!=-1 & in!=null){
                out.write(b,0,aRead);  }
            out.flush();
            in.close();
            out.close();
        } catch (Throwable e){
```

```
            e. printStackTrace();  }
        System. out. println("下载成功!!");
        return null;  }  ……
```

(8)在 org. hnist. controller 包中创建 ExperimentController 类,代码如下:

```
……
@Controller
public class ExperimentController {
    @Autowired
    private ExperimentService experimentService;
    ……
    @RequestMapping("/toaddexperiment")
    public String toaddExperiment(Model model){
        model. addAttribute("experiment",new Experiment());
        return experimentService. toaddExperiment();  }
    @RequestMapping("/experimentadd")
    public String addExperiment (@ ModelAttribute (" experiment") Experiment experiment, Model
model,HttpSession session,HttpServletRequest request,MultipartFile myfile){
    //得到上传文件的地址
    String  efile;
    try {
        efile=MyUtil. upload(request,myfile);
        if (efile ! =null){
            //将上传文件的文件名封装到实体类
          experiment. setEfile(efile);
          System. out. println("————————————文件上传成功!");
        }else{
          System. out. println("———————————文件上传失败!");  }
    } catch (IOException e){
        //TODO Auto-generated catch block
        e. printStackTrace();
        System. out. println("——————————————文件上传失败!");  }
        return experimentService. addExperiment(experiment,model,、session);}
    @RequestMapping("/experimentedit")
    public String updateByEId(Integer eid,Experiment experiment,Model model,HttpServletRequest
request,MultipartFile myfile){
    //得到上传文件的地址
        String efile;
        try {
            efile=MyUtil. upload(request,myfile);
            if (efile ! =null){
              //将上传文件的文件名装到实体类
              experiment. setEfile(efile);
              System. out. println("———————————文件上传成功!");
```

```
        }else{System.out.println("——————————文件上传失败!"); }
    } catch (IOException e){
        //TODO Auto-generated catch block
        e.printStackTrace();
        System.out.println("————————————文件上传失败!");}
    return experimentService.updateByEId(experiment);} ……
```

(9)修改 MyBatis 核心配置文件 mybatis-config. xml,添加与 Experiment 相关的代码:

```
……
    <typeAliases>
        <typeAlias alias="Teacher" type="org.hnist.model.Teacher"/>
        <typeAlias alias="Classes" type="org.hnist.model.Classes"/>
        <typeAlias alias="News" type="org.hnist.model.News"/>
        <typeAlias alias="Experiment" type="org.hnist.model.Experiment"/>
    </typeAliases>
    <mappers>
        <mapper resource="org/hnist/dao/TeacherMapper.xml" />
        <mapper resource="org/hnist/dao/ClassesMapper.xml" />
        <mapper resource="org/hnist/dao/NewsMapper.xml" />
        <mapper resource="org/hnist/dao/ExperimentMapper.xml" />
    </mappers>……
```

在 Spring-mvc. xml 中,已经对上传做了设置这里不做修改,applicationContext. xml 文件也不做修改。

(10)运行项目,正常登录进入后台,进行教师信息添加,可以实现对教师增加图片的功能,并且指定的数据已经添加到数据库对应表中,图片保存在指定的 upload 文件夹中。

(11)如何在前台也显示这些实验内容的相关信息,如下图 8-19 所示。

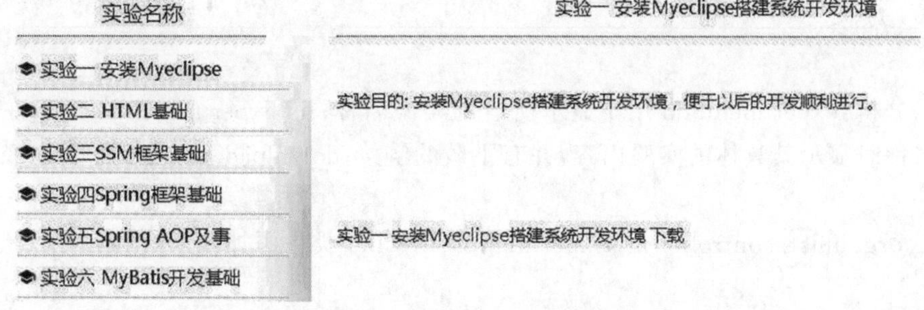

图 8-19　前台实验内容的信息显示

①因为要在前台显示数据表的信息,关于"实验内容"的链接要做适当修改,在 top. jsp 文件中修改如下:

```
……
<div id="menu-box" class="clearfix">
    <ul>
        <li><a href="index.jsp">首页</a></li>
        <li><a href="course.jsp">课程介绍</a></li>
```

```
        <li><a href="teacher.jsp">师资队伍</a></li>
        <li><a href="teach.do">教学内容</a></li>
        <li><a href="experiment.do">实验内容</a></li>
        <li><a href="communication.jsp">互动交流</a></li>
    ……
```

②在 experiment.jsp 文件中做如下修改：

```
……
<div class="tit-80"><a href="experiment.do">实验名称</a>实验内容</div>
<div class="tabula-box">
    <div class="max-tit">实验名称</div>
        <ul>
            <c:forEach items="${allExperiments}" var="experiment">
                <li><a href="listexperiment.do?eid=${experiment.eid}">${fn:substring
(experiment.etitle,0,16)}</a></li>
            </c:forEach>
        </ul>
    </div>
    <div class="content-box">
        <h1>实验内容</h1>
        <div class="content">
            <h1>${listExperiment.etitle}</h1>
            <h2>${listExperiment.econtent}</h2>
            <br><br>
           <h2><a href="download.do?efile=${listExperiment.efile}">${listExperiment.
etitle} 下载</a></h2>
        </div>
    </div>
</div>
```

代码分析：experiment.do 用于显示所有的实验名称；listexperiment.do 用于在指定某个实验名称时显示其具体的实验内容，并有下载的链接；download.do 用于下载已经上传的实验文件。

③在 org.hnist.controller 的 ExperimentController 类中添加如下代码：

```
……
@RequestMapping("/experiment")
public String listallExperiment(HttpSession session){
    return experimentService.listallExperimentBefore(session);  }
@RequestMapping("/listexperiment")
public String listExperiment(Integer eid,Experiment experiment,Model model,HttpSession session){
    return experimentService.listExperiment(eid,experiment,model,session);}
@RequestMapping("download")
public String download(@RequestParam String efile, HttpServletRequest request, HttpServletRe-
sponse response){
```

```
        return MyUtil.download(efile,request,response);   }
```

④在 org.hnist.service 的 ExperimentService 类中添加如下代码：

```
//显示在前台需要的所有实验信息
public String listallExperimentBefore(HttpSession session);
//显示指定实验名称的实验内容信息
public String listExperiment(Integer eid,Experiment experiment,Model model,HttpSession session);
```

⑤在 org.hnist.service 的 ExperimentServiceImpl 类中添加如下代码：

```
//显示在前台的所有记录
@Override
public String listallExperimentBefore(HttpSession session){
        if(experimentMapper.listallExperiment()!=null && experimentMapper.listallExperiment().
size()>0){
            //调用 experimentMapper.listallExperiment ()方法查找所有记录
            List<Experiment> listall=experimentMapper.listallExperiment();
            session.setAttribute("allExperiments",listall);
            return "/experiment";
        }   return "/experiment";   }
@Override
public String listExperiment(Integer eid,Experiment experiment,Model model,HttpSession session){
        if(experimentMapper.listByEid(eid)!=null){
            Experiment Experiment1=experimentMapper.listByEid(eid);
            System.out.println("获得的实验内容是:"+Experiment1);
            session.setAttribute("listExperiment",Experiment1);
            return "/experiment";}
        else{
            return "/experiment";   }   }
```

(12)重新运行这个项目，正常登录进入后台，进行实验信息添加，再进入前台的实验内容页面，发现添加的实验内容已经显示在左边栏目中，单击该栏目可以在右边显示实验内容及下载链接，单击此链接可以实现文件的下载。

8.5 拦截器

Spring MVC 的拦截器(Interceptor)用于拦截用户的请求并做相应的处理，过滤器(Filter)功能与之类似，但两者有着本质的不同，过滤器是基于函数回调的，需要依赖 Servlet 容器，拦截器不依赖于 Servlet 容器，依赖于 Web 框架。

8.5.1 拦截器概述

拦截器依赖于 Web 框架，在 Spring MVC 中就是依赖 Spring MVC 框架。在实现上，基于 Java 的反射机制，属于面向切面编程(AOP)的一种运用。由于拦截器是基于 Web 框架的调用，因此可以使用 Spring 的依赖注入(DI)进行业务操作，同时一个拦截器实例在一个 Controller 生命周期之内可以多次调用。但是缺点是只能对 Controller 请求进行拦截，对一些直接访问静态资源的请求则没办法进行拦截处理。拦截器一般用于：日志记录、权限检查、性能监控等。

Spring MVC 中拦截器的实现过程：

(1)用户发送请求，经过前端控制器 Dispachersevlet(Controller 的核心)将 url 交给处理器映射器 HandlerMapping 处理；

(2)处理器映射器 HandlerMapping 处理 url，返回 HandlerExecutionChain(可能包含拦截器，一定包含自定义的 Controller(handler))；

(3)前端控制器将 Controller 交给处理器适配器 HandlerAdapter 处理，处理完成后，返回 ModelAndView 对象；

(4)前端控制器将 ModelAndView 对象交给视图解析器处理，处理的过程：将 ModelAndView 对象拆分成 Model 和 View 两个对象，并且将 Model 渲染到 View 视图上，并且将 View 返回给前端控制器；

(5)前端控制器将视图响应给用户。

8.5.2 拦截器的实现

在 Spring MVC 框架中，要实现一个拦截器，只需要对拦截器进行定义和配置两个步骤。

定义一个拦截器有两种方式：一种是通过实现 HandlerInterceptor 接口或继承 HandlerInterceptor 接口的实现类来定义；另一种是通过实现 WebRequestInterceptor 接口或继承 WebRequestInterceptor 接口的实现类来定义。

这里以实现 HandlerInterceptor 接口的定义方式为例进行介绍，HandlerInterceptor 接口中定义了三种方法：preHandle()、postHandle()、afterCompletion()，通过这三种方法来对用户的请求进行拦截处理的。

preHandle()：这个方法在业务处理器处理请求之前被调用，Spring MVC 中的 Interceptor 是链式调用的，在一个请求中可以同时存在多个 Interceptor。每个 Interceptor 的调用依据它的声明顺序依次执行，最先执行的都是 Interceptor 中的 preHandle()方法，所以可以在这个方法中进行一些前置初始化操作或者是对当前请求的一个预处理，也可以在这个方法中进行一些判断来决定请求是否要继续进行。该方法的返回值是布尔值 Boolean 类型的，当它返回为 false 时，表示请求结束，后续的所有操作都不会再执行；当返回值为 true 时会继续调用下一个 Interceptor 的 preHandle ()方法，如果已经是最后一个 Interceptor 的时候就会调用当前请求的 Controller 方法。

postHandle()：这个方法在控制器的处理请求方法调用之后，解析视图之前执行，所以可以在这个方法中对 Controller 处理之后的 ModelAndView 对象进行操作。postHandle()方法被调用的方向与 preHandle()方法是相反的。

afterCompletion()：该方法在控制器的处理请求方法执行完成后执行，即视图渲染结束后执行。这个方法一般用于进行资源清理、记录日志信息等工作。

(1)拦截器的定义，例如：

```
public class TestInterceptor implements HandlerInterceptor{
@Override
```

```
public boolean preHandle(HttpServletRequest request, HttpServletResponse response, Object handler)throws Exception {
    System.out.println("preHandle()方法在控制器的处理请求方法前执行");
    /**返回 true 表示继续向下执行,返回 false 表示中断后续操作*/
    return true;    }
@Override
public void postHandle(HttpServletRequest request, HttpServletResponse response, Object handler, ModelAndView modelAndView)throws Exception {
    System.out.println("postHandle()方法在控制器的处理请求方法调用之后,解析视图之前执行");}
@Override
public void afterCompletion(HttpServletRequest request, HttpServletResponse response, Object handler, Exception ex)throws Exception {
    System.out.println("afterCompletion()方法在控制器的处理请求方法执行完成后执行,即视图渲染结束之后执行");    }}
```

(2)拦截器的配置,一般在 Spring MVC 的配置文件中进行,例如:

```
<!--配置拦截器-->
<mvc:interceptors>
    <!--配置一个全局拦截器,拦截所有请求-->
    <bean class="interceptor.TestInterceptor"/>
    <mvc:interceptor>
        <!--配置拦截器作用的路径-->
        <mvc:mapping path="/communication.do"/>
        <mvc:mapping path="/experiment.do"/>
        <!--配置不需要拦截作用的路径-->
        <mvc:exclude-mapping path=""/>
        <!--定义在<mvc:interceptor>元素中,表示匹配指定路径的请求才进行拦截-->
        <bean class="com.util.LoginInterceptor1"/>
    </mvc:interceptor>
    <mvc:interceptor>
        <!--配置拦截器作用的路径-->
        <mvc:mapping path="/**"/>
        <!--定义在<mvc:interceptor>元素中,表示匹配指定路径的请求才进行拦截-->
        <bean class="com.util.LoginInterceptor2"/>
    </mvc:interceptor>
</mvc:interceptors>
```

这里配置了 2 个拦截器,代码中的<mvc:interceptors> 用于配置一组拦截器,其子元素<bean>定义的是全局拦截器,拦截所有请求;<mvc:interceptor>用于配置指定路径的拦截器,其子元素< mvc: mapping path="/**"/>定义指定的拦截路径为全部路径,<mvc:exclude-mapping path=""/>指定不需要拦截的路径。

8.5.3 拦截器的应用实例

【实例 8-7】 判断是否是合法的学生用户，只有成功登录的学生用户才能访问教学和实验页面，如果不是则不能访问，并有登录提示。

(1)复制 SSMDemo8_6 项目到当前空间，名字更改为 SSMDemo8_7。

(2)按照前面介绍的教师用户的操作步骤来实现学生用户的增、删、改、查操作，具体的实现过程这里不再赘述。

(3)修改 index.jsp 文件中的学生用户登录部分，代码如下：

```
……
<div class="title-box">学生登录</div>
    <form action="loginuser.do" modelAttribute="user" method="post">
        <input type="text" name="username" value="用户名" class="uname" onclick="JavaScript:this.value=''">
        <input type="password" name="userpassword" value="123456" class="upass" onclick="JavaScript:this.value=''">
    <div class="t-link">
        <input type="checkbox" name="checkbox" id="checkbox" class="chek">记住密码
        <a href="forgetpass.html" target="_blank">忘记密码？</a>
      </div>
      <input name="" type="submit" class="input-login" value="登录" />
      <input type="button" name="button" id="button" value="注册" class="input-but" onClick="window.open('register.html')">
        <p align="center"> <FONT COLOR="red" > ${msg1}</FONT> </p>
    </form>
  </div>……
```

(4)修改 Controller 层文件中的学生用户登录部分，代码如下：

```
@RequestMapping("/loginuser")
public String login(@ModelAttribute User user,Model model,HttpSession session){
    return userService.loginUser(user,model,session);  }
```

(5)修改 Service 层文件中的学生用户登录部分，在 UserService.java 中添加如下代码：

```
public String loginUser(User user,Model model,HttpSession session);
```

在 UserServiceImpl.java 中添加如下代码：

```
//登录验证
@Override
public String loginUser(User user,Model model,HttpSession session){
    if(userMapper.loginUser(user)! =null && userMapper.loginUser(user).size()> 0){
        List<User> user1=userMapper.loginUser(user);
        session.setAttribute("user",user1);
        String username=user.getUsername();
        session.setAttribute("username",username);
        model.addAttribute("msg1","欢迎您!"+username);
```

```
        return "/index";  }
    model.addAttribute("msg1","用户名或密码是否错误!");
    return "/index";  }
```

(6)修改 DAO 层文件中的学生用户登录部分,在 UserMapper.xml 文件中添加如下代码:

```
<!--判断是否存在指定学生-->
<select id="loginUser" parameterType="User" resultType="User">
    select * from user WHERE (username=#{username} and userpassword=#{userpassword})
</select>
```

在 UserMapper.java 文件中添加如下代码:

```
//登录验证,注意这里的方法名称 login 与 UserMapper.xml 定义的要一致
public List<User> loginUser(User user);
```

(7)因为拦截器可能会有多个,这里把拦截器的定义放在了 com.util 包中,在 com.util 包中创建 LoginInterceptor.java 文件,定义拦截器,代码如下:

```
public class LoginInterceptor implements HandlerInterceptor{
@Override
public boolean preHandle(HttpServletRequest request, HttpServletResponse response, Object handler)
        throws Exception {
        //获取 Session
        HttpSession session=request.getSession();
        Object obj=session.getAttribute("user");
        if(obj !=null)
            return true;
        //没有登录且不是登录页面,转发到登录页面,并给出提示错误信息
        request.setAttribute("msg1","还没登录,请先登录!");
        request.getRequestDispatcher("/index.jsp").forward(request,response);
        return false;  }}
```

(8)配置拦截器,在 spring-mvc.xml 文件中添加如下代码:

```
……
<mvc:interceptors>
    <mvc:interceptor>
        <!--配置拦截器作用的路径-->
        <mvc:mapping path="/experiment.do"/>
        <mvc:mapping path="/teach.do"/>
        <bean class="com.util.LoginInterceptor"/>
    </mvc:interceptor>
</mvc:interceptors>
```

(9)运行项目,进行拦截器的测试,发现已经按照要求进行拦截,没有正常登录不会跳转到指定的页面而是跳转到首页,并在学生登录位置显示没有登录的提示信息,如图 8-20 所示。

图 8-20　拦截器测试结果

8.6　数据的导入和导出

8.6.1　数据的导入和导出概述

数据的导入和导出一般是指将数据表的记录导出到 Excel 表，或者将 Excel 表的记录导入数据表中，目前支持操作 Excel 文件有三种形式：Apache POI、FastExcel、Java Excel (JXL)。JXL 是一个开源项目，只能对 Excel 进行操作，只支持 Excel 95－2000 版本，现在已经停止更新和维护。FastExcel 是一个采用纯 java 开发的 Excel 文件读写组件，支持 Excel 97－2003 版本的文件格式。目前采用得比较多的是 Apache POI 形式。

通过 POI，Web 项目可以与 Office 建立联系。POI 中的几个 Office 对象如下：

HSSF：读写 Microsoft Excel 格式档案的功能；

XSSF：读写 Microsoft Excel OOXML 格式档案的功能；

HWPF：读写 Microsoft Word 格式档案的功能；

HSLF：读写 Microsoft PowerPoint 格式档案的功能；

HDGF：读写 Microsoft Visio 格式档案的功能。

8.6.2　数据的导入和导出的实现

1. 下载 Apache POI

可以通过网络下载 Apache POI，本书选择的是 poi-bin-4.1.0 版本。解压压缩包，目录结构如图 8-21 所示，将如图 8-22 所示的 jar 文件都拷贝到 Web 项目的\WEB-INF\lib 目录下。注意：在 lib 文件夹和 ooxml-lib 文件夹下都有 jar 文件，如果不清楚要复制什么文件，可以将目录下所有的 jar 文件都复制过去。

名称	修改日期
docs	2019-04-05 16:05
lib	2019-04-05 16:05
ooxml-lib	2019-04-05 16:05
LICENSE	2019-04-05 9:14
NOTICE	2019-04-05 9:14
poi-4.1.0.jar	2019-04-05 16:03
poi-examples-4.1.0.jar	2019-04-05 16:04
poi-excelant-4.1.0.jar	2019-04-05 16:04
poi-ooxml-4.1.0.jar	2019-04-05 16:03
poi-ooxml-schemas-4.1.0.jar	2019-04-05 16:04
poi-scratchpad-4.1.0.jar	2019-04-05 16:03

图 8-21　Apache POI 目录结构

commons-codec-1.12.jar	2019-04-05 9:33
commons-logging-1.2.jar	2019-04-05 9:33
junit-4.12.jar	2019-04-05 9:33
log4j-1.2.17.jar	2019-04-05 9:33
poi-4.1.0.jar	2019-04-05 16:03
poi-examples-4.1.0.jar	2019-04-05 16:04
poi-excelant-4.1.0.jar	2019-04-05 16:04
poi-ooxml-4.1.0.jar	2019-04-05 16:03
poi-ooxml-schemas-4.1.0.jar	2019-04-05 16:04
poi-scratchpad-4.1.0.jar	2019-04-05 16:03
xmlbeans-3.1.0.jar	2019-04-05 9:33

图 8-22　复制 jar 文件到\WEB-INF\lib 目录下

2. 创建并导出页面文件

创建并导出页面可以通过 a 标签的链接形式来实现，也可以通过<button onclick="uploadFile()">上传</button>，然后定义 function uploadFile()方法的形式来实现，例如：

```
……
function uploadFile(){
……  }
function OutputExcel(){
    window.location.href="export.do";  }
</script>
</head>
<body>
<table>
    <tr>
<td><a href="download/demo.xlsx">上传 Excel 文件格式　下载</a></td>
        <td><input type="file" id="upload" name="upload" value="" /></td>
        <td><button onclick="uploadFile()">上传</button></td>
        <td><button onclick="OutputExcel()">导出</button></td>
        </tr>
    </table>
</body>……
```

3. DAO 层的实现

DAO 层的实现涉及数据库的读写操作，为了批量写入和读出语句，可以定义如下 xml 文件和 Java 接口文件。

xml 文件：

```
……
<resultMap id="BaseResultMap" type="java.util.HashMap">
<id column="uid" jdbcType="INTEGER" property="uid" />
<result column="username" jdbcType="VARCHAR" property="username" />
<result column="userpassword" jdbcType="VARCHAR" property="userpassword"/>
<result column="usersex" jdbcType="VARCHAR" property="usersex" />
```

```
<result column="userno" jdbcType="VARCHAR" property="userno" />
<result column="class_id" jdbcType="INTEGER" property="class_id" />
<result column="userdescript" jdbcType="VARCHAR" property="userdescript" />
<result column="upic" jdbcType="VARCHAR" property="upic" />
<result column="classname" jdbcType="VARCHAR" property="classname" />
</resultMap>
<insert id="read" parameterType="Map" >
insert into user (uid,username,userpassword,usersex,userno,class_id,userdescript,upic,classname)
values (null,#{username},#{userpassword},#{usersex},#{userno},#{class_id,jdbcType=INTEGER},#{userdescript},#{upic},#{classname})
</insert>
<select id="export" resultMap="BaseResultMap">
    select uid,username,userpassword,usersex,userno,class_id,userdescript,upic,classname from user order by uid asc
    </select>
<insert id="insertForeach" parameterType="java.util.List" useGeneratedKeys="false">
     insert into user (username,userpassword,usersex,userno,class_id,userdescript,upic,classname)values
    <foreach collection="list" item="item" index="index" separator=",">
        (
            #{item.username},
            #{item.userpassword},
            #{item.usersex},
            #{item.userno},
            #{item.class_id,jdbcType=INTEGER},
            #{item.userdescript},
            #{item.upic},
            #{item.classname}    )
        </foreach>
    </insert>
```

Java 接口文件：

```
……
public int read(Map<String,Object> ginsengMap);
public List<Map<String,Object>> export ();
public int insertForeach(List<Object> list);……
```

4. Controller 层的实现

页面定义的 read.do 和 export.do 要在 Controller 层定义相应的语句与之对应。

```
……
@RequestMapping("/read")
public String add(MultipartFile file,HttpServletRequest request)throws IOException {
    String flag="02";
    if (! file.isEmpty()){
```

```
            try {
                String originalFilename=file.getOriginalFilename();
                System.out.println("文件名为:"+originalFilename);
                InputStream is=file.getInputStream();
                flag=userService.read(is,originalFilename);
            } catch (Exception e){
            flag="03";
            e.printStackTrace();   }   }
        return flag;     }
    @RequestMapping(value="/export.do",produces="application/form-data;charset=utf-8")
    public String OutputExcel(HttpServletRequest request,HttpServletResponse response)throws Excep-
tion{System.out.println("realPath:"+request.getServletContext().getRealPath("/"));
        String url=request.getServletContext().getRealPath("/")+"download/student.xlsx"; //指定下
载的文件名
        return userService.export(url);   }……
```

5. Service 层的实现

Controller 层定义的 UserService.read 和 UserService.export 方法要在 Service 层定义相应的语句与之对应。

UserService 中：

```
……
public String read(InputStream is,String originalFilename);
public String export(String url);……
```

UserServiceImpl 中导入，从 Excel 中获得的数据放入 List 中，遍历后再放入实体，执行插入操作：

```
……
@Override
public String read(InputStream is,String originalFilename){
    //TODO Auto-generated method stub
    Map<String,Object> ginsengMap=new HashMap<String,Object>();
    List<ArrayList<Object>> list;
    if (originalFilename.endsWith(".xls")){
        list=ExcelUtil.readExcel2003(is);//调用 ExcelUtil 中的方法
    } else {
        list=ExcelUtil.readExcel2007(is);  }
    System.out.println("总共"+list.size()+"条记录");
    for (int i=0,j=list.size(); i < j; i++){
        List<Object> row=list.get(i);
        if (row! =null&&row.size()>0){
            ginsengMap.put("username",row.get(0).toString());
            ginsengMap.put("userpassword",row.get(1).toString());
            ginsengMap.put("usersex",row.get(2).toString());
            ginsengMap.put("userno",row.get(3).toString());
```

```
                ginsengMap.put("userdescript",row.get(4).toString());
                ginsengMap.put("class_id",row.get(5).toString());
                ginsengMap.put("upic",row.get(6).toString());
                ginsengMap.put("classname",row.get(7).toString());
                //判断指定姓名用户是否存在,也可以修改为学号会更精确
                String username=(String)ginsengMap.get("username");
                List<User> userlist=userMapper.listByUName(username);
                if (userlist!=null&&userlist.size()>0){
                    System.out.println("用户"+username+"已存在");
                }else {
                    userMapper.read(ginsengMap);
                    System.out.println("添加一条记录:"+ginsengMap.toString());
                } } }
        return "01"; }
    @Override
    public String export(String url){
        //TODO Auto-generated method stub
        File file=new File(url);
        try {
            if (!file.exists()){
                file.createNewFile(); }
        } catch (Exception e){
            //TODO: handle exception }
        List<Map<String,Object>> list=userMapper.export();
        for (int i=0; i < list.size(); i++){
            System.out.println(list.get(i).toString()); }
        ExcelUtil.writeExcel(list,list.get(0).size(),url);
        return "redirect:/download/student.xlsx";}……
```

6. 创建 Excel 操作工具类

POI 中的关于 Excel 数据表操作的几个对象:HSSFWorkbook:excel 文档对象,HSSFSheet:Excel 的 sheet;HSSFRow:Excel 的行;HSSFCell:Excel 的单元格。限于篇幅本书仅仅给出 writeExcel 方法的代码。

```
……
public class ExcelUtil {
private static final String EXCEL_XLS="xls";
private static final String EXCEL_XLSX="xlsx";
public static ArrayList<ArrayList<Object>> readExcel2003(InputStream is){
    …… }
public static ArrayList<ArrayList<Object>> readExcel2007(InputStream is){
    …… }
public static List<Map<String,Object>> readExcel(InputStream is){
    …… }
```

```
public static void writeExcel(List<Map<String,Object>> list,int cloumnCount,String finalXlsx-
Path){
        OutputStream out=null;
        try {
            //获取总列数
            int columnNumCount=cloumnCount;
            //读取 Excel 文档
            File finalXlsxFile=new File(finalXlsxPath);
            System.out.println(finalXlsxFile.getAbsolutePath());
            Workbook workBook=getWorkbok(finalXlsxFile);
            //sheet 对应一个工作页
            Sheet sheet=workBook.getSheetAt(0);
            //删除原有数据,除了属性列
            int rowNumber=sheet.getLastRowNum(); //第一行从 0 开始算
            System.out.println("删除原始数据");
            for (int i=1; i <=rowNumber; i++){
                Row row=sheet.getRow(i);
                sheet.removeRow(row);}
            //创建文件输出流;输出电子表格,这个必须有,否则在 sheet 上做的任何操作都无效
            out=new FileOutputStream(finalXlsxPath);
            workBook.write(out);
            //写表头信息
            Row row0=sheet.createRow(0);
            for (int k=0; k <=columnNumCount; k++){
                Cell first=row0.createCell(0);
                first.setCellValue("username");
                Cell second=row0.createCell(1);
                second.setCellValue("userpassword");
                Cell third=row0.createCell(2);
                third.setCellValue("usersex");  ……}
            //往 Excel 中写新数据
            for (int j=0; j < list.size(); j++){
                //创建一行:从第二行开始,跳过属性列
                Row row=sheet.createRow(j+1);
                //得到要插入的每一条记录
                Map dataMap=list.get(j);
                String username=dataMap.get("username").toString();
                String userpassword=dataMap.get("userpassword").toString();
                String usersex=dataMap.get("usersex").toString();
                String userno=dataMap.get("userno").toString();
                String class_id=dataMap.get("class_id").toString();
                String userdescript=dataMap.get("userdescript").toString();
                String upic=dataMap.get("upic").toString();
```

```
            String classname=dataMap.get("classname").toString();
            for (int k=0; k <=columnNumCount; k++){
                //在一行内循环
                Cell first=row.createCell(0);
                first.setCellValue(username);
                Cell second=row.createCell(1);
                second.setCellValue(userpassword);
                Cell third=row.createCell(2);
                third.setCellValue(usersex);
                Cell four=row.createCell(3);
                four.setCellValue(userno);
                Cell five=row.createCell(4);
                five.setCellValue(userdescript);
                Cell six=row.createCell(5);
                six.setCellValue(class_id);
                Cell seven=row.createCell(6);
                seven.setCellValue(upic);
                Cell eight=row.createCell(7);
                eight.setCellValue(classname);  }  }
        //创建文件准备输出电子表格,这个必须有
        out=new FileOutputStream(finalXlsxPath);
        workBook.write(out);
    } catch (Exception e){
        e.printStackTrace();
    } finally {
        try {
            if (out != null){
                out.flush();
                out.close();  }
        } catch (IOException e){
            e.printStackTrace();  }  }
    System.out.println("数据导出成功");  }……
```

8.6.3 数据的导入和导出的应用实例

【实例 8-8】 要求能够将指定 Excel 格式文件导入数据表,数据表中的教师信息导出为 Excel 文件。

(1)复制 SSMDemo8_7 到当前空间,名字更改为 SSMDemo8_8,修改 DAO 层的 XML 文件和接口文件、Controller 层对应的文件、Service 层对应的文件以及页面文件,其他文件不做任何修改。导入 Apache POI 的 jar 包文件。

(2)创建页面文件。通常的做法是将导出功能放在记录显示页面,这里为了测试方便将导入和导出放在了一起。例如 userimport.jsp,代码如下:

……

```
function uploadFile(){
    var file= $("#upload").val();
    file=file.substring(file.lastIndexOf('.'),file.length);//获得文件名
    if (file==''){
        alert("上传文件不能为空!");
    } else if (file != '.xlsx' && file != '.xls'){
        alert("请选择正确的 Excel 类型文件!");
    } else {
        ajaxFileUpload();   }   }
function ajaxFileUpload(){
    var formData=new FormData();
    var name= $("#upload").val();
    formData.append("file", $("#upload")[0].files[0]);
    formData.append("name",name);
    $.ajax({
        url : "read.do",
        type : "POST",
        async : false,
        data : formData,
        processData : false,
        contentType : false,
        dataType : "text",
        beforeSend : function(){
            console.log("正在进行,请稍候");},
        success : function(e){
            if (e=="01"){ alert("导入成功");
                $("#upload").val('')
                //location.reload();
            } else {
                alert("导入失败");   }   },
        error : function(er){
            console.log(er.message);   }   });   }
function OutputExcel(){
    window.location.href="export.do";   }
</script>
</head>
<body>
    <table>
      <tr>
        <td><a href="download/demo.xlsx">上传 Excel 文件格式下载</a></td>
        <td><input type="file" id="upload" name="upload" value="" /></td>
        <td><button onclick="uploadFile()">上传</button></td>
        <td><button onclick="OutputExcel()">导出</button></td>
```

```
        </tr>
    </table>
</body>……
```

(3)修改 DAO 层的 userMapper. xml 文件和 userMapper. java 文件。

在 userMapper. xml 文件中添加如下内容：

```
……
<insert id="read" parameterType="Map" >
    insert into user (uid,username,userpassword,usersex,userno,class_id,userdescript,upic,classname)values (null,#{username},#{userpassword},#{usersex},#{userno},#{class_id,jdbcType=INTEGER},#{userdescript},#{upic},#{classname})
</insert>
<select id="export" resultMap="BaseResultMap">
    Select * from user order by uid asc
</select>
<insert id="insertForeach" parameterType="java.util.List" useGeneratedKeys="false">
    insert into user (username, userpassword, usersex, userno, class_id, userdescript, upic, classname)values
        <foreach collection="list" item="item" index="index" separator=",">
        (
            #{item.username},
            #{item.userpassword},
            #{item.usersex},
            #{item.userno},
            #{item.class_id,jdbcType=INTEGER},
            #{item.userdescript},
            #{item.upic},
            #{item.classname})
        </foreach>
    </insert>……
```

在 userMapper. java 文件中添加如下内容：

```
……
public int read(Map<String,Object> ginsengMap);
public List<Map<String,Object>> export();
public int insertForeach(List<Object> list);
……
```

(4)修改 Controller 层对应的 userController. java 文件。

```
……
@ResponseBody
@RequestMapping("/read")
public String add(MultipartFile file,HttpServletRequest request)throws IOException {
    String flag="02";
    if (! file.isEmpty()){
```

```
        try {
            String originalFilename=file.getOriginalFilename();
            System.out.println("文件名为:"+originalFilename);
            InputStream is=file.getInputStream();
            flag=userService.read(is,originalFilename);
        } catch (Exception e){
            flag="03";
            e.printStackTrace();
        }  }
    return flag;    }
@RequestMapping(value="/export.do",produces="application/form-data; charset=utf-8")
public String OutputExcel(HttpServletRequest request,HttpServletResponse response)throws Excep-
tion {
    System.out.println("realPath:"+request.getServletContext().getRealPath("/"));
    String url=request.getServletContext().getRealPath("/")
+"download/student.xlsx";
    return userService.export(url);   }……
```

(5)修改 Service 层对应的文件。

在 userService.java 文件中添加如下内容：

```
……
public String read(InputStream is,String originalFilename);
public String export(String url);
……
```

在 userServiceImpl.java 文件中添加如下内容：

```
……
public String read(InputStream is,String originalFilename){
    //TODO Auto-generated method stub
    Map<String,Object> ginsengMap=new HashMap<String,Object>();
    List<ArrayList<Object>> list;
    if (originalFilename.endsWith(".xls")){
        list=ExcelUtil.readExcel2003(is);
    } else {
        list=ExcelUtil.readExcel2007(is);   }
    System.out.println("总共"+list.size()+"条记录");
    for (int i=0,j=list.size(); i < j; i++){
        List<Object> row=list.get(i);
        if (row! =null&&row.size()>0){
            ginsengMap.put("username",row.get(0).toString());
            ginsengMap.put("userpassword",row.get(1).toString());
            ginsengMap.put("usersex",row.get(2).toString());
            ginsengMap.put("userno",row.get(3).toString());
            ginsengMap.put("userdescript",row.get(4).toString());
```

```
                ginsengMap. put("class_id",row. get(5). toString());
                ginsengMap. put("upic",row. get(6). toString());
                ginsengMap. put("classname",row. get(7). toString());
                String username=(String)ginsengMap. get("username");
                List<User> userlist=userMapper. listByUName(username);
                if (userlist! =null&&userlist. size()>0){
                    System. out. println("用户"+username+"已存在");
                }else {
                    userMapper. read(ginsengMap);
                    System. out. println("添加一条记录:"+ginsengMap. toString());
                } } }
        return "01"; }
    @Override
    public String export(String url){
        //TODO Auto-generated method stub
        File file=new File(url);
        try {
            if (! file. exists()){
                file. createNewFile(); }
        } catch (Exception e){
        //TODO: handle exception }
        List<Map<String,Object>> list=userMapper. export();
        for (int i=0; i < list. size(); i++){
            System. out. println(list. get(i). toString()); }
        ExcelUtil. writeExcel(list,list. get(0). size(),url);
        return "redirect:/download/student. xlsx"; }……
```

(6)创建 Excel 操作工具类 ExcelUtil. java。

代码参考 com. util 包中的 ExcelUtil. java 文件。

(7)运行项目,进行数据表导入、导出的测试,如下图 8-23 和图 8-24 所示。

图 8-23　导入 Excel 文件到数据表

注意要导入的 Excel 文件要求每个栏目都有数据,否则会报错,可以自行修改程序允许有空的内容。

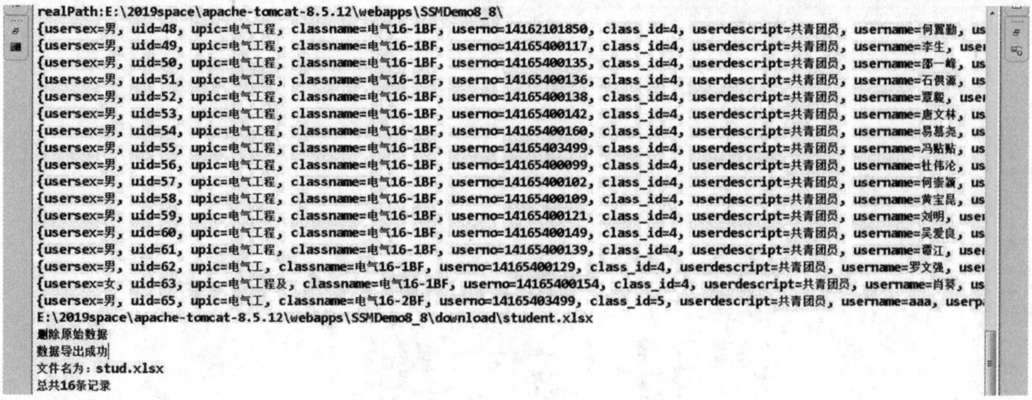

```
realPath:E:\2019space\apache-tomcat-8.5.12\webapps\SSMDemo8_8\
{usersex=男, uid=48, upic=电气工程, classname=电气16-1BF, userno=14162101850, class_id=4, userdescript=共青团员, username=何翼勤, us
{usersex=男, uid=49, upic=电气工程, classname=电气16-1BF, userno=14165400117, class_id=4, userdescript=共青团员, username=李生, use
{usersex=男, uid=50, upic=电气工程, classname=电气16-1BF, userno=14165400135, class_id=4, userdescript=共青团员, username=邵一峰, us
{usersex=男, uid=51, upic=电气工程, classname=电气16-1BF, userno=14165400136, class_id=4, userdescript=共青团员, username=石供源, us
{usersex=男, uid=52, upic=电气工程, classname=电气16-1BF, userno=14165400138, class_id=4, userdescript=共青团员, username=覃毅, use
{usersex=男, uid=53, upic=电气工程, classname=电气16-1BF, userno=14165400142, class_id=4, userdescript=共青团员, username=唐文林, us
{usersex=男, uid=54, upic=电气工程, classname=电气16-1BF, userno=14165400160, class_id=4, userdescript=共青团员, username=易慕尧, us
{usersex=男, uid=55, upic=电气工程, classname=电气16-1BF, userno=14165403499, class_id=4, userdescript=共青团员, username=冯贴贴, us
{usersex=男, uid=56, upic=电气工程, classname=电气16-1BF, userno=14165400099, class_id=4, userdescript=共青团员, username=杜伟沦, us
{usersex=男, uid=57, upic=电气工程, classname=电气16-1BF, userno=14165400102, class_id=4, userdescript=共青团员, username=何崇颍, us
{usersex=男, uid=58, upic=电气工程, classname=电气16-1BF, userno=14165400109, class_id=4, userdescript=共青团员, username=黄宝昆, us
{usersex=男, uid=59, upic=电气工程, classname=电气16-1BF, userno=14165400121, class_id=4, userdescript=共青团员, username=刘明, use
{usersex=男, uid=60, upic=电气工程, classname=电气16-1BF, userno=14165400149, class_id=4, userdescript=共青团员, username=吴爱良, us
{usersex=男, uid=61, upic=电气工程, classname=电气16-1BF, userno=14165400139, class_id=4, userdescript=共青团员, username=谭江, use
{usersex=男, uid=62, upic=电气工, classname=电气16-1BF, userno=14165400129, class_id=4, userdescript=共青团员, username=罗文强, use
{usersex=女, uid=63, upic=电气工程及, classname=电气16-1BF, userno=14165400154, class_id=4, userdescript=共青团员, username=肖葵, us
{usersex=男, uid=65, upic=电气工, classname=电气16-2BF, userno=14165403499, class_id=5, userdescript=共青团员, username=aaa, userpa
E:\2019space\apache-tomcat-8.5.12\webapps\SSMDemo8_8\download\student.xlsx
删除原始数据
数据导出成功
文件名为：stud.xlsx
总共16条记录
```

图 8-24　导出为 Excel 文件

本章小结

本章依次介绍了数据验证、分页显示技术、外部编辑器的使用、文件的上传和下载、拦截器和过滤器、数据的导入和导出这些常用技术的基本概念以及实现步骤，最后分别通过实例来加深理解。

习题

1. 利用拦截器实现未登录账户对互动交流页面的拦截，并进行测试。

2. 在 org. hnist. model 包中创建 Student. java 实体类，包括 ID、姓名、性别、出生年月、班级编号、照片、个人介绍等属性，要求有数据验证、能实现照片的上传和显示，个人介绍利用在线编辑器编辑，一页显示 20 条记录，并进行测试。

3. 实现教师数据表中数据导出到 Excel 文件，指定格式的 Excel 表格数据导入数据表，并进行测试。

第9章 教学平台系统的设计与实现

学习目标

- 系统用户功能需求分析
- 数据库设计
- 系统实现
- 实例：利用SSM框架实现互动交流的增、删、改、查操作

本章通过一个教学平台的设计与实现来介绍利用SSM框架开发一个Web应用。

教学平台设计总体包括三个部分：Web网页设计、服务器端以及数据库部分。其中Web网页设计分为前端和后台两个部分的页面。前端页面主要负责展示课程信息供老师或者学生查看相关的课程信息，后台页面主要负责对整个平台数据包括用户信息、课程信息的维护和编辑；服务器端主要负责对数据的处理和对Web网页请求的响应，服务器端采用的是SSM框架技术；数据库采用MySQL储存数据。

9.1 系统用户功能需求分析

系统主要分为以下三种类型用户：普通用户、学生用户和教师用户，根据用户角色的不同需求设计本系统的功能。

1. 基本要求

(1)老师、学生能顺利地注册、登录，并自动区别其身份。

(2)老师能够对数据库中的课程信息进行添加、修改、删除。

(3)学生能通过查询找到数据库中指定的课程信息，并查看相关信息。

(4)学生能与老师通过平台进行交流。

2. 普通用户

普通用户的操作为：浏览前台基本页面，但是不能访问教学内容、实验内容和互动交流页面，其功能需求如下表 9-1 所示。

表 9-1　普通用户功能需求

用户类别	功能菜单	功能说明
普通用户	浏览平台首页	浏览前台首页
	浏览课程介绍页面	浏览课程介绍页面
	浏览师资队伍页面	浏览师资队伍页面
	浏览技术动态页面	浏览技术动态页面
	浏览优秀学生页面	浏览优秀学生页面
	浏览联系我们页面	浏览联系我们页面

3. 学生用户

学生用户的主要操作为：浏览所有前台页面，注册、登录并与教师互动交流，其功能需求如下表 9-2 所示。

表 9-2　学生用户功能需求

用户类别	功能菜单	功能说明
学生用户	注册	注册成为学生用户(要求教师批准才会生效)
	登录	合法学生用户登录
	浏览平台所有页面	登录用户浏览前台所有页面
	互动交流	与教师互动交流，提出问题，查看教师解答

4. 教师用户

教师用户的主要操作为：浏览所有后台页面，教师登录，后台所有数据的增、删、改、查操作，其功能需求如下表 9-3 所示。

表 9-3　教师用户功能需求

用户类别	功能菜单	功能说明
教师用户	登录	合法教师用户登录
	浏览后台所有页面	登录用户浏览后台所有页面
	课程基本信息操作	后台课程基本信息数据的增、删、改、查操作
	技术动态信息操作	后台技术动态信息数据的增、删、改、查操作
	教师信息管理操作	后台教师信息数据的增、删、改、查操作
	学生信息管理操作	后台学生信息数据的增、删、改、查操作
	教学内容信息操作	后台教学内容信息数据的增、删、改、查操作
	实验内容信息操作	后台实验内容信息数据的增、删、改、查操作
	互动交流信息操作	后台互动交流信息数据的增、删、改、查操作

5. 系统功能模块划分

教学平台系统开发主要包括前端和后台两部分的开发，系统功能模块划分如下图 9-1 所示。

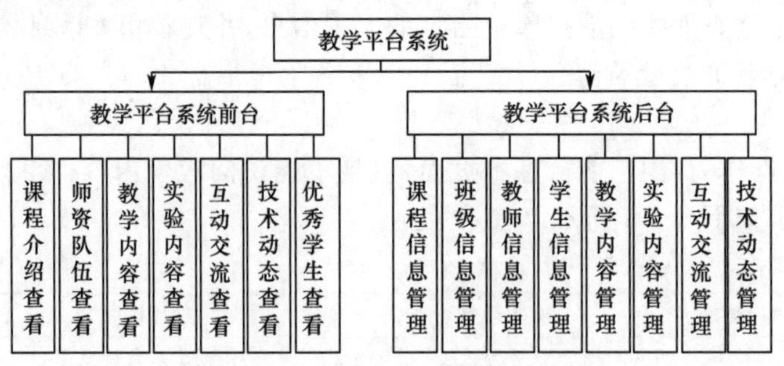

图 9-1　系统功能模块划分

9.2 数据库设计

1. 创建数据库

启动 MySQL 服务，打开 Navicat Premium 建立新连接，用于连接数据库服务端，新建数据库，数据库名称为“teach”。并将字符集设置为“CHARSET＝utf8”，防止后续字符乱码。

2. 数据结构设计

本系统共含有 8 张数据表，分别是：课程介绍信息表（test）、班级信息表（classes）、教师用户信息表（teacher）、学生用户信息表（user）、教学内容信息表（course）、实验内容信息表（experiment）、互动交流信息表（com）、技术动态信息表（news），其结构描述如下。

（1）课程介绍信息表（test）

课程介绍信息表主要用于保存课程的基本信息，如课程介绍、教学计划、教学日历等，该表结构如图 9-2 所示。

名	类型	长度	小数点	允许空值(	
tid	int	11	0	☐	🔑1
ttitle	varchar	60	0	☐	
tcontent	varchar	5000	0	☑	

图 9-2　课程介绍信息表结构

（2）班级信息表（classes）

班级信息表主要用于保存班级的基本信息，如班级名称、班级描述，该表结构如图 9-3 所示。

名	类型	长度	小数点	允许空值(	
cid	int	11	0	☐	🔑1
cname	varchar	20	0	☐	
cdescript	varchar	500	0	☑	

图 9-3　班级信息表结构

（3）教师用户信息表（teacher）

教师用户信息表主要用于保存教师的基本信息，如教师姓名、教师密码、出生日期、教师照片、教师描述、教师编号等，该表结构如图 9-4 所示。

（4）学生用户信息表（user）

学生用户信息表主要用于保存学生的基本信息，如学生学号、学生姓名、性别、密码等，该表结构如图 9-5 所示。

名	类型	长度	小数点	允许空值(	
tid	int	11	0	☐	🔑1
tname	varchar	20	0	☐	
tpassword	varchar	20	0	☐	
tdate	date	0	0	☑	
tpic	varchar	50	0	☑	
tdescript	varchar	200	0	☑	
tno	varchar	16	0	☑	

图 9-4　教师用户信息表结构

名	类型	长度	小数点	允许空值(	
uid	int	11	0	☐	🔑1
username	varchar	20	0	☐	
userpassword	varchar	20	0	☐	
usersex	varchar	6	0	☑	
userno	varchar	11	0	☑	
userdescript	varchar	30	0	☑	
class_id	int	11	0	☑	
upic	varchar	40	0	☑	
youxiuok	bit	1	0	☑	
checkedok	bit	1	0	☑	
classname	varchar	20	0	☑	

图 9-5　学生用户信息表结构

(5)教学内容信息表(course)

教学内容信息表主要用于保存教学内容的基本信息，如教学内容名称、教学内容等，该表结构如图 9-6 所示。

名	类型	长度	小数点	允许空值(	
cid	int	11	0	☐	🔑1
ctitle	varchar	60	0	☐	
ccontent	varchar	10000	0	☑	
cfile	varchar	50	0	☑	

图 9-6　教学内容信息表结构

(6)实验内容信息表(experiment)

实验内容信息表主要用于保存实验内容的基本信息，如实验内容名称、实验内容等，该表结构如图 9-7 所示。

名	类型	长度	小数点	允许空值(	
eid	int	11	0	☐	🔑1
etitle	varchar	40	0	☐	
econtent	varchar	10000	0	☑	
efile	varchar	50	0	☑	

图 9-7　实验内容信息表结构

(7)互动交流信息表(com)

互动交流信息表主要用于保存学生和老师的交流信息，如提问内容、回答内容等，该表结构如图 9-8 所示。

(8)技术动态信息表(news)

技术动态信息表主要用于保存最新的技术动态信息，如标题、内容等，该表结构如图 9-9 所示。

名	类型	长度	小数点	允许空值(	
comid	int	11	0	☐	🔑1
username	varchar	20	0	☐	
classname	varchar	20	0	☑	
comask	varchar	500	0	☐	
asktime	date	0	0	☑	
comrepl	varchar	500	0	☑	
repltime	date	0	0	☑	
replname	varchar	20	0	☑	

图 9-8　互动交流信息表结构

名	类型	长度	小数点	允许空值(	
nid	int	11	0	☐	🔑1
newstitle	varchar	60	0	☐	
newscontent	longtext	0	0	☑	
newsdate	date	0	0	☐	

图 9-9　技术动态信息表结构

9.3 系统前、后台界面设计

本系统实现一个基于 JSP 的教学网站，界面包括前台显示页面和后台管理页面，下面以“互动交流”为例进行介绍。

网站首页：网站打开的第一个页面，显示网站最新的信息，如图 9-10 所示。

图 9-10　教学平台系统首页

学生登录后，单击“互动交流”，进入互动交流页面，如图 9-11 所示。

学生登录后，单击左侧栏的“互动列表”，进入互动交流列表页面，如图 9-12 所示。

图 9-11　教学平台系统互动交流页面

图 9-12　教学平台系统互动交流列表页面

单击某个提问后面的“查看详情”，进入互动交流详情页面，如图 9-13 所示。

在前台首页，单击右上角的“教师登录入口”，进入到后台登录页面，如图 9-14 所示。

图 9-13　教学平台系统互动交流详情页面

图 9-14　后台登录页面

输入正确的用户名和密码，单击“登录”按钮，进入后台管理首页页面，单击左侧栏的“互动交流管理”，出现如图 9-15 所示页面。

☑	ID号	提问学生	提问内容	提问时间	答疑老师	回答内容	回答时间	操作
☐	22	aaa	能不能把教学平台的源代码发给我学习一...	2019-11-01		...		答复 删除
☐	20	asdd	教材中的代码编程环境是？...	2019-11-01	fashion	MyEclipse2014 JDK...	2019-11-01	答复 删除
☐	4	刘鸿飞	Spring Boot可以吗？...	2019-10-30	fashion	可以的...	2019-11-01	答复 删除
☐	3	asdd	什么地方可以找到教材的源代码呢？...	2019-11-01		...		答复 删除
☐	2	陈晓军	SSM框架哪里可以下载？...	2019-10-01	fashion	这个要在不同的地方下载，也可以将例子...	2019-10-01	答复 删除
☐	1	陈晓军	什么是MVC？...	2019-08-10		...		答复 删除

第 1 页，共 1 页，总记录数 6 条，每页显示 10 条

图 9-15　“互动交流”管理页面

单击右边的“答复”，可以对提出的问题进行答复，如图 9-16 所示。

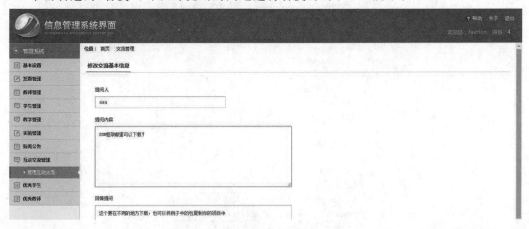

图 9-16　“互动交流”管理的答复页面

9.4　系统后台功能设计

1. 系统架构图

创建一个新的 Web 项目，将所需要的 JAR 包复制到 lib 文件夹中，建立 SSM 框架的配置文件，然后按照 DataBase→Entity→Mapper. xml→Mapper. Java→Service. java→Controller. java→Jsp 的思路编写代码，整个系统架构如图 9-17 所示。也可以复制 SSMDemo8_8 到当前空间，然后再做相应的修改。

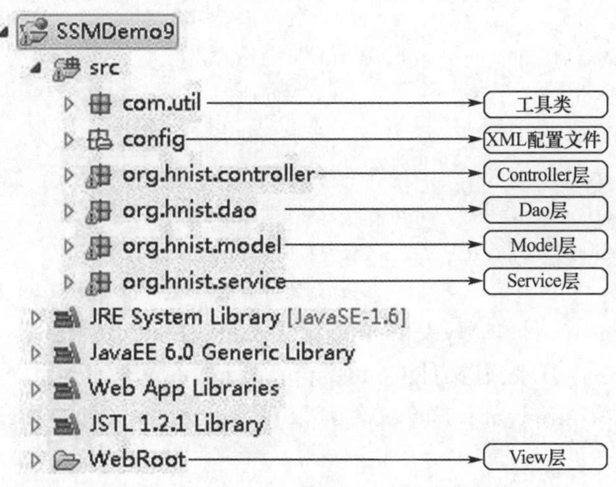

图 9-17　系统架构图

2. 后台系统功能实现步骤

(1)复制 SSMDemo8_8 到当前空间，名字更改为 SSMDemo9，修改 DAO 层的 XML 文件和接口文件、Controller 层对应的文件、Service 层对应的文件以及页面文件。

(2)创建实现功能需要的页面，在 WebRoot 下创建 jcom 文件夹，创建 2 个页面文件，如图 9-18 所示。

图 9-18　创建的互动交流前后台页面文件

(3)数据库 teacher,其中有数据表 com。

(4)在 org. hnist. model 包中创建 Com. java 实体类,定义对象的属性及方法,具体代码如下:

```
public class Com {
private Integer comid;                          //互动交流 ID 号
private String username;                        //学生姓名
private Integer classid;                        //班级编号
private String comask;                          //提问内容
@DateTimeFormat(pattern="yyyy-mm-dd") //日期格式化
private Date asktime;                           //提问时间
private String replname;                        //学生姓名
private String comrepl;                         //回答内容
@DateTimeFormat(pattern="yyyy-mm-dd") //日期格式化
private Date repltime;                          //回答时间
……                                              //此处省略了相应的 get 和 set 方法及构造方法
```

(5)创建 SQL 映射文件和 MyBatis 核心配置文件,在 src 目录下名为 org. hnist. dao 的包中创建 MyBatis 的 SQL 映射文件 ComMapper. xml,在 src/config 下创建 MyBatis 的核心配置文件 mybatis-config. xml,这个文件可以在 web. xml 文件中加载,也可以在 Spring 配置文件中加载。

ComMapper. xml 文件代码如下:

```
……
<mapper namespace="org. hnist. dao. ComMapper">
<!--查询所有交流-->
<select id="listallCom" resultType="Com" >
    select * from com order by comid
</select>
<!--查询 5 条交流记录用于在前台显示-->
```

```
<select id="listCom5" resultType="Com" >
    select * from com order by comid DESC LIMIT 5
</select>
<!--分页查询所有交流-->
<select id="listallComByPage" resultType="Com" parameterType="map">
    select * from com order by comid DESC limit #{startIndex},#{perPageSize}
</select>
<!--根据 id 查询交流-->
<select id="listByComId" resultType="Com" parameterType="Integer">
    select * from com where comid=#{comid}
</select>
<!--根据交流内容查询交流-->
<select id="listByComAsk" resultType="Com" parameterType="String">
    select * from com where comask like concat('%',#{comask},'%')
</select>
<!--根据交流回答查询交流-->
<select id="listByComRepl" resultType="Com" parameterType="String">
    select * from com where comrepl like concat('%',#{comrepl},'%')
</select>
<!--添加交流-->
<insert id="addCom" parameterType="Com">
    insert into com (comid,username,classname,comask,asktime,comrepl,replname,repltime) values (null,#{username},#{classname},#{comask},#{asktime},#{comrepl},#{replname},#{repltime})
</insert>
<!--删除多个指定交流-->
<delete id="deleteComs" parameterType="List">
    delete from com where comid in
    <foreach item="item" index="index" collection="list" open="(" separator="," close=")">
        #{item}
    </foreach>
</delete>
<!--删除一个指定交流-->
<delete id="deleteCom" parameterType="Integer" >
    delete from com where comid=#{comid}
</delete>
<!--修改指定交流-->
<update id="updateComById" parameterType="Com">
        update com
    <set>
        <if test="comrepl !=null">
          comrepl=#{comrepl},
          </if>
```

```
        <if test="repltime !=null">
          repltime=#{repltime},
        </if>
        <if test="replname ! =null">
          replname=#{replname},
        </if>
      </set>
        where comid=#{comid}
</update>
</mapper>……
```

MyBatis 核心配置文件 mybatis-config. xml 代码如下：

```
……
<configuration>
    <typeAliases>
        <typeAlias alias="Teacher" type="org. hnist. model. Teacher"/>
        <typeAlias alias="Classes" type="org. hnist. model. Classes"/>
        <typeAlias alias="News" type="org. hnist. model. News"/>
        <typeAlias alias="Course" type="org. hnist. model. Course"/>
        <typeAlias alias="Experiment" type="org. hnist. model. Experiment"/>
        <typeAlias alias="User" type="org. hnist. model. User"/>
        <typeAlias alias="Com" type="org. hnist. model. Com"/>
        <typeAlias alias="Test" type="org. hnist. model. Test"/>
    </typeAliases>
    <mappers>
        <mapper resource="org/hnist/dao/TeacherMapper. xml" />
        <mapper resource="org/hnist/dao/ClassesMapper. xml" />
        <mapper resource="org/hnist/dao/NewsMapper. xml" />
        <mapper resource="org/hnist/dao/CourseMapper. xml" />
        <mapper resource="org/hnist/dao/ExperimentMapper. xml" />
        <mapper resource="org/hnist/dao/UserMapper. xml" />
        <mapper resource="org/hnist/dao/ComMapper. xml" />
        <mapper resource="org/hnist/dao/TestMapper. xml" />
    </mappers>
</configuration>
```

(6)在 src 目录下的 org. hnist. dao 的包中创建 ComMapper 接口文件 ComMapper. java,并将接口使用@Mapper 注解,Spring 将指定包中所有被@Mapper 注解标注的接口自动装配为 MyBatis 的映射接口,注意接口中的方法名称与 SQL 映射文件中的 id 对应。

```
……
@Repository("comMapper")
@Mapper
public interface ComMapper {
    //显示所有记录
```

```
    public List<Com> listallCom();
    //显示最新 5 条记录
    public List<Com> listCom5();
    //分页显示所有的记录
    public List<Com> listallComByPage(Map<String,Object> map);
    //显示指定 ID 交流的记录
    public Com listByComId(Integer id);
    //增加互动交流记录
    public int addCom(Com com);
    //删除多个互动交流记录
    public int deleteComs(List<Integer> ids);
    //删除指定 ID 互动交流记录
    public int deleteCom(Integer cid);
    //更新互动交流信息
    public int updateComById(Com classes);
    //查找互动交流信息,用于查找学生的班级信息
    public List<Com> selectClass();……}
```

(7)在 org.hnist.service 包中创建 ComService 类,在该类中调用数据访问接口中的方法。

```
……
public interface ComService {
    public String listallCom(HttpSession session);
    public String listCom5(HttpSession session);
    public String listComBefore(HttpSession session);
    ……}
```

限于篇幅,这里只给出了部分代码,详细代码请参照随教材给出的源代码学习。

(8)在 org.hnist.service 包中创建 ComService 类的实现类 ComServiceImpl.java。

```
……
@Service("comService")
@Transactional
public class ComServiceImpl implements ComService{
    @Resource
    public ComMapper comMapper;
//显示所有记录
@Override
public String listallCom(HttpSession session){
    if(comMapper.listallCom()!=null && comMapper.listallCom().size()>0){
        //调用 comMapper.listallC()方法查找所有记录
        List<Com> listall=comMapper.listallCom();
        session.setAttribute("allcoms",listall);
        return "/jcom/comlist";    }
    return "/jcom/comlist";    }
```

```
//前台显示 5 条记录
@Override
public String listCom5(HttpSession session){
    if(comMapper.listCom5()!=null && comMapper.listCom5().size()>0){
        //调用 comMapper.listallC()方法查找所有记录
        List<Com> listall=comMapper.listCom5();
        System.out.println("查询的交流信息:"+listall);
        session.setAttribute("allcom5",listall);
        return "/index";  }
    return "/index";  }
……
```

ComServiceImpl.java 是 ComService 类的实现类。限于篇幅，这里只给出了部分代码，详细代码请参照随教材给出的源代码学习。

(9)将 MyBatis 与 Spring 整合，MyBatis 的 SessionFactory 交由 Spring 来构建。构建时需要在 Spring 的配置文件中进行配置，例如把所有的配置文件放在 src 的 config 目录下，在 src 的 config 目录下创建 Spring 配置文件 applicationContext.xml。在配置文件中配置数据源、MyBatis 工厂以及 Mapper 代理开发等信息，具体代码如下：

```
……
<!--1.配置数据源-->
<bean id="dataSource" class="org.apache.commons.dbcp2.BasicDataSource">
<property name="driverClassName" value="com.mysql.jdbc.Driver" />
<property name="url" value="jdbc:mysql://localhost:3306/teach?characterEncoding=utf8&amp;useSSL=false" />
    <property name="username" value="root" />
    <property name="password" value="123456" />
</bean>
<!--2.配置 MyBatis 工厂,同时指定数据源 dataSource,加载指定 MyBatis 核心配置文件-->
<bean id="sqlSessionFactory" class="org.mybatis.spring.SqlSessionFactoryBean">
        <property name="dataSource" ref="dataSource"></property>
        <property name="configLocation" value="classpath:config/mybatis-config.xml" />
</bean>
<!--3.MyBatis 自动扫描加载 SQL 映射文件/接口,basePackage:指定 SQL 映射文件/接口所在的包(自动扫描)-->
<!--Mapper 代理开发,使用 Spring 自动扫描 MyBatis 的接口并装配-->
<bean class="org.mybatis.spring.mapper.MapperScannerConfigurer">
<!--mybatis-Spring 组件的扫描器-->
<property name="basePackage" value="org.hnist.dao"></property>
<property name="sqlSessionFactory" ref="sqlSessionFactory"></property>
</bean>
<!--指定需要扫描的包(包括子包),使注解生效。dao 包在 mybatis-Spring 组件中已经扫描,这里不再需要扫描-->
    <context:annotation-onfig/>
```

```
<context:component-Scan base-package="org.hnist.service"/>
<!--4.添加事务管理,dataSource:引用上面定义的数据源 -->
<bean class="org.springframework.jdbc.datasource.DataSourceTransaction Manager" id="tx-
Manager" >
    <property name="dataSource" ref="dataSource"></property>
</bean>
<!--5.开启事务注解,使用声明式事务引用上面定义的事务管理器-->
<tx:annotation-driven transaction-manager="txManager" />
```

(10)Spring-mvc.xml 文件配置,代码如下：

```
……
<!--注解扫描包,使 Spring MVC 认为包下用了@controller 注解的类是控制器-->
<context:component-Scan base-package="org.hnist.controller" />
<!--开启注解-->
<mvc:annotation-driven />
<!--定义跳转的文件的前后缀,视图模式配置-->
<bean class="org.springframework.web.servlet.view.InternalResourceViewResolver" id="viewRe-
solver">
<!--这里的配置是自动给 return 的字符串加上前缀和后缀,变成一个可用的 url 地址-->
        <property name="prefix" value="/" />
        <property name="suffix" value=".jsp" />
</bean>……
```

(11)在 web.xml 中配置 Spring 容器,在启动 Web 工程时,自动创建实例化 Spring 容器。同时,在 web.xml 中指定 Spring 的配置文件,在启动 Web 工程时,自动关联到 Spring 容器,并对 Bean 实施管理。

web.xml 文件内容如下：

```
……
<!--加载欢迎页面-->
<welcome-file-list>
    <welcome-file>index.do</welcome-file>
</welcome-file-list>
<!--设置 Spring 容器加载 src 目录下的 applicationContext.xml 文件-->
<context-param>
    <param-name>contextConfigLocation</param-name>
    <param-value>classpath*:config/applicationContext.xml</param-value>
</context-param>
<!--加载 Spring 容器配置,指定以 ContextLoaderListener 方式启动 Spring 容器-->
<listener>
    <listener-class>org.springframework.web.context.ContextLoaderListener
    </listener-class>
</listener>
<!--配置 Spring MVC 核心控制器-->
<servlet>
```

```
        <servlet-name>springMVC</servlet-name>
        <servlet-class>org. springframework. web. servlet. DispatcherServlet
        </servlet-class>
        <init-param>
            <param-name>contextConfigLocation</param-name>
            <param-value>classpath * :config/spring-mvc. xml</param-value>
        </init-param>
    <! --表示容器在启动时立即加载 servlet,启动加载一次-->
        <load-on-Startup>1</load-on-Startup>
    </servlet>
    <! --为 DispatcherServlet 建立映射-->
    <servlet-mapping>
        <servlet-name>springMVC</servlet-name>
        <! --配置拦截所有的. do-->
        <url-pattern> * . do</url-pattern>
    </servlet-mapping>……
```

注意这里的欢迎页面改成了 index. do,这是因为,有些信息希望在数据库中读取出来后,显示在前台页面,index. do 可以先将需要的数据从数据库中读出,然后传给 index. jsp 进行显示,具体代码参照下面的 Controller 层相关代码。

(12)修改 JSP 页面以适应程序,具体操作如下:

①打开 WebRoot/admin 目录下的 left. jsp 文件,找到与互动交流管理相关的代码,修改如下:

```
    ……
    <dd>
        <div class="title">
        <span><img src=" $ {pageContext. request. contextPath}/admin/images/ leftico02. png" /></
span>互动交流管理</div>
        <ul class="menuson">
            <li><cite></cite><a href=" $ {pageContext. request. contextPath} /comlist. do" tar-
get="rightFrame">管理互动交流</a><i></i></li>
        </ul>
    </dd>……
```

代码分析:在“互动交流管理”上增加了 1 个超级链接,链接到了 comlist. do,因为在 web. xml 文件中做了拦截设置,所有的. do 文件都会被拦截,也就是说会在 Controller 层中查找对应的 comlist 字符串,因此需要在 Controller 层定义这些字符串, $ {pageContext. request. contextPath}表示取出部署的应用程序名,这样不管如何部署,保证所用路径都是正确的,target 表示显示的结果在 rightFrame 中。

②打开 WebRoot/jcom 目录下的 comlist. jsp 文件,找到与互动交流显示相关的代码,修改如下:

```
    ……
    <table width="80%" class="tablelist">
```

```
    <thead>
        <tr>
            <th width="5"><input name="check" type="checkbox" value="" checked="checked"/></th>
            <th width="11">ID 号<i class="sort"><img src="${pageContext.request.contextPath}/admin/images/px.gif" /></i></th>
            <th width="20">提问学生</th>
            <th width="100">提问内容</th>
            <th width="40">提问时间</th>
            <th width="20">答复老师</th>
            <th width="100">回答内容</th>
            <th width="40">回答时间</th>
            <th width="60">操作</th>
        </tr>
    </thead>
    <tbody>
      <c:forEach items="${allcoms}" var="coms">
        <tr>
        <td width="5"><input name="check" type="checkbox" value="" /></td>
        <td width="11">${coms.comid }</td>
        <td width="20">${coms.username }</td>
        <td width="100">${fn:substring(coms.comask,0,18)}…</td>
        <td width="40"><fmt:formatDate value="${coms.asktime}" pattern="yyyy-MM-dd"/></td>
        <td width="20">${coms.replname }</td>
        <td width="100">${fn:substring(coms.comrepl,0,18)}…</td>
        <td width="40"><fmt:formatDate value="${coms.repltime}" pattern="yyyy-MM-dd"/></td>
        <td width="60">
            <a href="toeditcom.do?comid=${coms.comid}">答复</a>
            <a href="javascript:checkDel(${coms.comid})">删除</a></td>
        </tr>
      </c:forEach>
    </tbody>
```

代码分析:ComServiceImpl 的 listallC()方法会将所有查询结果赋值给 allcoms 对象,为了将这个查询结果在页面上显示,使用了 session.setAttribute("allcoms ",listall);语句,通过 session.setAttribute 方法将查询的结果赋值给 allcoms,代码中的<c:forEach items="${ allcoms }" var="coms">将逐个显示 allcoms 的数据。

③互动交流的添加在前台进行,打开 WebRoot 目录下的 communication.jsp 文件,找到与互动交流添加相关的代码,修改如下:

```
……
<h1>学生提问</h1>
```

```
<form modelAttribute="com" method="post" action="comadd.do" >
    <h2>问题描述：
    <textarea name="comask" rows="6" cols="80"></textarea> <br>
    <input name="" type="submit" class="btn" value="提交问题"/></h2>
</form>……
```

代码分析：这里采用了表单标签库进行提交，单击“提交问题”会交给 comadd.do 进行处理。

④互动交流的答复在后台进行，打开 WebRoot/jcom 目录下的 comedit.jsp 文件，找到与互动交流添加相关的代码，修改如下：

```
……
<form:form modelAttribute="com" method="post" action="comedit.do">
    <div class="formbody">
    <div class="formtitle"><span>修改交流基本信息</span></div>
        <ul class="forminfo">
            <li><form:hidden path="comid" cssClass="dfinput"/></li>
            <li><label>提问人</label></li>
            <li><form:input path="username" cssClass="dfinput" readonly="true"/></li>
            <li><label>提问内容</label></li>
            <li><form:textarea path="comask" cssClass="textinput" readonly="true"/></li>
            <li><label>回答提问</label></li>
            <li><form:textarea path="comrepl" cssClass="textinput"/><i>不能超过 500 个
字符</i></li>
            <li><label> </label><input name="" type="submit" class="btn" value
="确认答复"/></li>
        </ul>
    </div>
</form:form>
……
```

代码分析：在前面的 comlist.jsp 中会将要答复的记录号传递过来。首先会找到指定记录，将该记录的问题信息显示在页面上，然后进行答复，单击“确认答复”会交给 comedit.do 进行处理。

(13)在 org.hnist.controller 包中创建 ComController 类，在该类中调用 comService 中的方法。

```
……
@Controller
public class ComController {
    @Autowired
    private ComService comService;
    @RequestMapping("/communication")
    public String listComBefore(HttpSession session){
        return comService.listComBefore(session);   }
    @RequestMapping("/comlist")
```

```
    public String listallComByPage(Model model,Integer pageCur,String act){
        return comService.listallComByPage(model,pageCur,act);  }
……}
```

代码分析：在互动交流页面中使用的.do，这里采用的是@RequestMapping("…")注解来定义的。

(14)运行 SSMDemo9，进行相应的测试，发现互动交流的相关操作已经完成。

其他的功能模块限于篇幅，这里不一一介绍，读者可以参照上面的操作自行实现。

本章小结

本章首先简要介绍了 Spring 框架的体系结构、Spring 框架核心 jar 包及主要作用，然后着重介绍了 IoC 容器并掌握 IoC 容器中装配 Bean 及 Spring AOP 相关配置，最后对 Spring 事务管理进行了介绍。

习题

在 SSMDemo9 的基础上，完成其他功能模块的数据增、删、改、查操作，并在前台展示相应的数据，并进行测试。

参考文献

[1] Java EE 框架开发技术与案例教程,作者:张继军,董卫.机械工业出版社,2016 年 9 月

[2] Java EE 框架整合开发入门到实战——Spring+Spring MVC+MyBatis.作者:陈恒,楼偶俊.清华大学出版社,2018 年 9 月

[3] Java Web 应用开发技术与案例教程,作者:张继军,董卫.机械工业出版社,2015 年 1 月

[4] Java EE 轻量级框架应用与开发———-S2SH,作者:QST 青软实训.清华大学出版社,2016 年 1 月

[5] Java EE 开发技术与应用,作者:张军朝,赵荣香.电子工业出版社,2016 年 2 月